区域土壤侵蚀调查方法

段兴武　陶余铨　白致威　丁剑宏 等　著

科学出版社
北　京

内 容 简 介

本书详细介绍了中国土壤水蚀模型在区域土壤侵蚀调查中的应用，包括影响土壤侵蚀的降雨侵蚀力、土壤可蚀性、坡长、坡度、生物措施、工程措施和耕作措施等7个因子的具体调查和计算方法，同时说明计算所需资料的收集整理和计算成果的质量分析与控制要求。全书共8章，第1章介绍了区域土壤侵蚀调查的目的、意义及国内外相关进展；第2章介绍了本次土壤侵蚀调查的技术路线和案例区概况；第3～7章分别介绍了降雨侵蚀力因子、土壤可蚀性因子、坡长坡度因子的调查与计算，以及水土保持生物措施因子、水土保持工程措施因子和耕作措施因子的调查与计算；第8章在以上因子计算分析的基础上，利用中国土壤流失方程（CSLE）计算分析了研究区的土壤侵蚀模数及强度。

本书可供地理、生态、农林及水利等专业的高等院校师生与研究人员参考和使用，也可供相关管理部门的工作人员参考。

图书在版编目 (CIP) 数据

区域土壤侵蚀调查方法/段兴武等著. —北京：科学出版社，2019.5
ISBN 978-7-03-060755-3

Ⅰ. ①区… Ⅱ.①段… Ⅲ. ①土壤侵蚀–调查方法 Ⅳ.①S157

中国版本图书馆 CIP 数据核字（2019）第 043121 号

责任编辑：王海光 / 责任校对：李 影
责任印制：吴兆东 / 封面设计：刘新新

科学出版社 出版
北京东黄城根北街 16 号
邮政编码: 100717
http://www.sciencep.com
北京虎彩文化传播有限公司 印刷
科学出版社发行 各地新华书店经销
*
2019 年 5 月第 一 版 开本：720×1000 1/16
2019 年 5 月第一次印刷 印张：12 3/4
字数：258 000
定价：128.00 元
(如有印装质量问题，我社负责调换)

前　言

土壤侵蚀可导致水土资源破坏、生态环境恶化，引发自然灾害，威胁生态安全、防洪安全、饮水安全和粮食安全，是经济社会可持续发展的主要制约性因素之一。我国是世界上水土流失最为严重的国家之一，掌握重要区域的水土流失和治理现状及其发生发展规律，可为加强水土保持工作提供科学决策依据，具有十分重要的意义。因此，开展区域土壤侵蚀调查，查清土壤侵蚀现状，既是对过去水土流失防治成效的总结评价，又是科学规划当前和今后一个时期水土保持工作的重要基础。

美国是世界上最早开展区域土壤侵蚀调查的国家，我国从1985年开始第一次开展土壤侵蚀遥感调查，至今已先后开展了4次土壤侵蚀调查。归纳以往调查方法，总体可概括为抽样调查、网格估算和模型计算三大类型。每一种方法都有其优缺点，抽样调查精度最高，但调查成果难以覆盖全区；网格估算考虑因子较少，精度相对较低；模型计算不仅需要选择合适模型、修订模型参数，还需要大量高精度数据的支持。为此，基于“云南省2015年土壤侵蚀调查”工作，本书提出了基于高精度水土保持工程措施数据和CSLE模型的区域土壤侵蚀全面调查技术，以期为我国大尺度区域土壤侵蚀调查提供参考方法。

本书基于云南省水利厅、云南省水利水电科学研究院、云南大学、北京师范大学及云南省地图院等共同开展的“云南省2015年土壤侵蚀调查”项目的成果撰写而成，详细介绍了中国土壤水蚀模型在区域土壤侵蚀调查中的应用，包括影响土壤侵蚀的降雨侵蚀力、土壤可蚀性、坡长、坡度、生物措施、工程措施和耕作措施等7个主要因子的具体调查和计算方法，同时说明计算所需资料的收集整理和计算成果的质量分析与控制要求，为区域土壤侵蚀调查工作提供参考。全书共8章，第1章为绪论，简要介绍区域土壤侵蚀调查的目的、意义及国内外土壤侵蚀调查的进展；第2章介绍本次土壤侵蚀调查的技术路线和案例区概况；第3章为降雨侵蚀力因子的调查与计算，重点讲述降雨资料的收集整理、降雨侵蚀力因子的计算等；第4章探讨土壤可蚀性因子的调查与计算，阐述土壤资料的收集、整理及土壤可蚀性因子的计算、订正等内容；第5章为坡长坡度因子的调查与计算，主要介绍区域高精度数字高程模型（DEM）数据的拼接、处理，以及坡长坡度因子的计算分析等；第6章探讨水土保持生物措施因子的调查、计算与分析；第7章介绍水土保持工程措施因子及耕作措施因子的解译、计算与分析，其中区域工程措施因子的解译与建库是重点；第8章在以上因子计算分析的基础上，利用中国土壤流失方程（CSLE）计算分析研究区的土壤侵蚀强度。

各章撰写人员分工为：第1章由段兴武和白致威撰写，第2章由段兴武和陶余铨撰写，第3章由段兴武、白致威和吴昊撰写，第4章由段兴武、白致威和李季孝撰写，第5章由陶余铨、丁剑宏、肖提荣、张凤、李加顺、李季孝和王伟撰写，第6章由陶余铨、季旋、王伟、李加顺和李季孝撰写，第7章由陶余铨、丁剑宏、段兴武、李加顺、李季孝、王伟和吴昊撰写，第8章由丁剑宏和陶余铨撰写，全书由段兴武和陶余铨统稿。

本书主要在云南省水利厅“云南省2015年土壤侵蚀调查”项目的资助下完成，同时得到了国家自然科学基金项目“高原山地坡式梯田生态系统服务权衡机制研究”（41867029）、“元江干热河谷区侵蚀对土壤生产力影响的定量研究”（41101267）、“元江干热河谷区景观演变的侵蚀产沙机制研究”（41561063）及云南省中青年学术和技术带头人培养计划（2015HB011）和云南大学青年英才培养计划等多个项目成果和数据的支撑。

限于著者水平，书中难免存在不足，恳请读者批评指正，也敬请各位专家、学者多提宝贵意见。

著　者

2019年3月

目　录

第 1 章　绪论……1
1.1　区域土壤侵蚀调查的目的与意义……1
1.2　国外区域土壤侵蚀调查进展……2
1.3　我国土壤侵蚀调查进展……3
第 2 章　区域土壤侵蚀调查技术路线及案例区概况……5
2.1　调查技术路线……5
2.1.1　案例区以往调查方法简介……5
2.1.2　2015 年调查技术路线……5
2.2　案例区概况……7
2.2.1　自然条件……7
2.2.2　社会经济状况……9
第 3 章　降雨侵蚀力因子调查与计算……11
3.1　资料收集与整理……12
3.1.1　资料收集……12
3.1.2　资料整理……12
3.2　降雨侵蚀力因子计算方法……13
3.2.1　降雨侵蚀力计算方法……13
3.2.2　降雨侵蚀力空间插值及栅格化处理……14
3.2.3　计算成果质量检查和分析……15
3.3　降雨侵蚀力因子计算结果……17
3.3.1　全省统计情况……17
3.3.2　州（市）统计情况……18
第 4 章　土壤可蚀性因子调查与计算……21
4.1　资料收集、整理及野外调查……21
4.1.1　资料收集……21

4.1.2 资料整理与野外调查……22
4.2 土壤可蚀性因子计算与订正……25
4.2.1 土壤可蚀性因子计算方法……25
4.2.2 土壤可蚀性因子计算过程……27
4.2.3 计算成果质量检查和分析……30
4.3 土壤可蚀性因子计算结果……32
4.3.1 全省统计情况……32
4.3.2 州（市）统计情况……34
第 5 章 坡长坡度因子调查与计算……36
5.1 DEM 数据收集与处理……37
5.1.1 资料收集……37
5.1.2 资料分析整理……38
5.1.3 DEM 数据预处理……43
5.2 坡长坡度因子计算方法……47
5.2.1 子流域提取……47
5.2.2 坡长坡度因子计算过程……52
5.2.3 计算成果质量检查和分析……57
5.3 坡长坡度因子计算结果……64
5.3.1 坡长与坡长因子……64
5.3.2 坡度与坡度因子……68
第 6 章 水土保持生物措施因子调查与计算……72
6.1 数据收集与预处理……73
6.1.1 遥感影像数据与土地利用数据收集……73
6.1.2 遥感影像数据预处理……76
6.2 生物措施因子计算方法……84
6.2.1 NDVI 计算……84
6.2.2 植被盖度计算……89
6.2.3 生物措施因子计算……92
6.2.4 数据质量控制……96
6.3 生物措施因子计算结果……98

6.3.1 全省统计情况……98
6.3.2 州（市）统计情况……99
第7章 水土保持工程措施因子和耕作措施因子调查与计算……101
7.1 数据收集与预处理……101
7.1.1 土地利用数据……101
7.1.2 遥感影像数据……102
7.1.3 普查资料……102
7.1.4 其他资料……102
7.2 土地利用数据的解译修正……103
7.2.1 技术路线……103
7.2.2 解译依据及标准……103
7.2.3 解译方法与流程……107
7.2.4 质量控制……125
7.2.5 土地利用解译修正成果……126
7.3 工程措施因子解译与赋值……127
7.3.1 工程措施因子解译……128
7.3.2 工程措施因子赋值……133
7.3.3 质量控制……134
7.3.4 工程措施因子调查解译结果……135
7.4 耕作措施因子调查与计算方法……138
7.4.1 耕作措施因子调查……138
7.4.2 耕作措施因子赋值……138
7.4.3 质量控制……140
7.4.4 耕作措施因子调查结果……140
第8章 土壤侵蚀调查成果与分析评价……142
8.1 土壤侵蚀调查成果……142
8.1.1 全省土壤侵蚀总体情况……142
8.1.2 六大流域土壤侵蚀现状……143
8.1.3 州（市）土壤侵蚀现状……144
8.1.4 不同土地利用类型土壤侵蚀情况……148

8.2 调查方法和成果的分析评价……149
8.2.1 调查方法评价……149
8.2.2 调查成果分析……149
参考文献……152
附录 1 云南省土样调查点分布信息表……153
附录 2 土地利用解译标志表……163
附录 3 工程措施解译标志表……172
附录 4 云南省土地利用类型实景图及遥感影像典型解译样例……185

第1章 绪 论

1.1 区域土壤侵蚀调查的目的与意义

土壤侵蚀可导致水土资源破坏、生态环境恶化，引发自然灾害，威胁生态安全、防洪安全、饮水安全和粮食安全，是经济社会可持续发展的主要制约性因素之一。据统计，全球约有 1.6×10^7km^2 的土地遭受着不同程度的侵蚀危害，侵蚀面积约占地表总面积的 11%（Oldeman，1994）。此外，每年全球范围内的主要河流输送约 2×10^{10}t 的泥沙进入海洋（Milliman and Syvitski，1992），给河流和海洋生态系统健康带来了严重威胁（Owens and Collins，2006）。我国是世界上水土流失最为严重的国家之一，根据第一次全国水利普查结果，我国土壤侵蚀总面积为 294.91 万 km^2，占普查范围总面积的 31.12%（刘震，2013），每年因土壤侵蚀造成的经济损失在 100 亿元以上（陈雷，2002）。为了遏制土壤侵蚀、治理退化生态、确保土地资源可持续利用及维持河流生态健康，我国将水土保持生态建设确立为 21 世纪经济和社会发展的一项重要基础工程，将水土保持的相关研究提高到经济社会可持续发展和国家生态安全的战略高度（冷疏影等，2004）。

要控制土壤侵蚀，首先必须调查清楚不同时空尺度下的土壤侵蚀现状及其发展趋势。在此背景下，基于坡面或者小流域尺度上的土壤侵蚀监测结果，世界各地研发了大量土壤侵蚀预报模型，其中比较有代表性的是通用土壤流失方程（Universal Soil Loss Equation，USLE）、修正的通用土壤流失方程（Revised Universal Soil Loss Equation，RUSLE）及水蚀预报项目（Water Erosion Prediction Program，WEPP）等。然而这些侵蚀模型的研究主要集中在小区、坡面、小流域尺度上，关注机制与过程分析，研究模型参数的选择与率定，而在大尺度上，受限于区域变异性和数据的可获得性，土壤侵蚀模拟模型和土壤侵蚀调查评价方法仍有待加强。

区域尺度土壤侵蚀调查一般指在较长时间和较大空间尺度（全球、洲际、国家或地区）上开展的土壤侵蚀调查，研究方法更加依赖于土壤侵蚀模型、大尺度基础数据支撑与 GIS 技术方法的集成（杨勤科等，2006）。区域尺度上的土壤侵蚀调查是土壤侵蚀监测的重要内容，是生态环境监测中具有独特内容、不可替代的重要分支。土壤侵蚀本身是区域土壤资源利用变化的重要驱动力，与区域土地利用规划和管理密切相关（周为峰和吴炳方，2006）。区域土壤侵蚀调查成果能更直接地为水土保持宏观决策提供支持，也可为加强水土保持工作提供科学决策依据，具有十分重要的意义。因此，开展区域土壤侵蚀调查，查清土壤侵蚀现状，既是对过去水土流失防治成效的总结评价，又是科学谋划当前和今后一个时期水土保持工作的重要基础。

1.2 国外区域土壤侵蚀调查进展

国外的土壤侵蚀调查始于美国 19 世纪 40 年代，在全球尺度上，自 20 世纪 90 年代以来，有关国际研究计划和组织开展了一系列全球和区域尺度上的土壤侵蚀调查和评价研究，如地中海荒漠化和土地利用（Mediterranean Desertification and Land Use，MEDALUS）研究，全球变化与陆地生态系统（Global Change and Terrestrial Ecosystem，GCTE）研究，有关组织如欧洲科技协调委员会（European Cooperation in the Field of Scientific and Technical Research，COST）土壤侵蚀组，国际土壤标本和土壤信息中心（International Soil Reference and Information Centre，ISRIC）等（杨勤科等，2006）。比较有代表性的是 20 世纪 70 年代末期，在联合国环境规划署（UNEP）的资助下，国际土壤标本和土壤信息中心组织实施了全球土地退化制图研究，基于 1∶1000 万地形底图，在考虑气候、土壤、植被和土地利用的基础上，利用“人为导致土壤退化评估导则”（Guidelines for General Assessment of the Status of Human Induced Soil Degradation）对风力侵蚀、水力侵蚀、物理退化和化学退化等 4 种土地退化类型进行研究，编制了全球人为导致土地退化图（world map of the status of human induced soil degradation）（Oldeman，1994）。随着通用土壤流失方程（USLE）的推广和应用，有学者先后基于 1.5°网格的土壤、地形、降水等数据，利用 USLE（或 RUSLE）对全球尺度土壤侵蚀进行定量分析（Batjes，1996）。但是这些调查中，受限于数据的精度和可获得性，都未考虑水土保持工程措施。

在洲际尺度上，比较有代表性的是，Lu 等（2001）在收集 0.05°网格日降水数据、小区土壤可蚀性数据、0.08°网格归一化植被指数（NDVI）数据及 250m 分辨率 DEM 数据的基础上，利用 USLE 模型估算了大洋洲坡面土壤的侵蚀状况，在这次评估中，受限于数据的可获得性，没有考虑水土保持工程措施。此外，Bosco 等（2015）在收集 1950～2012 年欧洲日降水数据、1∶100 万土壤数据、1∶10 万土地利用数据和 90m 分辨率 DEM 数据等的基础上，利用 RUSLE 模型评估了欧洲土壤的侵蚀状况，这次调查也没有考虑水土保持工程措施。

在国家或地区尺度上，美国是最早开展区域土壤侵蚀调查的国家。谢云等（2013）详细介绍了美国土壤侵蚀调查的历史与现状，大致可以分为以下几个阶段：1934 年美国内政部组织专家在全国范围内开展土壤侵蚀实地调查并发布评估报告；1956 年美国农业部牵头采用抽样调查的方法在全国范围内开展土壤侵蚀调查，抽样密度为 1%～8%，调查单元面积为 0.16～2.59km^2，又在 1965 年利用该方法开展了第二次抽样调查，1977 年在抽样调查的基础上开始使用 USLE 模型计算抽样单元的侵蚀模数；此后每 5 年都利用抽样调查的方法开展全美土壤侵蚀评估，只是调查单元数有所变动；进入 21 世纪后每年开展一次调查评估。美国始终使用抽样调查的方法，其结果仅用来评估调查单元的土壤侵蚀情况，受限于土地利用情况、水土保持措施等的空间变异性，美国没有将抽样调查结果通过地统计学等插值手段变成覆盖全美的土壤侵蚀状况图。

1.3　我国土壤侵蚀调查进展

我国早期的土壤侵蚀研究可追溯到 20 世纪 20 年代，当时的金陵大学（1952 年与南京大学合并）森林系部分教师在西北地区开展了水土流失的调查和监测，并先后在天水、西安、平凉和东江等地建立了水土保持实验站。新中国成立后，我国土壤侵蚀调查与评价进一步得到加强和发展，郭索彦等（2014）将之分为以传统监测为主和以遥感调查为主两个阶段。20 世纪 50～70 年代，我国的土壤侵蚀调查以传统监测手段为主，其间先后完成了黄河流域水土保持分区和全国水力侵蚀面积初步估查等工作，并在全国建立了 160 余处水土保持实验站或推广站，在 1963 年召开的全国农业科学技术工作会议上制定了山地利用与水土保持的七年技术规划。自 20 世纪 70 年代末起，随着遥感和 GIS 技术的发展，包括大尺度遥感影像数据可获得性难度的降低，我国先后开展了 3 次土壤侵蚀遥感调查。第 1 次是 1985 年前后，水利部利用多光谱扫描仪（MSS）遥感影像通过人工目视解译对全国的水土流失状况进行了调查，编制了全国分省 1∶50 万及全国 1∶250 万水土流失现状图。第 2 次是 1999 年，主要利用 TM 遥感影像作为土地利用和盖度的解译的基础数据，辅以分辨率较低的 DEM 图人机交互判读不同土地利用/不同盖度和不同坡度条件下的土壤侵蚀强度，利用遥感技术，基本查清了我国水土流失的主要类型及分布，对不同地区乃至全国水土流失状况有了更为全面、准确的把握。第 3 次是 2000 年，此次是在 1999 年调查的基础上进行的，技术方法手段基本相同，调查划分出水蚀风蚀交错区，明确了重点治理地区，从宏观上掌握了水土流失的动态情况。

这 3 次土壤侵蚀调查都是基于遥感影像数据和 GIS 技术的，以一定空间分辨率遥感影像为基础（TM 影像一般的空间分辨率为 30m），利用目视解译或全数字作业的人机交互判读，辅以地形、土地利用、植被覆盖等因子的分析，参照水利部标准（中华人民共和国水利部，2007）确定土壤侵蚀强度，但缺乏土壤侵蚀量的定量评估。然而，对降雨、坡长、水土保持工程措施等重要土壤侵蚀强度影响因素都没有考虑。2010～2012 年，开展了第一次全国水利普查水土保持情况的调查，这次调查采用了抽样调查的方法，在平原区抽样单元是边长为 1km 的网格、在丘陵区和山区则为 0.2～3.0km^2 的小流域，全国实际布设水力侵蚀野外调查单元 32 364 个。在每个调查单元中，全面调查坡度、坡长、土壤、降水、土地利用、植被盖度及水土保持工程措施等土壤侵蚀影响因子，利用 Liu 等（2002）构建的 CSLE 模型评价水力侵蚀强度，获得水力侵蚀的分布、面积与强度。

综上所述，我们发现国内外区域土壤侵蚀调查或评估多用 USLE 及其修正模型（CSLE/RUSLE 等），而在调查方法上则可分为全覆盖调查和抽样调查两类。全覆盖调查多以遥感影像、土地利用数据、降水数据和 DEM 数据为基础，利用人机交互解译的方式辅以 USLE 模型等评估区域土壤侵蚀的类型、强度和分布等，典型代表是欧洲、大洋洲和中国的区域土壤侵蚀调查，这种调查方法的优点是无缝隙全覆盖调查，有利于水土保持宏观决策管理，缺点主要是没有考虑水土保持工程措施（如水平梯田、坡式梯田、水平阶等），这主要是因为当前国内外土地利用分类中没有考虑水土保持工程措施，以农地为例，一般只区分水田和旱地，对坡式梯田、水平阶等措施类型则没有进一步区分，而这些措施的解译不仅需要高精度的遥感影像数据（一般应高于 10m 分辨率），而且费时费力，这就使得大部分全覆盖调查的是潜在土壤侵蚀强度，与实际土壤侵蚀强度相比往往偏高。抽样调查的优点是考虑因子全面，估算精确，然而受限于土地利用类型、水土保持工程措施、土壤可蚀性等的空间变异性极大，难以利用简单的地统计学方法将抽样点的调查结果推广到全区域，而受限于调查成本，全面调查难以实现，这就极大地限制了抽样调查结果在全区域尺度上的应用。在此背景下，如何在全区域尺度上考虑水土保持措施，更准确地计算和评估土壤侵蚀状况显得尤为关键。随着高精度遥感影像，尤其是区域尺度各类高于 5m 分辨率遥感影像可获得性的难度大幅降低，在区域尺度上全面解译水土保持工程措施成为可能。

第 2 章　区域土壤侵蚀调查技术路线及案例区概况

2.1　调查技术路线

2.1.1　案例区以往调查方法简介

区域土壤侵蚀调查通常采用遥感调查的技术路线，案例区云南省在 1987 年、1999 年和 2004 年进行过 3 次全省范围的土壤侵蚀调查工作，均采用了遥感调查方法，即利用 1∶25 万比例的地形图、30m 分辨率的 TM 影像，结合野外调查和相关资料，通过人机交互勾绘，获得土地利用、坡度和植被覆盖的信息，以此来判断土壤侵蚀类型和侵蚀强度分级情况，然后通过图形编辑和数据集成，最终得到全省的土壤侵蚀分布和侵蚀强度分级数据。它的优点是方便简单、工作量小，侵蚀与非侵蚀判断相对准确，但缺点是使用的数据精度不高，考虑的土壤侵蚀因子不全，不是定量计算，人工判别存在个体差异，难以准确判别侵蚀强度，尤其体现不出各类水土保持工程措施的水土保持效应。

2010 年，第一次全国水利普查中的水土保持专项普查，采用抽样调查的方法获取野外调查单元的土地利用、工程措施、生物措施、坡长、坡度等因子，利用 CSLE 模型（也称水蚀模型）来估算土壤侵蚀量，根据这些调查单元的强度分级状况插值生成全省土壤侵蚀成果数据。该模型综合考虑了影响土壤侵蚀的降雨、土壤、地形、植被及水土保持工程措施等因素，优点是全面考虑土壤侵蚀的因子，野外实地调查准确，侵蚀强度判别相对较准。不足的是野外抽样调查人力物力财力均耗费过大，以点代面抽样的代表性不够充足，云南省布设了 2811 个水力侵蚀野外调查单元，是全国调查单元布设最多的省份，但这些调查单元的总面积仅为 966.51km^2，而云南全省土地面积 38.32 万 km^2，抽样率不到 0.3%，对于云南这样地形地貌极为复杂、土地利用多变的山区省份是远远不够的，并且最终不能给出区域内土壤侵蚀情况的空间分布结果。

2.1.2　2015 年调查技术路线

2015 年，按照《中华人民共和国水土保持法》定期进行水土流失调查的要求，云南省水利厅组织开展了全省的土壤侵蚀调查，将调查任务下达给云南省水利水电科学研究院。鉴于云南省属于以水力侵蚀为主的土石山区，风力侵蚀和冻融侵蚀虽然有分布，但面积很小，因此调查指标以水力侵蚀指标为主。为了建立基于土壤水力侵蚀模型的区域土壤侵蚀调查技术，调查单位在总结分析对比以往土壤侵蚀调查方法优缺点的基础上，反复斟酌相关资料的可获得性，组织北京师范大学、云南大学和云南省地图院等在土壤侵蚀调查方面具有丰富经验的单位与专家学者进行研讨，最终决定采用与水利普查一致的模型来评估土壤侵蚀状况，即基于中国土壤流失方程（CSLE）（式 2-1）模型计算土壤侵蚀模数并评价土壤侵蚀强度。但是在资料收集和获取上，充分结合高精度遥感影像（0.5m）解译、大比例地形图（1∶1 万）数据全区域拼接等，构建覆盖全省的降水、土壤、地形、植被、水土保持工程措施等土壤侵蚀影响因子的数据库，叠加分析计算土壤侵蚀模数，最终得到全省的土壤侵蚀强度、面积和空间分布成果。它与普查方法最大的不同为，普查是采用抽样调查的方法获取调查单元的土地利用、工程措施、生物措施、坡长坡度等因子，而这次是通过覆盖全省的资料来计算、解译获得的，有效解决了抽样不足的问题。技术路线见图 2-1。

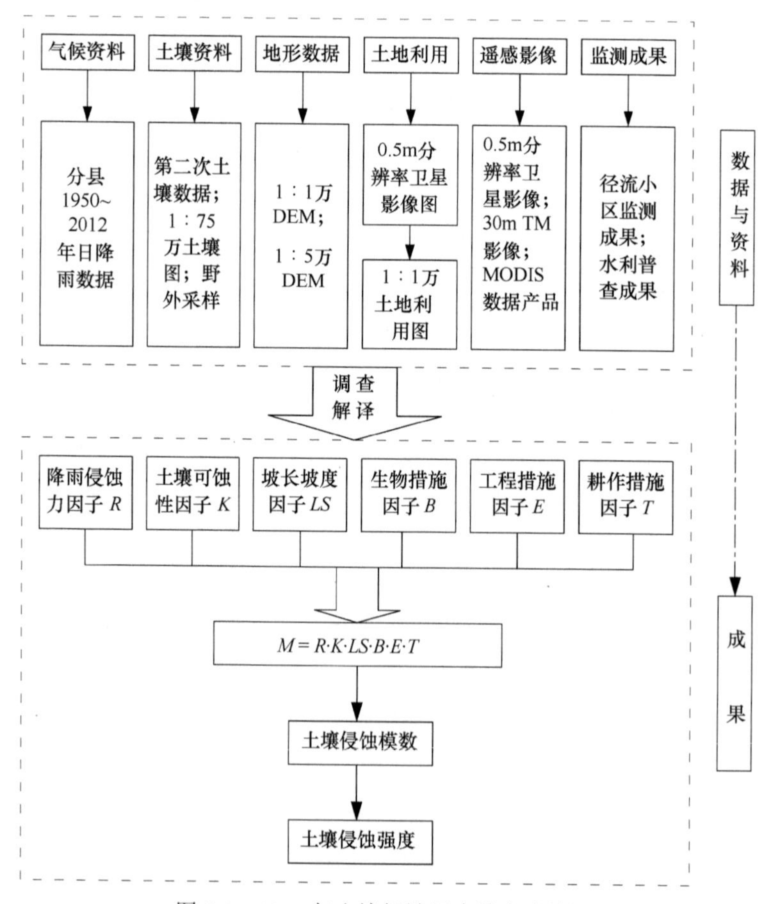

图 2-1　2015 年土壤侵蚀调查技术路线图

$$M = R \cdot K \cdot LS \cdot B \cdot E \cdot T \quad (2\text{-}1)$$

式中，M 为土壤侵蚀模数，t/(hm^2·a)；R 为降雨侵蚀力因子，MJ·mm/(hm^2·h·a)；K 为土壤可蚀性因子，t·hm^2·h/(hm^2·MJ·mm)；LS 为坡长坡度因子，无量纲；B 为生物措施因子，无量纲；E 为工程措施因子，无量纲；T 为耕作措施因子，无量纲。

2.2 案例区概况

从自然地理因素来说，山区指的是“起伏相对高度大于 200m 的地段”，凡是由山脉或者山系组成的空间区域都可以称为山区，包括山地、丘陵和崎岖的高原，它有着独特的自然环境，以一定的高度和坡度为基础，气候条件恶劣，生态环境脆弱，同时往往有着封闭性、边缘性、民族类型多样化和发展的滞后性等特征。山区中的高原则指海拔一般在 1000m 以上，面积广大、地形开阔、周边以明显的陡坡为界、比较完整的大面积隆起地区，它是在长期连续的大面积的地壳抬升运动中形成的，以较大的高度区别于平原，又以较大的平缓地面和较小的起伏区别于山地，素有“大地的舞台”之称。我国的高原主要有青藏高原、内蒙古高原、黄土高原和云贵高原等四大高原，案例区云南省位于其中的青藏高原南延部分和云贵高原西部，山区面积占土地总面积的 90%以上，是典型的高原山区。

2.2.1 自然条件

2.2.1.1 地形地貌

云南省位于我国西南边陲，地处长江、珠江、元江、澜沧江、怒江、伊洛瓦底江等六大水系的上游或源头地区，位于北纬 21°08′32″～29°15′08″、东经 97°31′39″～106°11′47″，跨越 9 个纬度带和 10 个经度带，地形以元江谷地和云岭山脉南段的宽谷为界，分为东西两大地形区，东部为滇东、滇中高原，称云南高原，是云贵高原的组成部分，平均海拔 2000m 左右，地形表现为波状起伏和缓的低山及浑圆丘陵，发育着各种类型的岩溶地形，西部为横断山脉纵谷区，高山深谷相间，相对高差较大，地势险峻，高黎贡山、怒山、云岭山脉等南北纵列，金沙江、澜沧江、怒江、元江等江河呈帚状分布。全省整体地势从西北向东南呈不均匀阶梯状逐级降低，海拔相差较大，最高点为滇藏交界的德钦县怒山山脉梅里雪山主峰卡瓦格博峰，海拔 6740m，最低点在与越南交界的河口县南溪河与元江汇合处，即元江出境处，海拔仅 76.4m，最高、最低两地直线距离约 900km，高差达 6663.6m；其余如西部的太子雪山和梅里雪山与其东侧的澜沧江峡谷，平面距离 12.8km，相对高差在 3000m 以上；东部药山至巧家县城，平面距离 17.3km，相对高差 3300m；拱王山至小江河谷，平面距离 11km，相对高差 2900m 以上。

2.2.1.2 地质构造

云南的地质构造十分复杂，是一个多方面构造交织复合的地区，有南北向、东西向、北东向、北西向等多种方向构造交织复合，还有弧形构造，近期构造运动比较强烈。由于构造运动的作用，形成了哀牢山深断裂带、小江深断裂带和澜沧江深断裂带三条深大断裂带控制下的富宁大断裂、文麻大断裂、弥勒-师宗大断裂、南盘江大断裂、嵩明大断裂（小江深断裂西支）、普渡河大断裂、元谋-绿汁江大断裂、程海-宾川大断裂、红河大断裂、安定大断裂、阿墨江大断裂、柯街-南汀河大断裂、怒江大断裂、翁水河-小金河大断裂等 14 条大断裂。沿着这些大断裂带常发生强震，地震降低了山体稳定性和岩石强度，增加了固体物质的来源，特别是 6 级以上的强震，不仅使岩石节理扩张，山体产生巨大裂隙，而且会加剧滑坡、坍塌等重力侵蚀的发生。

云南具有前古生代到新生代的各种地层，各时代地层齐全，地层岩块破碎，岩石种类繁多，表现出两大特点：一是地层经过各个地质历史阶段，经受了多次不同规模的构造运动，在地应力作用下产生大的变形和破坏，到处留下褶皱、断裂和裂隙，岩石经受多次挤压、剪扭、拉裂等作用，破坏了岩层的完整性和连续性，使地层岩块破碎；二是岩石受风化作用强烈，由于各种岩石矿物硬度不同，抗风化能力不一，风化物有粗有细，风化层有深有浅，产生非均一性。一般常见的有花岗岩、玄武岩、砂岩、页岩、泥岩、石灰岩、片麻岩、片岩和板岩等，大部分岩类易风化，风化层深厚，抗冲刷力弱，一旦地表植被遭受破坏或在外营力扰动下，极易发生土壤侵蚀，且不易治理，其中尤以深变质花岗岩地区为甚。

2.2.1.3 水文气候

受地形地貌的影响，云南的气候主要属于低纬山原季风气候，立体气候特点显著，气候类型丰富多样，有北热带、南亚热带、中亚热带、北亚热带、南温带、中温带和高原气候区共 7 个气候类型，最突出的特点是年温差小，日温差大，干湿季节分明。全省多年平均降水量在 1100mm 左右，受冬夏两季不同大气环流的控制和影响，降水量的时空分配极为不均：时间上，6～8 月雨季降水量占全年降水量的 60%左右，11 月至次年 4 月的冬春旱季降水量只占全年降水量的 10%～20%；空间上，西南及南部的热带和亚热带大部地区多年平均降水量在 1300mm 以上，而北部和中部的温带大部地区则在 900mm 以内。降雨的一个特点是降雨日数多、强度大，且集中、多单点暴雨，往往第一场雨以暴雨为多，雨滴直接击溅地表，对荒草地、坡耕地、疏幼林地的侵蚀尤为明显；另一特点是随海拔增高而增大，多夜雨和局部性雷阵雨，是酿成滑坡、泥石流的主要激发因素，如小江流域最大暴雨带出现在海拔 2500～3300m，恰好与小江泥石流沟分布范围相一致，从而为泥石流的暴发提供了充分的水动力条件。

2.2.1.4　土壤植被

云南的土壤分属 7 个土纲、19 个土类、41 个亚类、175 个土属，其中，红壤是全省面积最大、分布最广的土类，占全省土地面积的 30.22%，其次为赤红壤，占 13.93%，紫色土占 12.87%。这些土类成土母质多为古红土、紫色砂岩和石灰岩等，土壤质地以轻壤和中壤居多，土壤分散系数较大。坡耕地、荒山和疏幼林地等受到人类干扰较大的地类上，由于植被覆盖率和土壤腐殖质含量低，水稳性团聚体不易形成，水稳性差，土体易崩解，土壤抗蚀和抗冲性下降，导致易发生强度较高的土壤侵蚀。

云南为泛北极植物区系和古热带植物区系的交换地带，植物组成成分复杂，寒、温、热三带的植物均有分布，其植被分布的一般规律为从南到北随纬度增加和海拔升高，依次分布着热带雨林季雨林、热带稀树草原旱生植被，亚热带常绿阔叶林、混交林和针叶林，以及温带、寒温带针叶林，总体来说森林资源比较丰富。但由于原生植被破坏严重，涵养水源、保持水土功能强的亚热带常绿阔叶林越来越少且分布不均匀，现有植被系统多为次生植被和人工造林植被系统，主要集中分布在迪庆、西双版纳和普洱等地，林相结构单一，在一定程度上削弱了森林植被对土壤的防护功能。

综上所述，云南省自然环境脆弱、自然灾害多发，在短历时局地强降雨、陡坡长坡的地形地貌、复杂的地质构造和岩性、覆盖不良的植被、可蚀性大的土壤质地成分等不利的自然因素，以及山区大面积陡坡无工程措施耕地等不合理的粗放耕作方式和大量的生产建设活动等人为因素的双重作用下，云南以水力侵蚀为主的土壤侵蚀严重，不仅直接危及人民生命财产安全，还严重影响社会经济的发展。因此，针对云南这样的高原山区独特而不利的自然地理条件，极有必要研究制订出一套科学的区域土壤侵蚀调查方法，对于查清土壤侵蚀强度和空间分布、掌握其现状和发展趋势，为水土保持生态建设提供决策依据极为重要。

2.2.2　社会经济状况

云南省土地总面积约 39 万 km^2，辖昆明、曲靖、玉溪、保山、昭通、丽江、普洱、临沧 8 市和楚雄、红河、文山、西双版纳、大理、德宏、怒江、迪庆 8 州，共 16 个州（市）、129 个县（市、区）、1403 个乡（镇、街道）、14 323 个村。根据《云南省统计年鉴（2018）》，2017 年末总人口 4800.50 万人，其中农业人口 3763 万人，平均人口密度 125 人/km^2，居住着汉、彝、白、哈尼、壮、傣、苗、傈僳、回等 26 个民族，2017 年末少数民族人口 1611.53 万人，占总人口的 33.57%。

云南素有“植物王国”“动物王国”“有色金属王国”之称，有色金属、烟草、茶叶、橡胶、蔗糖、旅游业等是云南的支柱产业。根据《云南省统计年鉴（2018）》，2017 年全省实现生产总值 16 376.34 亿元，其中第一产业 2338.37 亿元，第二产业 6204.97 亿元，第三产业 7833.00 亿元，人均生产总值 34 221 元。2017 年地方公共财政预算收入 1886.17 亿元，地方公共财政预算支出 5712.97 亿元。2017 年粮食播种面积 445.05 万 hm^2，粮食产量 1843.40 万 t。

第 3 章　降雨侵蚀力因子调查与计算

降雨侵蚀力是指降雨引起土壤侵蚀的潜在能力，用一次降雨总动能（E）与该次降雨最大 30min 雨强（I_{30}）的乘积（EI_{30}）表示，单位为 MJ·mm/(hm^2·h·a)，反映了雨滴对土壤颗粒的击溅分离及降雨形成径流对土壤冲刷的综合作用。

降雨侵蚀力因子指降雨导致土壤侵蚀发生的潜在能力，是降雨侵蚀力在土壤侵蚀估算模型中的体现，用 EI_{30} 或者简化后的公式计算，在中国土壤水蚀模型中简称 R 因子。

降雨侵蚀力季节分布是指一年中某时段降雨侵蚀力占全年降雨侵蚀力的百分比，用作权重因子计算水土保持生物措施因子值。

降雨侵蚀力等值线图：空间上多年平均年降雨侵蚀力相等点的连线称为等侵蚀力线，由等侵蚀力线构成的空间等值线分布图称为降雨侵蚀力等值线图，反映了多年平均降雨侵蚀力的空间变化特征。

降雨侵蚀力因子的计算方法是收集调查区域内各气象站点长序列（大于 30 年）的逐日降雨量数据，分析数据日、月、年缺测率，剔除日雨量小于 12mm 的非侵蚀性降雨，确定可用资料后计算各气象站半月降雨侵蚀力、年降雨侵蚀力、半月降雨侵蚀力占年降雨侵蚀力的比例，利用空间局部插值法（克里金插值法），生成调查区域空间分辨率 10m×10m 的降雨侵蚀力栅格数据。技术路线见图 3-1。

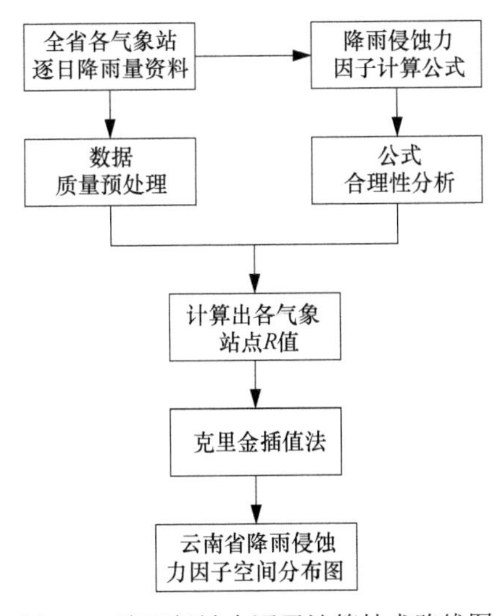

图 3-1　降雨侵蚀力因子计算技术路线图

3.1 资料收集与整理

3.1.1 资料收集

截至2012年，云南省共设129个县级行政区，全省有降水监测资料的气象站点共126个，除少数县外，基本每县设一个气象站［其中五华区、盘龙区、官渡区、水富县（现为水富市）、古城区、陇川县共6个行政区未设气象站，西山区、瑞丽市和泸水县（现为泸水市）则分别有两个气象站］，收集这126个气象站1950～2012年共63年的逐日降水资料。

3.1.2 资料整理

因各气象站点绝大部分降雨资料涉及的年份为1960～2012年，故确定数据的统计时段为1960～2012年（共53年），分别计算资料的日、月、年缺测率，以此来分析数据的缺测情况。

用日缺测率来表示日缺测情况，计算公式为

$$\mathrm{LR}_d=\frac{L_d}{D}\times 100\% \tag{3-1}$$

式中，LR_d为日缺测率，%；L_d为1960～2012年内缺测的总天数，d；D为1960～2012年内的总天数，d。

用月缺测率来表示月缺测情况，计算公式为

$$\mathrm{LR}_m=\frac{L_m}{M}\times 100\% \tag{3-2}$$

式中，LR_m为月缺测率，%；L_m为1960～2012年内缺测的总月数，m；M为1960～2012年内的总月数，m。

用年缺测率来表示年缺测情况，计算公式为

$$\mathrm{LR}_y=\frac{L_y}{Y}\times 100\% \tag{3-3}$$

式中，LR_y为年缺测率，%；L_y为1960～2012年内缺测的总年数，y；Y为1960～2012年内的总年数，y。

采用中国气象局《地面气象观测规范》规定的日、月、年缺测标准：一个月中缺测6天或以下，按实有记录做月合计，缺测7天以上按缺测处理；一年中缺测一个月或以上时，该年不做年合计，按缺测处理。

经统计计算，元阳、西盟2个站分别于1997年7月、2000年1月发生搬迁，予以剔除。对剩余124个气象站点的缺测情况进行计算（表3-1），其中泸水、曲靖、六库 3 个站点缺测率大于 15%，予以剔除，其余 121 个气象站点的缺测率均小于 8%，数据符合规范要求。

表 3-1　各气象站点数据缺测情况统计表

站点	日缺测率（%）	月缺测率（%）	年缺测率（%）
安宁、保山、宾川、沧源、昌宁、澄江、楚雄、大关、大理、大姚、德钦、峨山、洱源、凤庆、福贡、富宁、富源、耿马、贡山、鹤庆、红河、华宁、华坪、会泽、建水、江城、江川、金平、晋宁、景东、景谷、景洪、开远、昆明、兰坪、澜沧、丽江、梁河、临沧、龙陵、陇川、泸西、鲁甸、陆良、禄丰、禄劝、潞西、罗平、绿春、马关、马龙、蒙自、勐海、勐腊、孟连、弥渡、弥勒、墨江、牟定、南华、宁蒗、屏边、普洱、丘北、瑞丽、师宗、石屏、双柏、双江、思茅、嵩明、绥江、腾冲、通海、威信、巍山、维西、文山、武定、祥云、新村、新平、宣威、寻甸、盐津、砚山、漾濞、姚安、宜良、彝良、易门、盈江、永德、永平、永仁、永善、永胜、玉溪、元江、元谋、云龙、云县、沾益、昭通、镇雄、镇沅、香格里拉	0	0	0
富民、个旧、河口、剑川、麻栗坡、巧家、西畴、镇康	1.89	1.89	1.89
呈贡、广南、南涧、太华山	3.78	3.77	3.77
施甸、石林	7.55	7.55	7.55
泸水	16.98	16.98	16.98
曲靖	26.42	26.42	26.42
六库	32.08	32.08	32.08

对符合要求的 121 个气象站点的空间连续性进行分析：将 121 个气象站点日降雨量数据集的侵蚀性降雨量多年平均值进行空间点绘形成等值线图，如果某点数值明显与周围站点差异较大，先分析是否为地形或其他因素的影响所致，在确认无明显影响的情况下，则认为该点数据的可靠性较低，是无效站点。经分析，121 个站点都为有效站点，可参与降雨侵蚀力因子计算。

3.2　降雨侵蚀力因子计算方法

3.2.1　降雨侵蚀力计算方法

利用通过资料预处理的逐日降雨量资料（1960～2012 年），剔除日降雨量小于 12mm 的非侵蚀性降雨后，计算各气象站 24 个半月降雨侵蚀力、年降雨侵蚀力和半月降雨侵蚀力占年降雨侵蚀力的比例。

因冷暖季降雨类型差异较大，采用下式计算多年平均半月降雨侵蚀力

$$\overline{R_{半月k}} = \frac{1}{n}\sum_{i=0}^{n} \sum_{j=0}^{m}\left(a \cdot p_{i,\ j,\ k}^{1.7265}\right) \tag{3-4}$$

式中，$\overline{R_{半月k}}$ 是多年平均半月降雨侵蚀力，MJ·mm/(hm^2·h·a)；i 为所用降雨资料年

份序列的编号，即 i=1，2，…，n；k 为将一年划分为 24 个半月的数，即 k=1，2，…，24；j 为第 i 年第 k 个半月内侵蚀性降雨日的编号；$p_{i,j,k}$ 是第 i 年第 k 个半月第 j 个侵蚀性日降雨量，mm，如果某年某个半月内没有侵蚀性降雨，即 j=0，则令 $p_{i,j,k}$=0；a 为参数，暖季 a=0.3937，冷季 a=0.3101。

多年平均年降雨侵蚀力 $\overline{R}$ 为上述 24 个半月降雨侵蚀力之和

$$\overline{R}=\sum\nolimits_{k=1}^{24}\overline{R_{\text{半月}k}} \tag{3-5}$$

半月降雨侵蚀力占年降雨侵蚀力的比例 $\overline{\mathrm{WR}_{\text{半月}k}}$ 为

$$\overline{\mathrm{WR}_{\text{半月}k}}=\frac{\overline{R_{\text{半月}k}}}{\overline{R}} \tag{3-6}$$

3.2.2 降雨侵蚀力空间插值及栅格化处理

3.2.2.1 空间插值方法的选取

在进行空间插值计算降雨侵蚀力时，为验证插值方法的精度，对反距离权重插值法、普通克里金插值法和协同克里金插值法进行对比，对云南省年降雨侵蚀力进行插值，结果表明，三种插值方法均可以反映云南省年降雨侵蚀力的空间分布特征，但不能很好地反映局部地区实际的降雨侵蚀力，因此对这三种插值方法进行交叉验证。选取平均误差、均方根误差、标准平均值、标准均方根及平均标准误差等 5 个指标来比较采样点实际值与预测值之间的误差大小，评价三种插值方法的精度，选取平均误差和标准平均值最接近 0、均方根误差较小、平均标准误差与均方根误差相似且相关系数较大的插值方法作为最优方法，步骤如下。

1）随机选取 21 个气象站点作为验证集。

2）剩余的 100 个气象站点作为训练集，进行不同方法的空间插值。

3）利用验证集测试训练集得到的插值拟合效果，通过记录监测值与预测值之间的误差，比较平均误差、均方根误差、标准平均值、标准均方根、平均标准误差及回归系数，对误差进行分析对比，评估插值精度。

通过上述对比验证，得出最佳空间插值的方法为普通克里金插值法。

3.2.2.2 降雨侵蚀力空间插值生成栅格数据

利用降雨侵蚀力因子计算公式，计算出各站点降雨侵蚀力后，进行克里金空间插值生成全省降雨侵蚀力栅格数据，具体如下。

1）121 个站点日降雨量经过 REC 数据导入模块，生成站点年 R 值矢量数据，采用 2000 国家大地坐标系 CGCS2000 投影。

2）用空间插值模块中的克里金插值方法，将站点 *R* 值矢量数据进行空间插值，栅格赋值取 0，生成全省年 *R* 值栅格数据及年 *R* 值等值线图，空间分辨率为 10m×10m。

3）121 个站点日降雨量经过 REC 数据导入模块，生成站点 24 个半月降雨侵蚀力矢量数据，采用 CGCS2000 坐标。

4）用空间插值模块中的克里金插值方法，将站点 24 个半月降雨侵蚀力矢量数据进行空间插值，栅格赋值取 0，生成全省 24 个半月降雨侵蚀力栅格数据，空间分辨率为 10m×10m。

5）将全省 24 个半月降雨侵蚀力栅格数据进行相加运算，得到全省年降雨侵蚀力栅格数据，将 24 个半月降雨侵蚀力栅格数据与年降雨侵蚀力栅格数据进行相除运算，得到 24 个半月降雨侵蚀力占年 *R* 值比例栅格数据。

6）将全省年 *R* 值栅格数据和 24 个半月侵蚀力占年 *R* 值比例栅格数据进行裁剪和重采样，生成全省分县栅格数据，采用 CGCS2000 坐标，空间分辨率为 10m×10m。

3.2.3　计算成果质量检查和分析

1）全省 121 个县级行政区域年降雨侵蚀力及 24 个半月降雨侵蚀力数据完整，存储路径及命名正确，分辨率与要求精度一致。

2）随机抽查永平、双柏及富宁 3 个县的年降雨侵蚀力计算结果，与降雨侵蚀力等值线图的差值范围进行比较，结果表明精度≥75%（表 3-2）。

表 3-2　抽查 3 个县的年降雨侵蚀力计算结果比较表

县名	站点年 *R* 值［MJ·mm/(hm^2·h·a)］	年 *R* 值插值范围［MJ·mm/(hm^2·h·a)］
永平	2722.30	2243.67～3213.58
双柏	2864.64	2606.03～3370.22
富宁	4118.17	3723.84～4129.03

3）沿年降雨量等值线图由大到小的剖面选取 4 个站点，比较各站年降雨侵蚀力季节分布与年降雨量季节分布，结果表明，各站点降雨侵蚀力的季节变化较为合理，具有较强的一致性（表 3-3）。

4）将全省多年平均降雨侵蚀力等值线图（图 3-2a）与多年平均降雨量等值线图（图 3-2b）对比，分析其变化及空间分布的合理性，结果表明，二者空间分异及极值对应吻合合理，数据具有较强的一致性。

5）将计算结果与第一次全国水利普查云南省 *R* 值的统计特征值进行对比分析，结果表明，二者均值差别不大（表 3-4），从空间上看二者的分异特征也相似（图 3-3）。在云南省范围内按照 150km×90km 的网格均匀布设 22 个对比点，在

ArcGIS 下提取这些对比点的本次计算多年平均 R 值及水利普查 R 值，结果表明相对于水利普查 R 值，本次计算结果的相对偏差为 0.35%～45.08%，绝大部分点的相对偏差低于 15%（表 3-5）。

表 3-3　4 个站点的 *R* 值和降雨量季节变化特征比较表

站点	项目	全年	春		夏		秋		冬	
			数值	比例（%）	数值	比例（%）	数值	比例（%）	数值	比例（%）
金平	降雨侵蚀力	10 263.89	1 958.79	19.08	6 485.58	63.19	1 555.06	15.15	264.46	2.58
	降雨量	2 299.60	493.11	21.44	1 252.44	54.46	431.11	18.75	122.94	5.35
景东	降雨侵蚀力	3 589.39	377.58	10.52	2 302.06	64.14	861.52	24	48.23	1.34
	降雨量	1 118.62	150.86	13.49	602.41	53.85	315.41	28.2	49.94	4.46
祥云	降雨侵蚀力	2 438.49	182.03	7.46	1 604.03	65.78	622.17	25.52	30.26	1.24
	降雨量	805.97	89.07	11.05	455.75	56.55	227.93	28.28	33.22	4.12
中甸	降雨侵蚀力	1 063.64	95.83	9.01	778.36	73.18	177.52	16.69	11.93	1.12
	降雨量	633.42	89.17	14.08	386.89	61.08	129.59	20.46	27.77	4.38

注：降雨侵蚀力的计量单位为［MJ·mm/(hm^2·h·a)］，降雨量的计量单位为 mm。

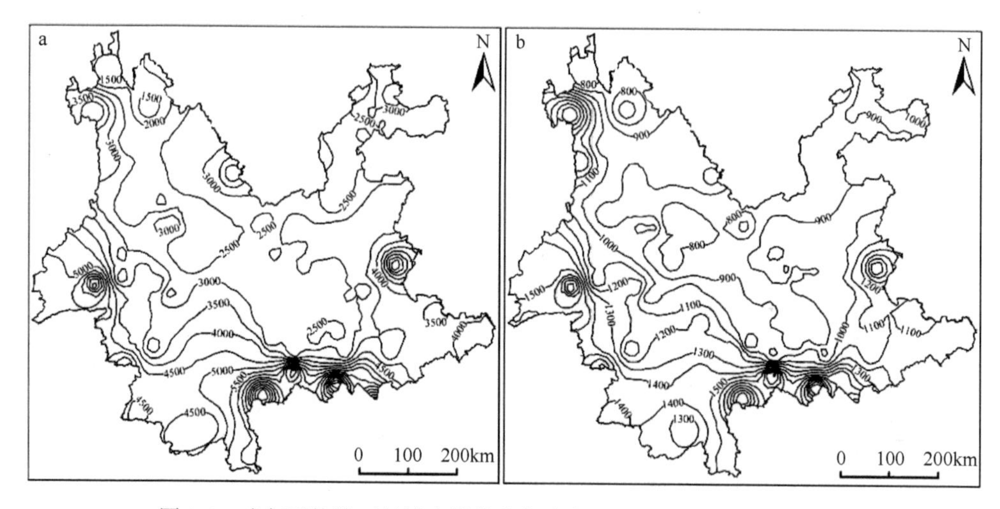

图 3-2　多年平均降雨侵蚀力等值线与多年平均降雨量等值线对比图

a 为多年（1960～2012 年）平均降雨侵蚀力，b 为多年（1960～2012 年）平均降雨量

表 3-4　云南省多年平均降雨侵蚀力计算结果统计特征比较表［单位：MJ·mm/(hm^2·h·a)］

本次计算值				第一次全国水利普查计算值			
最小值	最大值	均值	标准差	最小值	最大值	均值	标准差
1 057.01	10 263.89	3 564.64	1 231.22	641.85	14 837.83	3 453.84	1 465.13

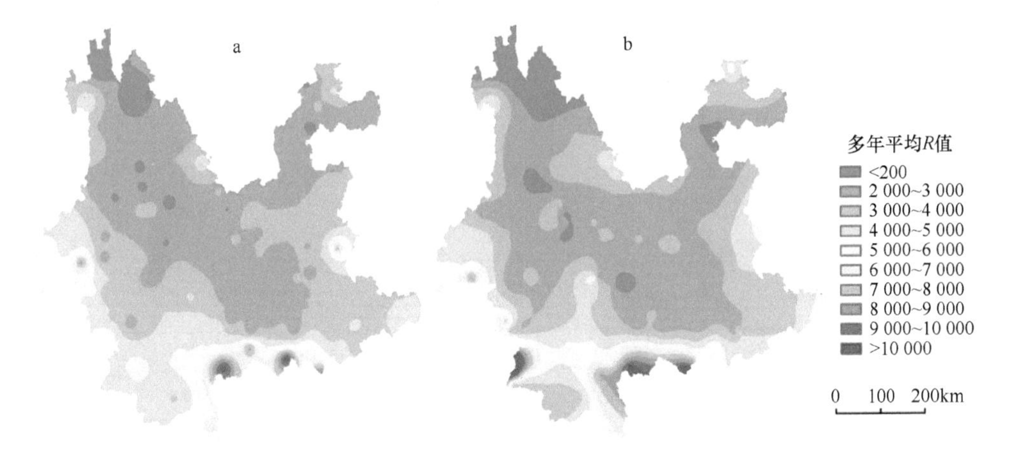

图 3-3 本次计算 *R* 值与水利普查计算结果空间分异对比图
a 为本次计算多年（1960～2012 年）平均 *R* 值，b 为水利普查多年（1980～2010 年）平均 *R* 值，
单位：MJ·mm/(hm²·h·a)

表 3-5 均匀布点与水利普查 *R* 值对比分析表

对比点编号	本次计算值［MJ·mm/(hm²·h·a)］	第一次全国水利普查计算值［MJ·mm/(hm²·h·a)］	相对偏差（%）	对比点编号	本次计算值［MJ·mm/(hm²·h·a)］	第一次全国水利普查计算值［MJ·mm/(hm²·h·a)］	相对偏差（%）
1	4565.38	3973.31	14.90	12	2722.16	2761.64	1.43
2	5673.69	5043.86	12.49	13	2838.78	1956.69	45.08
3	1946.83	1540.75	26.36	14	3706.69	2651.26	39.81
4	2615.08	2752.96	5.01	15	9185.43	8477.65	8.35
5	2350.78	2359.02	0.35	16	2454.83	2431.05	0.98
6	2293.04	2496.32	8.14	17	2131.58	2495.31	14.58
7	2586.84	2811.54	7.99	18	3168.46	2860.34	10.78
8	3758.92	3607.45	4.20	19	2902.00	2780.14	4.38
9	4889.12	5055.77	3.30	20	2485.68	2364.64	5.12
10	4182.80	3554.23	17.69	21	2828.70	3129.20	9.60
11	3025.80	3374.79	10.34	22	3922.91	3372.36	16.33

6）检查全省降雨侵蚀力因子图的坐标与投影。

3.3 降雨侵蚀力因子计算结果

3.3.1 全省统计情况

计算形成了分辨率为 10m×10m 的全省降雨侵蚀力 *R* 值栅格图，在 ArcGIS 下统计得出，云南省降雨侵蚀力因子值为 1057.01～10 263.89MJ·mm/(hm²·h·a)，平均值为 3564.64MJ·mm/(hm^2·h·a)，最小值和最大值相差近 10 倍，从一个侧面反映出云南省立体气候特征明显、降雨在空间上分布极不均匀、各地多年平均降雨量差异大的特点。从降雨侵蚀力因子分级统计特征看，降雨侵蚀力主要集中分布在 2000～4000MJ·mm/(hm^2·h·a)，其中降雨侵蚀力为 2000～3000MJ·mm/(hm^2·h·a)的面积占全省土地面积的 39.73%，3000～4000MJ·mm/(hm^2·h·a)的占全省土地面积的 28.28%，见表 3-6 和图 3-4。

表 3-6 降雨侵蚀力因子分级及占土地面积比例表

序号	降雨侵蚀力 R 值分级［MJ·mm/(hm^2·h·a)］	土地面积（km^2）	占全省土地面积百分比（%）
1	0～2 000	15 957.57	4.17
2	2 000～2 500	54 471.60	14.21
3	2 500～3 000	97 776.32	25.52
4	3 000～3 500	63 866.20	16.67
5	3 500～4 000	44 490.58	11.61
6	4 000～4500	26 216.11	6.84
7	4 500～5 000	25 689.12	6.70
8	5 000～8 000	48 724.66	12.71
9	8 000～10 300	6 017.86	1.57

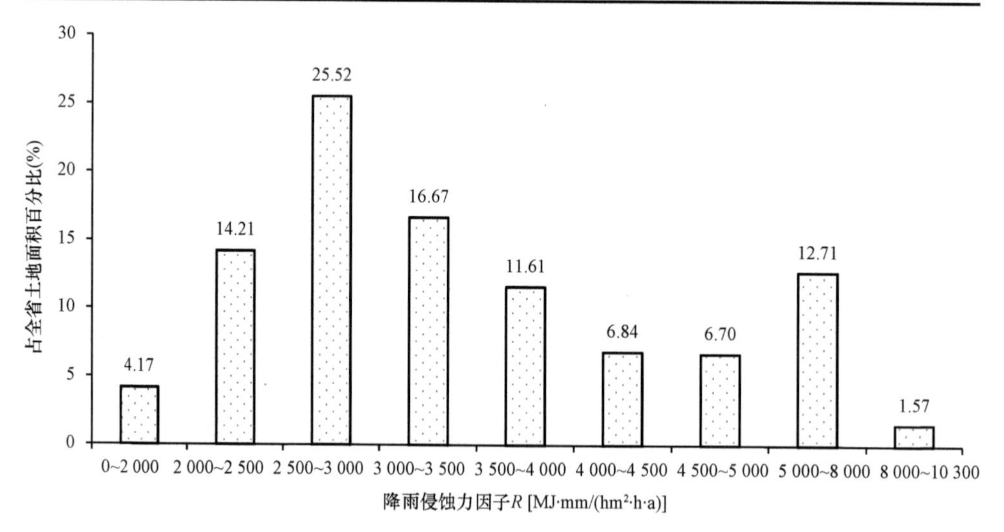

图 3-4 降雨侵蚀力因子各分级占全省土地面积比例图

3.3.2 州（市）统计情况

从空间分布上看，降雨侵蚀力较高的区域主要分布在滇西南的德宏州和保山市边境、临沧市边境一带，滇南的普洱市、西双版纳州、红河州南部及滇东的曲靖市罗平县等地，这些区域大都处于云南南部的热带、亚热带气候区，夏季受暖湿气流影响，多大雨和暴雨，降雨异常丰富，多年平均降雨量一般在 1500mm 以上，因此相应的降雨侵蚀力也比较高，平均降雨侵蚀力基本在 4500MJ·mm/(hm^2·h·a)以上。以州（市）行政区域来看，降雨侵蚀力平均值最高的是西双版纳州，为 5348.44MJ·mm/(hm^2·h·a)，其次是德宏州［5260.70MJ·mm/(hm^2·h·a)］，以县级行政区域来看，降雨侵蚀力平均值最高的是普洱市江城县，为 8255.76MJ·mm/(hm^2·h·a)，其次是红河州金平县［8243.09MJ·mm/(hm^2·h·a)］。全省降雨侵蚀力最大值出现在红河州金平县，其多年平均降雨量为 2299.60mm，对应的降雨侵蚀力高达 10 263.89MJ·mm/(hm^2·h·a)，其次是普洱市江城县，降雨侵蚀力为 10 241.17MJ·mm/(hm^2·h·a)。

降雨侵蚀力较低的区域主要分布在滇西北的迪庆州和丽江市、滇东北的昭通市、滇西的大理州及楚雄州一带，这些区域的多年平均降雨量一般为 700～900mm，多为云南干旱灾害高发的区域，相应的降雨侵蚀力也比较低，平均降雨侵蚀力基本在 2800MJ·mm/(hm^2·h·a)以下。以州（市）行政区域来看，降雨侵蚀力平均值最低的是迪庆州，为 2075.47MJ·mm/(hm^2·h·a)，其次是大理州［2434.06MJ·mm/(hm^2·h·a)］，以县级行政区域来看，降雨侵蚀力平均值最低的是迪庆州香格里拉市，为 1881.83MJ·mm/(hm^2·h·a)，其次是同属迪庆州的德钦县，为 1977.32MJ·mm/(hm^2·h·a)。全省降雨侵蚀力最小值出现在迪庆州德钦县，降雨侵蚀力仅为 1057.01MJ·mm/(hm^2·h·a)，其次是同属迪庆州的香格里拉市，为 1063.70MJ·mm/(hm^2·h·a)。

各州（市）降雨侵蚀力因子统计情况见表 3-7 和图 3-5。

表 3-7　云南省各州（市）*R* 值统计表［单位：MJ·mm/(hm^2·h·a)］

序号	行政区划	最大值	最小值	平均值
1	昆明市	3 953.12	2 012.92	2 851.90
2	曲靖市	7 187.58	2 099.48	3 487.33
3	玉溪市	4 505.45	2 352.10	2 849.30
4	保山市	8 212.14	2 517.04	3 936.34
5	昭通市	4 150.04	1 607.37	2 730.03
6	丽江市	4 511.57	1 925.64	2 785.02
7	普洱市	10 241.17	2 531.52	4 816.77
8	临沧市	6 008.44	2 247.51	3 658.16
9	楚雄州	3 766.47	1 944.55	2 743.88
10	红河州	10 263.89	2 148.12	4 637.37
11	文山州	7 534.97	2 821.01	3 802.42
12	西双版纳州	7 679.26	3 920.45	5 348.44
13	大理州	3 677.09	1 518.02	2 434.06
14	德宏州	7 808.78	4 004.19	5 260.70
15	怒江州	4 606.73	2 144.04	3 072.31
16	迪庆州	3 793.49	1 057.01	2 075.47

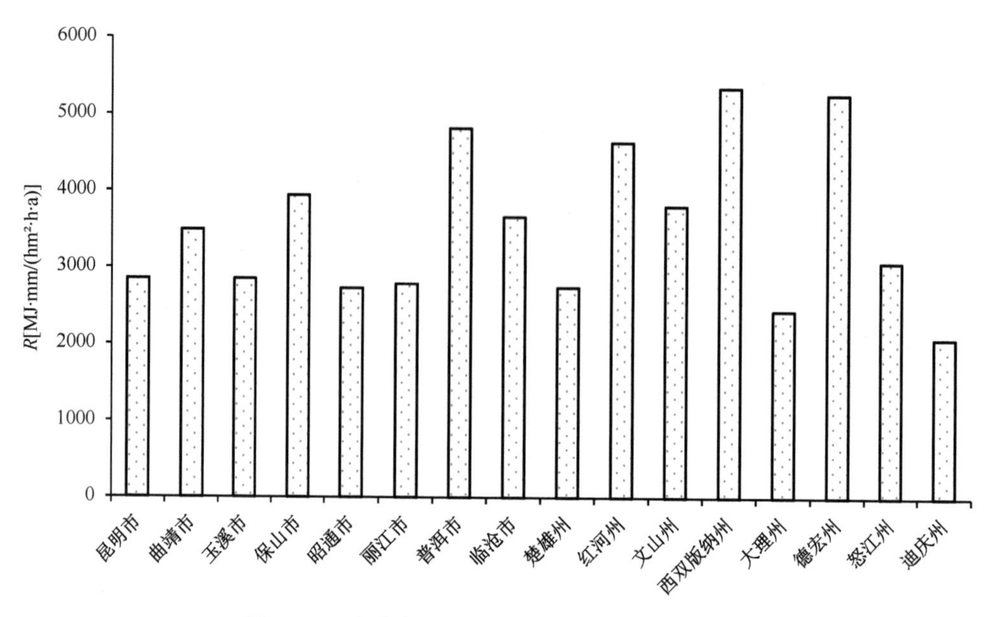

图 3-5 云南省各州（市）降雨侵蚀力因子平均值

第 4 章 土壤可蚀性因子调查与计算

土壤可蚀性是土壤被冲被蚀难易程度的表征，反映土壤对侵蚀外营力剥蚀和搬运的敏感性，是影响土壤侵蚀的内在因素。根据通用中国土壤水蚀模型的定义，土壤可蚀性因子是指标准小区上单位降雨侵蚀力引起的土壤流失量，简称 *K* 值，单位为 $t \cdot hm^2 \cdot h/(hm^2 \cdot MJ \cdot mm)$，它是在明确土壤性质如何影响侵蚀的基础上提出的评价指标，是以通用土壤水蚀模型为代表的常用土壤侵蚀估算模型中的重要因子，其大小由土壤理化性质决定，综合反映了在侵蚀模型规定的标准条件下，土壤和土壤剖面对各种侵蚀和水动力过程的平均敏感程度。

土壤可蚀性因子的调查计算方法与过程是：首先基于全国第二次土壤普查资料，补充采集缺失土壤理化性质数据的样本，室内测定样本机械组成、土壤有机质等理化性质；然后采用 Williams 模型和 Wischmeier 模型计算土壤可蚀性因子 *K* 值，依据中国土壤发生分类系统，将计算的 *K* 值分级归并到土属、亚类和土类；再基于云南省 1∶75 万土壤图，利用“土壤类型 GIS 连接法”将各样点的 *K* 值链接到土壤图上，构建土壤可蚀性因子 *K* 值数据库，获取土壤可蚀性因子 *K* 值矢量数据；最后进行空间插值，形成 10m×10m 分辨率的土壤可蚀性因子栅格数据。土壤可蚀性因子计算的技术路线见图 4-1。

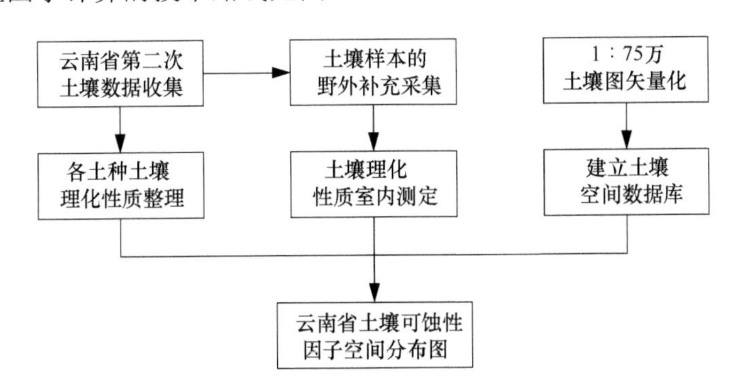

图 4-1 土壤可蚀性因子计算技术路线图

4.1 资料收集、整理及野外调查

4.1.1 资料收集

根据土壤可蚀性因子计算的技术路线，确定需要收集的资料为：第二次土壤普查数据、野外调查及其补充采样、径流小区监测等资料。

（1）土壤普查资料

从《中国土种志》《云南省土种志》《云南省第二次土壤普查数据资料集》等土壤普查资料中收集到涉及云南省的典型土种剖面资料347个，其中91个源自《中国土种志》，203个源自《云南省土种志》，53个源自《云南省第二次土壤普查数据资料集》，分属19个土类、51个亚类、209个土属，涵盖了云南省所有土类、亚类和土属。另外还收集到云南省1∶100万和1∶75万的土壤图（图4-2）。

图4-2　土壤数据收集资料图

（2）野外调查资料

对收集到的缺失理化性质资料的土壤剖面开展野外调查，采集土壤样本并在室内测定机械组成和有机质等理化参数。

（3）监测资料

为保证土壤可蚀性数据的精度，从云南省水土保持生态环境监测总站收集站点监测成果，用于验证和修订调查计算的 K 值。

4.1.2　资料整理与野外调查

4.1.2.1　土壤普查资料处理

（1）数据筛选复核处理

收集到全国第二次土壤普查典型土种剖面资料347个，审核后剔除同土异名、同位异土等明显有误和记录重复的 73 个数据，采用其余 274 个剖面资料，涵盖了全省所有土类。

（2）土壤粒径转化

计算土壤可蚀性因子 K 值所用的土壤颗粒分析结果是美国制，而全国第二次土壤普查资料土壤粒径分级标准是国际制，需采用图解法来转换，具体方法是用 $Y=aX+b$ 和 $Y=aX^2+bX+c$ 进行曲线拟合，得到每个土壤类型的转换方程，其中 $X=\ln(P)$，P 为粒径大小（mm），Y 是小于 P 粒径的累计颗粒含量百分数（%），然后在半对数纸上画出国际制的土壤颗粒大小分配曲线，即可查出美国制某一粒径的百分数含量。

（3）土壤图的处理

将 1∶75 万云南省土壤图纸质图扫描成 TIFF 格式的电子图，数字化后得到云南省土壤类型空间分布矢量图，经几何校正、数据化后，再与 1∶100 万土壤图对比验证，确定土壤命名和空间分布，具体如下。

1）几何校正：首先对原始土壤图进行坐标订正，再利用居民点、道路交叉点、建筑物等明显标志点进行几何校正。

2）数字化：经反复试验，采用处理速度慢但能够最大限度地保证数据精度和质量的人工逐点跟踪方法进行。

3）土壤命名复核：将原始土壤图图例中的各类土壤名称与《中国土壤分类与代码》（GB/T 17296—2009）进行对照，统一和规范土壤命名。

4）矢量数据整理：对矢量数据中存在的图层错位和拓扑错误进行纠正，确保数字化结果的可靠性。

4.1.2.2　野外调查采样

对整理后采用的 274 个土壤剖面资料中缺失理化性质资料的 222 个典型土种（分属 17 个土类、39 个亚类、157 个土属）开展野外调查，采集土壤样本并在室内测定其机械组成和有机质等理化参数。土壤样本野外采集工作方法如下。

（1）统计确定调查采样点分布范围及采样点情况

具体见附录 1。

（2）调查采样步骤

1）确定行车路线：根据野外调查样点分布图，确定需要调查的样点及其行车路线。

2）查找定位：根据附录 1 中各土种的位置记录，通过地图查找、询问等方式到达目的地。附录 1 中的经纬度仅供参考，不可作为定位依据，调查时不能保证该剖面能准确落在原剖面上，但能保证它落在该剖面代表的土种上，并且要注意采样地点必须避开受人为扰动影响而破坏原地表土壤的地带（如公路下方、老房座基、采石场、垃圾堆积场等）。部分样点位置只精确到乡或镇，则在乡镇内寻找合适的采样位置，核实土类后采集即可。

3）判断土壤类型：采样前，结合地表环境、土壤颜色及不同土壤类型的典型剖面对照图，判断拟采样位置的土壤是否符合附录 1 的土类要求。若不符合，在小范围内换一个采样点，但须符合附录 1 的位置要求。

4）照相：对所有调查样点，至少拍近景和远景相片各一张。近景相片包含调查样点，反映调查样点的坡度、地貌部位和土地利用等信息；远景相片反映调查样点所在区的环境状况、大地貌背景、地形特征及土地利用状况等信息。

5）记录样点信息：土壤样品采样点用 GPS 进行空间定位，参照附录 1，记录经纬度坐标，在信息表（表 4-1）上记录采样点基本信息，包括样点编号、土种名称、地貌部位（分为：山地/丘陵/漫岗/冲积平原/湖滨平原/河漫滩/河流阶梯/风沙丘/沼泽/草甸/火山及其他）、土地利用（分为：农地/林地/草地）、经纬度（从 GPS 中读取，记录格式为° ′ ″）、海拔（单位为 m，从 GPS 中读取）、采样时间（记录格式为年月日，如 20140612）、采样人、采样位置（精确到县、乡、村）等。

表 4-1　土壤样品采样点信息记录表

样点编号	土种名称	地貌部位	土地利用	经度	纬度	海拔	采样时间	采样人	采样位置

6）取样：为对比并排除土地利用方式改变对土壤可蚀性因子 K 值的影响，除部分土壤类型（如水稻土）外，每个样点需分别选择农地、林地和草地采集土壤样本，且三种土地利用类型间的距离尽量控制在 5km 范围内，林地尽量选择天然林。采集土壤样本时，选择面积约 20cm×20cm 的小区域，清理表面枯枝落叶和表层土，挖一个小垂直断面，用铁锹垂直取 1 个土柱，土柱深约 20cm，土样质量 500～800g 即可，装入密封袋。

7）填写标签与密封袋：用圆珠笔填写标签（包括样点编号、土地利用类型和经纬度）。一式两份，一份折叠后放入袋中，一份贴于土样袋内侧。将密封袋中的空气慢慢挤出，封好密封袋，采样完毕。标签纸记录格式示例：53407-农 E101°19′18.70″ N25°43′34.40″或 53407-林 E101°19′18.70″ N25°43′34.40″或 53407-草 E101°19′18.70″ N25°43′34.40″。

8）采样点处理：用铁锹将取样时从样点挖掘出的土壤回填到样点，可用脚踩实，以枯枝落叶覆盖样点，尽量恢复采样点原状。

9）室内资料整理与输入：回到驻地后，对当天野外工作进行检查，完成资料的整理输入工作。主要包括把野外记录资料录为 excel 格式表格，将照片导入以样点编号（查找附录 1）命名的文件夹下。

（3）调查采样所需仪器设备清单

本次土壤样本野外采集所需仪器设备见表 4-2。

表 4-2　土壤样本野外采集仪器设备一览表

项目	仪器设备
样点选择及环境条件描述	GPS、数码相机、罗盘各一，碳素笔、铅笔、记录本、标签等若干
采集土壤样本	卷尺、铁锹、锄头、小铲等各一，密封袋若干
室内资料整理	笔、记录本、数据线、笔记本电脑

（4）土壤理化分析

将野外采集的土壤样品送中国科学院南京土壤研究所检测机械组成和有机质含量等理化指标。分析试验指标包括土壤有机质含量和土壤机械组成，机械组成采用美国制标准，分 5 个粒级，即 2～0.1mm、0.1～0.05mm、0.05～0.02mm、0.02～0.002mm 和<0.002mm。

4.1.2.3　径流小区监测数据

从云南省水土保持生态环境监测总站收集现有的 14 个径流场 54 个径流小区 2014 年、2015 年所有产流过程资料，用小区次降雨侵蚀产沙资料计算 K 值来订正计算结果。这些径流小区包括红壤（8 个径流场）、紫色土（4 个径流场）、黄壤（1 个径流场）和棕壤（1 个径流场）4 个土壤类型，主要分布在楚雄、昭通、昆明和玉溪。

4.2　土壤可蚀性因子计算与订正

4.2.1　土壤可蚀性因子计算方法

考虑到当土壤有机质含量较高时，用 Wischmeier 模型计算可能出现土壤可蚀性因子 K 值为负的情况，因此同时采用 Wischmeier 模型和 Williams 模型计算所有土种的土壤可蚀性因子 K 值，并建立两种计算方法间的经验回归式。当土壤有机质含量小于 12%时，采用 Wischmeier 模型计算值；当土壤有机质含量大于 12%时，利用构建的经验回归式，将 Williams 模型计算结果转换为 Wischmeier 模型计算值。

Wischmeier 模型计算公式为

$$K=[2.1\times10^{-4}M^{1.14}(12-\mathrm{OM})+3.25(S-2)+2.5(P-3)]/100 \quad (4\text{-}1)$$

式中，$M=N_1$（$100-N_2$）或者 $M=N_1$（N_3+N_4）；N_1 为粒径 0.002～0.1mm 的土壤砂粒含量百分比；N_2 为粒径<0.002mm 的土壤黏粒含量百分比；N_3 为粒径 0.002～0.05mm 的土壤粉砂粒含量百分比；N_4 为粒径 0.05～2mm 的土壤砂粒含量百分比；OM 为土壤有机质含量（%），查表 4-3、表 4-4 获取；S 为土壤结构系数；P 为土壤渗透性等级，查表 4-5 获取。

表 4-3 土壤结构系数表

土壤结构与大小		土壤结构等级
团粒结构	<1mm 特细团粒	1
	1～2mm 细团粒	2
	2～10mm 中粗团粒	3
	>10mm 片状、块状或大块状	4

表 4-4 美国制土壤质地分类标准

质地分类		各粒级含量（%）		
类别	名称	黏粒<0.002mm	粉砂粒 0.002～0.05mm	砂粒 0.05～2mm
砂土类	砂土（sand）	0～10	0～15	85～100
	壤砂土（loamy sand）	0～15	0～30	70～90
	粉砂土（silt sand）	0～12	80～100	0～20
壤土类	砂壤土（sandy loam）	0～20	0～50	43～100
	壤土（loam）	8～28	28～50	23～52
	粉壤土（silt loam）	0～28	50～88	0～50
黏壤土类	砂黏壤土（sandy clay loam）	20～35	0～28	45～80
	黏壤土（clay loam）	28～40	15～53	20～45
	粉砂黏壤土（silt clay loam）	28～40	40～72	0～20
黏土类	砂黏土（sandy clay）	35～55	0～20	45～65
	粉砂黏土（silt clay）	40～60	40～60	0～20
	黏土（clay）	40～100	0～40	0～45

注：在计算土壤可蚀性因子 K 值前，当土壤机械组成数据为国际制时，应转换到美国制

表 4-5 质地结构对应的土壤渗透性等级表

质地结构	土壤渗透性等级	饱和导水率（mm/h）
粉砂黏土、黏土	6	<1.02
粉砂黏壤土、砂黏土	5	1.02～2.04
砂黏壤土、黏壤土	4	2.04～5.08
壤土、粉壤土	3	5.08～20.32
壤砂土、粉砂土、粉壤土	2	20.32～60.96
砂土	1	>60.96

Williams 模型计算公式为

$$K=\left\{0.2+0.3\exp\left[-0.0256S_a\left(1-\frac{S_i}{100}\right)\right]\right\}\left(\frac{S_i}{C_l+S_i}\right)^{0.3}$$
$$\times\left[1-\frac{0.25C}{C+\exp(3.72-2.95C)}\right]\left[1-\frac{0.7S_n}{S_n+\exp(-5.51+22.9S_n)}\right] \tag{4-2}$$

式中，S_a 为砂粒（2～0.05mm）含量，%；S_i 为粉砂粒（0.05～0.002mm）含量，%；C_l 为黏粒（<0.002mm）含量，%；C 为有机碳含量，%；$S_n=1-S_a/100$。

4.2.2　土壤可蚀性因子计算过程

4.2.2.1　归并土壤侵蚀因子值

计算出土种的 K 值之后，需要向上一级分类进行归并。将土壤图中的属性表导出，利用更新之后的第二次土壤普查结果计算出图斑属性为土种的图斑 K 值，不再归并。对图斑属性不为土种的图斑要利用面积加权方法进行上一级的归并，当图斑属性为土属、亚类和土类条目时，按以下规则进行土壤侵蚀因子 K 值的归并。

（1）土属条目

由已知的属于该类土属的所有土种的 K 值通过面积加权的算法，计算出属于该土属的土壤可蚀性因子 K 值。由于重新对土属类图斑进行赋值，所采用的 K 值是通过面积加权法得到的，因此用到多个土种剖面号，要重新对被赋值的土属建立新的剖面号，见表 4-6。

表 4-6　土属 *K* 值归并示例表

土种			土属	
名称	K 值	面积（m^2）	名称	K 值
赤红胶土	0.018 6（K_1）	485 000（A_1）	棕赤红壤	$A_1/(A_1+A_2)\times K_1+A_2/(A_1+A_2)\times K_2$
赤胶园土	0.027 2（K_2）	11 200（A_2）		

归并方程为

$$K=\sum K_iA_i/A,\quad i=1,\ \cdots,\ n \tag{4-3}$$

式中，K 为归并得到的土属 K 值，K_i 为该土属下第 i 个土种的 K 值，A_i 为第 i 个土种所占的面积，A 为该土属下各土种面积之和。

土壤图导出的属性表中存在土种名称已知而土属名称未知的情况，见表 4-7，但土种名称在土种志中并不存在，为了使赋值更为准确，将这种情况的土种名称与第二次土壤普查相同名称的土属相对应，所以也可用面积加权的方法对该土属进行赋值。

表 4-7 土壤图中导出的较为特殊的土壤属性表

土类名称	亚类名称	土属名称	土种名称
赤红壤	赤红壤		棕赤红壤

棕赤红壤在更新的第二次土壤普查结果中属于土属类名称，该土属包括赤红胶土和赤胶园土两类土种，采用表 4-8 为棕赤红壤的 *K* 值赋值。

表 4-8 特殊土属 *K* 值归并示例表

剖面号	土类名称	亚类名称	土属名称	土种名称	分布面积（m^2）	土种 *K* 值	土属 *K* 值	新的剖面号
53211	赤红壤	赤红壤	棕赤红壤	赤红胶土	485 000	0.018 6	0.018 78	40002
53212	赤红壤	赤红壤	棕赤红壤	赤胶园土	11 200	0.027 2		

（2）亚类条目

按土属条目的归并方法，由土种的可蚀性因子 *K* 值归并得到该亚类下各个土属的 *K* 值，然后基于各土属的分布面积将土属 *K* 值加权平均归并到亚类。

（3）土类条目

先按以上两条归并方法得到该土类条目下的亚类 *K* 值，再基于各亚类分布面积将 *K* 值加权平均归并到土类。

4.2.2.2 土壤侵蚀因子值的订正

从云南省水土保持生态环境监测总站收集 14 个径流场 54 个径流小区 2014 年、2015 年的产流过程资料，计算小区 *K* 值，用来订正计算结果。

由于径流场的土壤类型相对较少、分布位置主要在滇东北和滇中，因此在具体订正过程中采用土类归并法，即土壤类型相同（普查计算结果和小区监测成果）则用相同的 *K* 值订正系数；土类不同就向土纲归并，相同的土纲利用相同的订正系数；若土纲上也不相同，则利用全省平均订正系数。订正结果见表 4-9。

表 4-9 云南省土壤可蚀性因子 *K* 值订正结果表

土纲名称	土类名称	计算 *K* 值 [$t\cdot hm^2\cdot h/(hm^2\cdot MJ\cdot mm)$]	实测 *K* 值 [$t\cdot hm^2\cdot h/(hm^2\cdot MJ\cdot mm)$]	订正系数	订正后 *K* 值 [$t\cdot hm^2\cdot h/(hm^2\cdot MJ\cdot mm)$]
半淋溶土	褐土	0.030 58		0.215 058 4	0.006 576 5
	燥红土	0.034 574 638		0.215 058 4	0.007 435 6
半水成土	亚高山草甸土	0.027 54		0.215 058 4	0.005 922 7
初育土	火山灰土	0.038 16		0.325 392 5	0.012 417
	石灰岩土	0.023 333 692		0.325 392 5	0.007 592 6
	新积土	0.025 42		0.325 392 5	0.008 271 5
	紫色土	0.038 415 148	0.012 5	0.325 392 5	0.012 5

续表

土纲名称	土类名称	计算 K 值 [t·hm²·h/(hm²·MJ·mm)]	实测 K 值 [t·hm²·h/(hm²·MJ·mm)]	订正系数	订正后 K 值 [t·hm²·h/(hm²·MJ·mm)]
高山土	高山草甸土	0.012 11		0.215 058 4	0.002 604 4
	高山寒漠土	0.001 59		0.215 058 4	0.000 341 9
淋溶土	暗棕壤	0.026 768 125		0.188 954	0.005 057 9
	黄棕壤	0.028 080 865		0.188 954	0.005 306
	棕壤	0.022 227 631	0.004 2	0.188 954	0.004 2
	棕色针叶林土	0.031 794 318		0.188 954	0.006 007 7
人为土	水稻土	0.031 990 387		0.215 058 4	0.006 879 8
	沼泽土	0.013 48		0.215 058 4	0.002 899
铁铝土	赤红壤	0.027 842 419		0.172 943 5	0.004 815 2
	红壤	0.030 762 634	0.005 58	0.181 388 9	0.005 58
	黄壤	0.030 395 476	0.005	0.164 498 2	0.005
	砖红壤	0.029 119 54		0.172 943 5	0.005 036

4.2.2.3　构建土壤可蚀性数据库

土壤图和全国第二次土壤普查时期（二调）土壤资料在土种命名上有差异，二调土壤资料中部分土种有同土异名、同位异土、理化性质明显有误等情况，在对数据质量进行完整审核后，采用其中 274 个（实测 222 个）土种的剖面资料构建土壤可蚀性数据库，见表 4-10。

表 4-10　土壤可蚀性数据库构建资料来源统计表

名称	剖面数量	土类	亚类	土属	土种
75 万土壤图	—	19	47	149	152
总剖面	347	19	51	209	307
其中实测	251	17	39	157	228
用于建库剖面	274	19	41	175	267
其中实测	222	17	38	145	216

将计算得到的不同土壤类型可蚀性因子 K 值与云南省土壤类型图的属性表进行链接，得到云南省土壤 K 值图。由于前期整理土壤属性过程中已经包括了土壤图属性的 ID 字段，在实际操作中直接通过 ID 字段将 K 值属性表与土壤图属性表进行链接，即可构建云南省土壤可蚀性数据库。

4.2.2.4 生成土壤可蚀性因子图层

使用 ArcGIS 软件的数据转换和重采样功能，将数据库中的土壤可蚀性数据转换为栅格数据，并重采样为 10m×10m 分辨率栅格数据，生成云南省土壤可蚀性因子图层。

4.2.3 计算成果质量检查和分析

4.2.3.1 资料收集整理质量控制

对收集土壤资料、测试样品及数字化处理过程中的质量审核要求如下。

1）收集的资料覆盖全省 80%以上的土类。

2）土种理化性质向土属归并时，归并土种占该土属内土种总数的 85%以上。

3）野外采样点占全省 80%以上的土类。

4）测试土壤样品理化性质时，标样和样品之间的误差小于 5%。

5）在 1∶75 万土壤类型图数字化和属性赋值过程中，土壤图斑空间位置和属性信息的准确率大于 95%。

4.2.3.2 计算结果质量控制

1）将国际制粒径转换为美国制粒径的转换方程的确定性系数不小于 90%。

2）将 K 值计算结果与水利普查的 K 值成果对比，找出差异较大 K 值对应的土壤类型，分析其大小与土壤理化性质的关系，复核 K 值计算结果的合理性。

3）将计算结果与小区观测结果进行比较，确定各土类订正系数并修订计算结果。

4）检查全省土壤可蚀性因子图的坐标与投影。

4.2.3.3 成果数据质量分析

本部分通过土壤理化性质对比、计算 K 值与水利普查 K 值成果对比及与实测数据对比等三个方面来分析。

主要土类实测理化性质与二调对比见表 4-11。总体上，大部分土壤类型机械组成差异不大。赤红壤、砖红壤、燥红土及黑毡土的实测砂粒含量比二调的低，分别低于 10.76%、5.78%、4.64%、32.72%；其余土类实测值都高于二调值，其中石灰（岩）土增幅最大，为 108.62%，紫色土次之，新积土最小，为 5.03%，说明省内大部分土壤类型的砂粒含量有所增加。大部分土类的实测粉砂粒含量低于二调值，其中石灰（岩）土降幅最大，为 53.28%；赤红壤最小，为 8.58%。黏粒含量表现为紫色土、石灰（岩）土、黄壤、水稻土和火山灰土 5 个土类的实测含量较二调时下降，棕壤基本持平；其他土类的黏粒含量都有所增加，其中砖红壤和燥红土增加比较明显，黄棕壤增加最小。紫色土、棕壤和黄壤的有机质含量较二调时增加，但变化不大；红壤和燥红土基本保持不变，其余大部分土类的实测有机质含量较二调时降低，暗棕壤和砖红壤降低幅度较大。

表 4-11　云南省主要土类理化性质对比表

土壤类型		砂粒（%）	粉砂粒（%）	黏粒（%）	有机质（%）	土壤类型		砂粒（%）	粉砂粒（%）	黏粒（%）	有机质（%）
暗棕壤	二调	44.99	35.84	19.18	14.43	砖红壤	二调	42.77	29.02	27.92	5.01
	实测	47.68	26.50	25.82	8.57		实测	40.30	17.28	42.42	1.67
赤红壤	二调	45.72	22.50	30.83	3.74	紫色土	二调	31.05	35.88	32.87	2.22
	实测	40.80	20.57	38.63	3.44		实测	45.85	28.90	25.25	2.51
红壤	二调	34.89	29.45	34.62	3.40	棕壤	二调	38.72	33.39	27.80	4.43
	实测	37.04	22.89	40.08	3.37		实测	46.07	26.55	27.38	4.88
黄壤	二调	39.13	28.99	33.64	2.55	燥红土	二调	51.03	30.83	18.14	1.68
	实测	51.80	24.27	23.93	3.46		实测	48.66	19.84	31.50	1.74
黄棕壤	二调	37.89	36.48	24.92	5.64	新积土	二调	44.09	27.59	28.83	3.85
	实测	47.89	25.50	26.62	4.21		实测	46.31	20.06	33.64	2.85
石灰（岩）土	二调	28.41	39.60	31.99	5.02	黑毡土	二调	73.89	14.59	11.52	10.49
	实测	59.27	18.50	22.23	4.28		实测	49.71	28.53	21.76	14.71
水稻土	二调	37.32	29.35	30.72	3.60	火山灰土	二调	18.10	35.09	46.61	16.97
	实测	44.71	26.46	28.83	3.16		实测	41.18	27.29	31.53	7.64

主要土壤类型 K 值计算结果与水利普查的土壤可蚀性因子计算结果（下称普查成果）对比见表 4-12。普查成果 K 值为 0.001～0.0483t·hm^2·h/(hm^2·MJ·mm)，平均为 0.0282t·hm^2·h/(hm^2·MJ·mm)，2015 年调查计算结果为 0.001～0.0611t·hm^2·h/(hm^2·MJ·mm)，平均为 0.0304t·hm^2·h/(hm^2·MJ·mm)，平均较普查成果值高出 8.57%。从不同土壤类型上看，燥红土、紫色土等可蚀性较高的土壤类型 2015 年调查计算结果高于水利普查值，而棕壤和棕色针叶林土等土壤类型 2015 年调查计算结果则低于水利普查值。从空间分异上看，2015 年调查计算结果与普查成果存在一定的差异，水利普查 K 值较高的地区主要位于滇西北、滇东北及滇西南的森林土壤地区，而 2015 年调查结果的高值区主要分布在滇中和滇东北的紫色土地区。著者认为，造成这种差异的原因除 2015 年调查计算应用的土种志资料多于水利普查外，土壤理化性质的变化也是重要原因，水利普查主要利用二调时的土壤资料，而 2015 年调查则多利用实测资料计算。如棕色针叶林土，2015 年调查实测结果表明，其土壤有机质含量较二调时有所降低，这也是土壤可蚀性因

子 K 值降低的缘故。从空间分异上看（图 4-3），2015 年调查计算结果更符合云南省土壤侵蚀的空间分异状况。

表 4-12 云南省主要土壤类型 K 值计算结果对比表

土类名称	分类	K 值［$t\cdot hm^2\cdot h/(hm^2\cdot MJ\cdot mm)$］	土类名称	分类	K 值［$t\cdot hm^2\cdot h/(hm^2\cdot MJ\cdot mm)$］
总平均	水利普查	0.028 2	新积土	水利普查	0.029 9
	2015 年调查	0.030 4		2015 年调查	0.025 42
暗棕壤	水利普查	0.031 7	亚高山草甸土	水利普查	0.020 7
	2015 年调查	0.026 8		2015 年调查	0.027 54
赤红壤	水利普查	0.027 0	燥红土	水利普查	0.026 9
	2015 年调查	0.027 8		2015 年调查	0.034 57
红壤	水利普查	0.027 4	沼泽土	水利普查	0.022 0
	2015 年调查	0.030 76		2015 年调查	0.013 5
黄壤	水利普查	0.028 4	砖红壤	水利普查	0.036 1
	2015 年调查	0.030 39		2015 年调查	0.029 11
黄棕壤	水利普查	0.031 1	紫色土	水利普查	0.030 0
	2015 年调查	0.028 08		2015 年调查	0.038 4
石灰（岩）土	水利普查	0.029 0	棕壤	水利普查	0.031 9
	2015 年调查	0.023 33		2015 年调查	0.022 22
水稻土	水利普查	0.026 9	棕色针叶林土	水利普查	0.040 8
	2015 年调查	0.031 99		2015 年调查	0.031 79

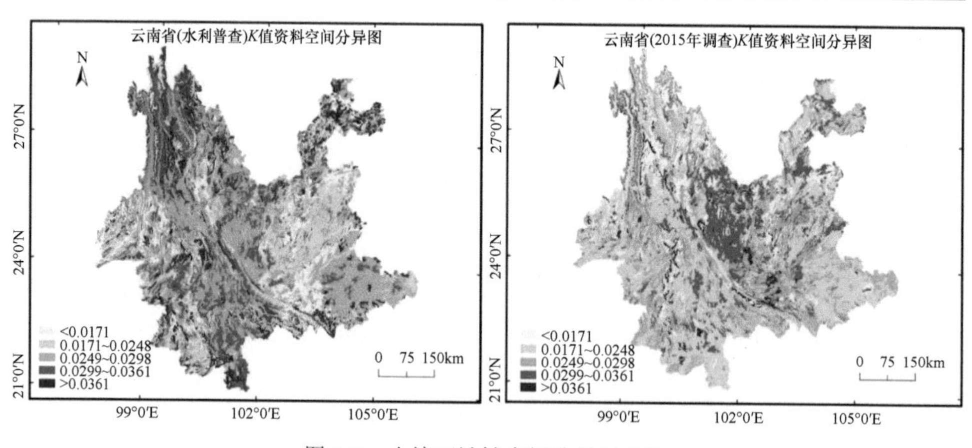

图 4-3 土壤可蚀性空间分异对比图

4.3 土壤可蚀性因子计算结果

4.3.1 全省统计情况

计算形成了分辨率为 10m×10m 的全省土壤可蚀性因子 K 值栅格图，在 ArcGIS

下统计得出，云南省土壤可蚀性因子 K 值为 0.0003～0.0169t·hm²·h/(hm²·MJ·mm)（不计水域），平均值为 0.0062t·hm²·h/(hm²·MJ·mm)。从土壤可蚀性因子分级统计特征看，大部分地区的土壤可蚀性因子 K 值为 0.004～0.006t·hm²·h/(hm²·MJ·mm)，占全省面积的 49.07%（表 4-13 和图 4-4），这些区域红壤广泛分布。土壤可蚀性因子 K 值最大的是紫色土，为 0.0169t·hm²·h/(hm²·MJ·mm)；最小的是高山寒漠土，为 0.0003t·hm²·h/(hm²·MJ·mm)。这与构成土壤的母质成分一致，紫色岩类残积坡积物形成的紫色土易风化，抗冲抗蚀能力差，遇水易分解露出板结而无结构的土层，加之表土浅薄，透水性差，易形成地表径流而使表层水土流失严重，其土壤可蚀性因子 K 值相应就大。而高山寒漠土是脱离冰川影响最晚、成土年龄最短的土壤，是在长期冷冻条件下形成的，其成土母质主要是各种岩石风化的残积物和坡积物，也有一些冰砾物，在省内主要分布在梅里雪山、玉龙雪山及高黎贡山等高山的冰雪活动带以下冰缘附近，因寒冻风化强烈，地面多是杂乱的岩屑、滚石、融冻石流，或为陡峭的岩壁，仅有小面积较为平坦的冰渍面，土层浅薄，剖面分化不明显，土壤矿物分解度低，难以利用，土壤可蚀性因子 K 值小，水土流失相对很轻。

表 4-13　土壤可蚀性因子分级及占全省土地面积比例表

序号	土壤可蚀性因子 K 值分级［t·hm²·h/(hm²·MJ·mm)］	面积（km²）	占全省土地面积百分比（%）
1	0～0.004	48 337.51	12.61
2	0.004～0.005	74 912.62	19.55
3	0.005～0.006	113 106.43	29.52
4	0.006～0.007	62 777.79	16.38
5	0.007～0.008	10 975.06	2.86
6	0.008～0.017	73 100.61	19.08

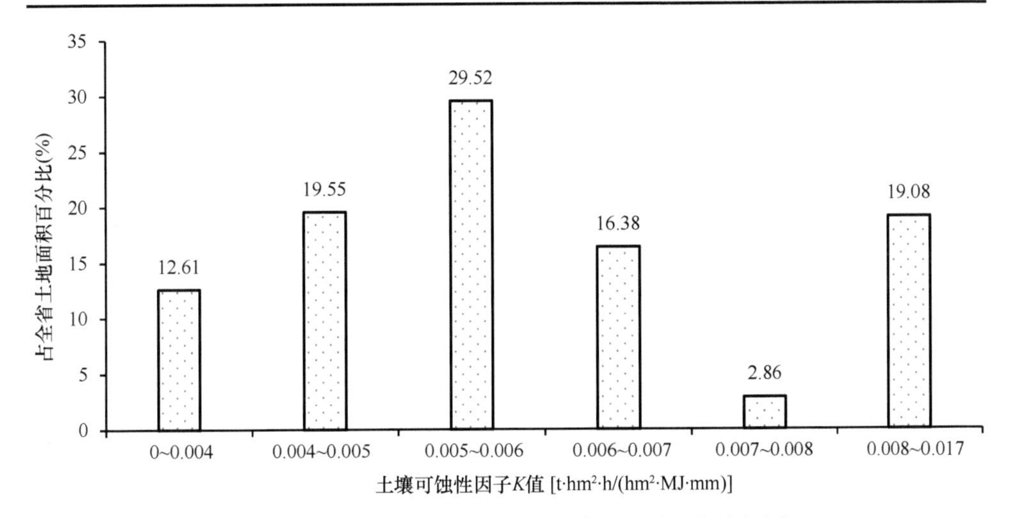

图 4-4　土壤可蚀性因子各分级占全省土地面积比例图

4.3.2 州（市）统计情况

从空间分布上看，土壤可蚀性较高的区域主要是楚雄州、玉溪市、大理州及红河州一带，这些区域多分布着土壤可蚀性较高的紫色土、燥红土及石灰（岩）土，平均土壤可蚀性因子 K 值多在 0.0065t·hm²·h/(hm²·MJ·mm)以上，如楚雄州分布着占土地面积高达 63.34%的紫色土，土壤可蚀性因子 K 值相对其他州（市）来说明显较高。以州（市）行政区域来看，土壤可蚀性平均值最高的为楚雄州，为 0.0101t·hm²·h/(hm²·MJ·mm)，其次是玉溪市，为 0.0069t·hm²·h/(hm²·MJ·mm)，以县级行政区域来看，土壤可蚀性平均值最高的是楚雄州楚雄市，为 0.0111t·hm²·h/(hm²·MJ·mm)，其次是同属楚雄州的双柏县，平均值为 0.0110t·hm²·h/(hm²·MJ·mm)。全省土壤可蚀性最大值为 0.0169t·hm²·h/(hm²·MJ·mm)，主要分布在楚雄州全州，在玉溪市峨山县、新平县、易门县，大理州弥渡县、云龙县、祥云县，普洱市思茅区，昆明市晋宁区等地均有分布，次大值为 0.0140t·hm²·h/(hm²·MJ·mm)，分布在玉溪市澄江县、华宁县，大理州南涧县，红河州弥勒市、建水县、开远市，文山州丘北县、砚山县、文山市，以及昆明市寻甸县、禄劝县、富民县等地。

土壤可蚀性较低的区域主要在哀牢山以西的迪庆州、德宏州、西双版纳州和临沧市等地，这些区域多分布着土壤可蚀性较低的高山寒漠土、高山草甸土、黄棕壤和红壤，平均土壤可蚀性因子 K 值多在 0.0055t·hm²·h/(hm²·MJ·mm)以下，如迪庆州分布着大量的高山寒漠土及高山草甸土，土壤可蚀性因子 K 值相对其他州（市）来说相应较低。以州（市）行政区域来看，土壤可蚀性平均值最低的为迪庆州，为 0.0048t·hm²·h/(hm²·MJ·mm)，其次是德宏州，为 0.0052t·hm²·h/(hm²·MJ·mm)，以县级行政区域来看，土壤可蚀性平均值最低的是迪庆州德钦县，为 0.00466t·hm²·h/(hm²·MJ·mm)，其次是大理州鹤庆县，土壤可蚀性平均值为 0.00467t·hm²·h/(hm²·MJ·mm)。全省土壤可蚀性最小值为 0.0003t·hm²·h/(hm²·MJ·mm)，主要分布在迪庆州德钦县、香格里拉市，以及丽江市玉龙县和保山市腾冲市，次小值为 0.0014t·hm²·h/(hm²·MJ·mm)，分布在迪庆州维西县和怒江州兰坪县。

各州（市）K 值统计情况见表 4-14 和图 4-5。

表 4-14 云南省各州（市）*K* 值统计表 ［单位：t·hm²·h/(hm²·MJ·mm)］

州（市）	最大值	土类	最小值	土类	平均值
昆明市	0.0169	紫色土	0.0026	红壤	0.0060
曲靖市	0.0131	紫色土	0.0026	红壤	0.0062
玉溪市	0.0169	紫色土	0.0026	红壤	0.0069
保山市	0.0131	紫色土	0.0003	高山寒漠土	0.0057
昭通市	0.0140	紫色土	0.0029	黄棕壤	0.0062

续表

州（市）	最大值	土类	最小值	土类	平均值
丽江市	0.0131	紫色土	0.0003	高山寒漠土	0.0060
普洱市	0.0169	紫色土	0.0028	赤红壤	0.0059
临沧市	0.0131	紫色土	0.0029	黄棕壤	0.0055
楚雄州	0.0169	紫色土	0.0026	红壤	0.0101
红河州	0.0140	紫色土	0.0026	砖红壤	0.0064
文山州	0.0140	紫色土	0.0029	黄棕壤	0.0063
西双版纳州	0.0169	紫色土	0.0029	黄棕壤	0.0054
大理州	0.0169	紫色土	0.0026	红壤	0.0067
德宏州	0.0131	紫色土	0.0029	黄棕壤	0.0052
怒江州	0.0169	紫色土	0.0014	棕色针叶林土	0.0056
迪庆州	0.0169	紫色土	0.0003	高山寒漠土	0.0048

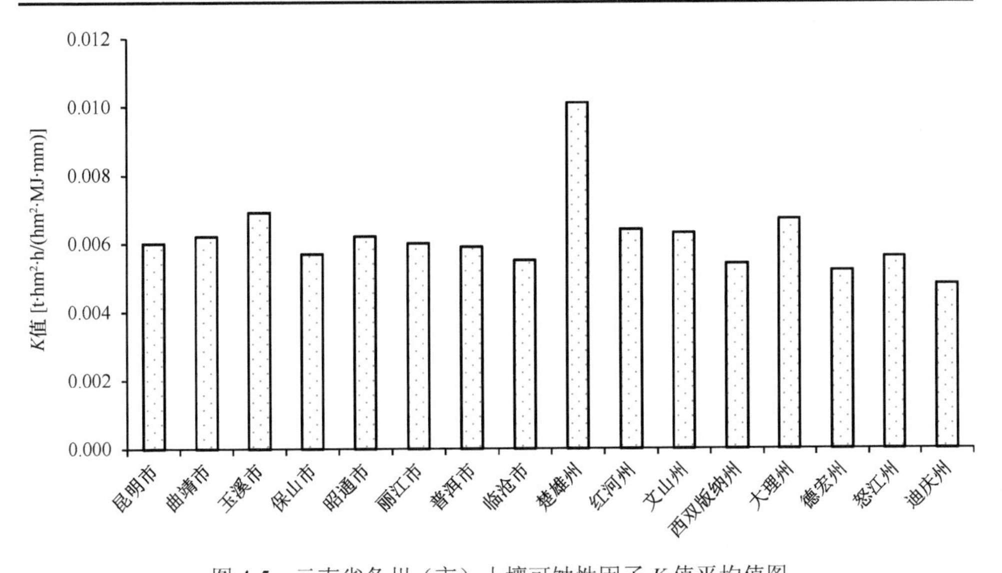

图 4-5　云南省各州（市）土壤可蚀性因子 K 值平均值图

第 5 章　坡长坡度因子调查与计算

坡长因子是指某一坡面的土壤流失量与坡长为 22.13m、其他条件（降雨、坡度、土壤、土地利用和水土保持工程措施等）都一致的坡面产生的土壤流失量之比，简称 L。

坡度因子是指某一坡度的土壤流失量与坡度为 5.13°、其他条件（降雨、坡长、土壤、土地利用和水土保持工程措施等）都一致的坡面产生的土壤流失量之比，简称 S。

坡长坡度因子的调查计算过程是利用 1∶1 万或 1∶5 万 DEM 数据，借助 ArcGIS 等软件整合生成全省 DEM。以面积小于 $1\times10^4\text{km}^2$ 的子流域为单元，利用北京师范大学开发的“土壤侵蚀模型地形因子计算工具”，计算坡长、坡度、坡长因子和坡度因子，生成坡长因子 L 和坡度因子 S 的栅格数据。技术路线见图 5-1。

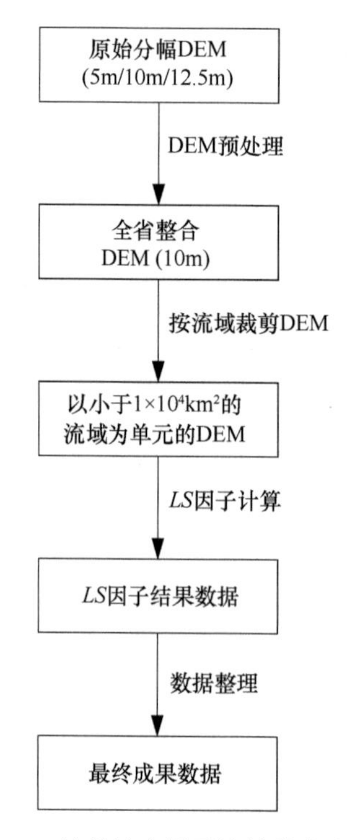

图 5-1　坡长坡度因子计算技术路线图

其中的 DEM 是表现某高程基准下地面高程空间分布的有序数字阵列，可以基于地形图、地面或遥感测量等方式获取的高程数据经内插建立。

5.1　DEM 数据收集与处理

5.1.1　资料收集

5.1.1.1　DEM 数据

（1）1∶1 万 DEM 数据

收集到云南省范围内截止到2015年6月25日已入库的数字化成果1∶1万DEM数据共计 10 188 幅，占全省（13 878 幅）的 73.4%，其中空间格网间距为 5m 的 9379 幅，空间格网间距为 12.5m 的 809 幅，涉及 36 个测区和 WGS_1984 坐标系、1980 西安坐标系、国家大地坐标系 CGCS2000 三种参考坐标系统。1∶1 万 DEM 数据详情见表 5-1。

表 5-1　云南省现有 1∶1 万 DEM 数据统计表

带号	坐标系统	格网间距（m×m）	图幅数量	所属分带	图幅数量
33	1980 西安坐标系	5×5	800	G47	800
		12.5×12.5	159	F47	33
				G47	126
	2000 国家大地坐标系	5×5	2577	G47	1751
				F47	780
				H47	46
	WGS_1984 坐标系（影像文件已定义）	5×5	92	G47	92
	1980 西安坐标系（有问题图幅）	12.5×12.5	6	G47	6
34	1980 西安坐标系	5×5	2020	F47	300
				F48	128
				G47	1056
				G48	536
		12.5×12.5	448	G47	448
	2000 国家大地坐标系	5×5	2095	F47	898
				F48	448
				G47	169
				G48	574
				H48	6
		12.5×12.5	188	G48	188

续表

带号	坐标系统	格网间距（m×m）	图幅数量	所属分带	图幅数量
34	WGS_1984 坐标系（影像文件已定义）	5×5	64	G47	64
	2000 国家大地坐标系（有问题图幅）	12.5×12.5	8	G47	8
35	1980 西安坐标系	5×5	168	G48	168
	2000 国家大地坐标系	5×5	1563	G48	883
				F48	480
				H48	200

（2）1∶5 万 DEM 数据

收集到云南省范围内由国家基础地理信息中心下发的 1∶5 万精细化 DEM 数据成果共计 976 幅，占全省（976 幅）的 100%，格网间距均为 10m；省地图院 1∶5 万 DEM 数据 34 幅，格网间距为 25m。

5.1.1.2 其他资料

国家下发的 1∶5 万基础地理信息数据和覆盖全省的卫星遥感影像数据，遥感影像分辨率均为 5m，以 2012 年和 2013 年为主。基础地理信息数据和遥感影像数据中的等高线、水系等数据是检验 DEM 数据整合质量的重要依据。

5.1.2 资料分析整理

5.1.2.1 1∶1 万 DEM 数据的替换和补充

由于不同测区（全省共 54 个测区）、不同年代（时间最早的是 1986 年）生产 DEM 的技术标准及要求不尽相同，故收集到的 1∶1 万 DEM 数据普遍存在测区间未严格接边的情况，具体体现在以下几个方面。

1）坐标系不一：部分区域原始 DEM 采用 1954 北京坐标系和 1980 西安坐标系，与现行的 2000 国家大地坐标系存在差距，从而导致不接边。

2）格网间距不一：部分区域原始的 DEM 为 12.5m，与其他区域（5m）不一致。

3）不同测区间高程不完全接边：由于各测区时间跨度差距达十几年，不同时期的技术要求及测区采用的技术手段有较大差异，故不同测区间高程不完全接边。

4）部分区域裁图的内图廓不一致：由于各测区生成内图廓的软件程序不一致，不同部分按内图廓裁切的测区间 DEM 数据存在空间夹缝或重叠。

经分析，整理出有问题的 1∶1 万 DEM 图幅 14 幅及其涉及的 1∶5 万 DEM 图幅 6 幅，图幅号见表 5-2。

表 5-2　有问题的 1∶1 万及 1∶5 万 DEM 图幅统计表

序号	有问题的 1∶1 万 DEM 图幅号	涉及 1∶5 万 DEM 图幅号
1	G47G051067、G47G052067	G47E013017
2	G47G053067、G47G054067、G47G055067、G47G056068	G47E014017
3	G48G071012、G48G072012	G48E018003
4	G48G073012、G48G074012、G48G075012	G48E019003
5	G48G079011、G48G079012	G48E020003
6	G48G081015	G48E021004

按照计算要求，全省统一采用格网间距为 10m 的数据进行所有土壤侵蚀因子的计算。结合目前已有的地形数据情况，全省的 DEM 基本比例尺为 1∶1 万，故 1∶1 万 DEM 覆盖区域直接重采样为 10m，1∶1 万 DEM 未覆盖区域采用 1∶5 万 DEM 精细化后重采样为 10m 格网间距的数据来补充。另外，在数据整理过程中发现与实际地形不符、可能在 DEM 数据生产过程中插值出现问题的图幅，也使用其对应范围内精细化过的 1∶5 万 DEM 数据来替代。经整理，达不到项目使用精度的 12.5m 格网间距 1∶1 万 DEM 图幅共 50 幅，1∶1 万 DEM 数据未覆盖区域涉及的图幅有 13 幅，见表 5-3。

表 5-3　不符合精度及未覆盖区域的 1∶1 万 DEM 图幅统计表

序号	类别	图幅号	备注
1	达不到精度要求	G47E007014、G47E007015、G47E008014、G47E008015、G47E013017、G47E013020、G47E013021、G47E013022、G47E013023、G47E013024、G47E014017、G47E014018、G47E014020、G47E014021、G47E014022、G47E014023、G47E014024、G47E015017、G47E015018、G47E015020、G47E015021、G47E015022、G47E015023、G47E015024、G47E016020、G47E016021、G47E016022、G47E016023、G47E016024、G47E017019、G47E017020、G47E017021、G47E017022、G48E017002、G48E017003、G48E017004、G48E018002、G48E018003、G48E018004、G48E019002、G48E019004、G48E020002、G48E020004、G48E021002、G48E021003、F47E004013、G47E018019、G47E018020、G47E018021、G47E018022	用对应的 1∶5 万 DEM 精细化 10m 格网间距的数据替换
2	未覆盖区域	G48E024015、G48E024016、G48E004013、G48E005021、G48E003014、G48E001014、G48E002006、G48E024014、G48E001006、G48E023007、G48E022008、G48E001009、G48E011001	用 1∶5 万 DEM 精细化 10m 格网间距的数据补充

经统计，用于补充 1∶1 万 DEM 数据未覆盖范围和替换部分 1∶1 万 DEM 数据存在问题或不能满足精度要求的 1∶5 万 DEM 数据共 320 幅，具体图幅号见表 5-4。

5.1.2.2　1∶5 万 DEM 数据的补充

经检查分析，用于替换或补充 1∶1 万 DEM 数据的 1∶5 万 DEM 数据，部分

表 5-4 用于补充和替换的 1∶5 万 DEM 图幅统计表

序号	图幅号	序号	图幅号	序号	图幅号	序号	图幅号	序号	图幅号
1	F47E001007	35	F47E011016	69	F47E016020	103	F48E007003	137	F48E010005
2	F47E001008	36	F47E011022	70	F47E016021	104	F48E007004	138	G47E007016
3	F47E001011	37	F47E011023	71	F47E017022	105	F48E007005	139	G47E007017
4	F47E001012	38	F47E012013	72	F48E001007	106	F48E007006	140	G47E007018
5	F47E002011	39	F47E012014	73	F48E001008	107	F48E007007	141	G47E008016
6	F47E002012	40	F47E012015	74	F48E001009	108	F48E007008	142	G47E008017
7	F47E003012	41	F47E012016	75	F48E001010	109	F48E007009	143	G47E008018
8	F47E003013	42	F47E012017	76	F48E001017	110	F48E007010	144	G47E008023
9	F47E004012	43	F47E012023	77	F48E002007	111	F48E007011	145	G47E009016
10	F47E005012	44	F47E013016	78	F48E002008	112	F48E007012	146	G47E009017
11	F47E005013	45	F47E013017	79	F48E002009	113	F48E008001	147	G47E009023
12	F47E005014	46	F47E013020	80	F48E002010	114	F48E008002	148	G47E010016
13	F47E005015	47	F47E013021	81	F48E002017	115	F48E008003	149	G47E010017
14	F47E006012	48	F47E013023	82	F48E003007	116	F48E008004	150	G47E010023
15	F47E006013	49	F47E013024	83	F48E003008	117	F48E008005	151	G47E011016
16	F47E006014	50	F47E014016	84	F48E003009	118	F48E008006	152	G47E011017
17	F47E006015	51	F47E014017	85	F48E003010	119	F48E008007	153	G47E012016
18	F47E007014	52	F47E014018	86	F48E003017	120	F48E008008	154	G47E012017
19	F47E007015	53	F47E014019	87	F48E004011	121	F48E008009	155	G47E017008
20	F47E008014	54	F47E014020	88	F48E004012	122	F48E008010	156	G47E017009
21	F47E008015	55	F47E014021	89	F48E004013	123	F48E008010	157	G47E018007
22	F47E009014	56	F47E014022	90	F48E004014	124	F48E008011	158	G47E018008
23	F47E009015	57	F47E014023	91	F48E004015	125	F48E009001	159	G47E018009
24	F47E009023	58	F47E014024	92	F48E004016	126	F48E009002	160	G47E018010
25	F47E009024	59	F47E015017	93	F48E004017	127	F48E009003	161	G47E019007
26	F47E010013	60	F47E015018	94	F48E005011	128	F48E009004	162	G47E019008
27	F47E010014	61	F47E015019	95	F48E005012	129	F48E009005	163	G47E019009
28	F47E010015	62	F47E015020	96	F48E005013	130	F48E009006	164	G47E019010
29	F47E010022	63	F47E015021	97	F48E005014	131	F48E009007	165	G47E019011
30	F47E010023	64	F47E015022	98	F48E005015	132	F48E009008	166	G47E020007
31	F47E010024	65	F47E015024	99	F48E006011	133	F48E009009	167	G47E020008
32	F47E011013	66	F47E016017	100	F48E006012	134	F48E010001	168	G47E020009
33	F47E011014	67	F47E016018	101	F48E007001	135	F48E010002	169	G47E020010
34	F47E011015	68	F47E016019	102	F48E007002	136	F48E010004	170	G47E020011

续表

序号	图幅号	序号	图幅号	序号	图幅号	序号	图幅号	序号	图幅号
171	G47E021007	201	G48E010003	231	G48E016011	261	G48E020009	291	H47E020015
172	G47E021008	202	G48E010011	232	G48E017005	262	G48E020010	292	H47E020016
173	G47E021009	203	G48E011003	233	G48E017006	263	G48E020011	293	H47E021011
174	G47E021010	204	G48E011004	234	G48E017007	264	G48E021004	294	H47E021012
175	G47E021011	205	G48E011005	235	G48E017008	265	G48E021005	295	H47E021013
176	G47E022007	206	G48E011006	236	G48E017009	266	G48E021006	296	H47E021014
177	G47E022008	207	G48E011007	237	G48E017010	267	G48E021007	297	H47E021015
178	G47E022009	208	G48E011008	238	G48E017011	268	G48E021008	298	H47E021016
179	G47E022010	209	G48E011009	239	G48E017012	269	G48E021009	299	H47E021017
180	G47E022011	210	G48E011010	240	G48E018005	270	G48E021010	300	H47E022011
181	G47E022012	211	G48E011011	241	G48E018006	271	G48E021011	301	H47E022012
182	G47E023007	212	G48E012004	242	G48E018007	272	G48E022009	302	H47E022013
183	G47E023008	213	G48E012005	243	G48E018008	273	G48E022010	303	H47E022014
184	G47E023009	214	G48E012006	244	G48E018009	274	G48E023009	304	H47E022015
185	G47E023010	215	G48E012007	245	G48E018010	275	G48E023010	305	H47E022016
186	G47E023011	216	G48E012008	246	G48E018011	276	G48E024009	306	H47E022017
187	G47E023012	217	G48E012009	247	G48E018012	277	G48E024010	307	H47E023011
188	G47E023013	218	G48E012010	248	G48E019003	278	G48E024017	308	H47E023012
189	G47E024007	219	G48E012011	249	G48E019005	279	H47E017012	309	H47E023013
190	G47E024008	220	G48E013004	250	G48E019006	280	H47E017013	310	H47E023014
191	G47E024009	221	G48E013005	251	G48E019007	281	H47E018011	311	H47E023015
192	G47E024010	222	G48E013006	252	G48E019008	282	H47E018012	312	H47E023016
193	G47E024011	223	G48E013007	253	G48E019009	283	H47E018013	313	H47E023017
194	G47E024012	224	G48E013008	254	G48E019010	284	H47E019011	314	H47E024011
195	G47E024013	225	G48E013009	255	G48E019011	285	H47E019012	315	H47E024012
196	G48E005009	226	G48E013010	256	G48E020003	286	H47E019013	316	H47E024013
197	G48E005010	227	G48E014010	257	G48E020005	287	H47E019015	317	H47E024014
198	G48E005011	228	G48E015010	258	G48E020006	288	H47E020011	318	H47E024015
199	G48E005012	229	G48E015011	259	G48E020007	289	H47E020012	319	H47E024016
200	G48E009011	230	G48E016010	260	G48E020008	290	H47E020013	320	H47E024017

出现不能正常反映局部地形地貌（局部未精细化到位）及局部高程数据错位的情况，前者见图 5-2，需要使用省地图院格网间距 25m 的 1∶5 万 DEM 数据重采样后进行局部补充，处理后效果见图 5-3。经统计，不能正常反映地形地貌，需要用格网间距 25m 数据重采样补充的 1∶5 万图幅共 34 幅，见表 5-5。对于出现

局部高程数据错位的图幅，参照 1∶5 万等高线对该区域的等高线进行合理化修补即可。

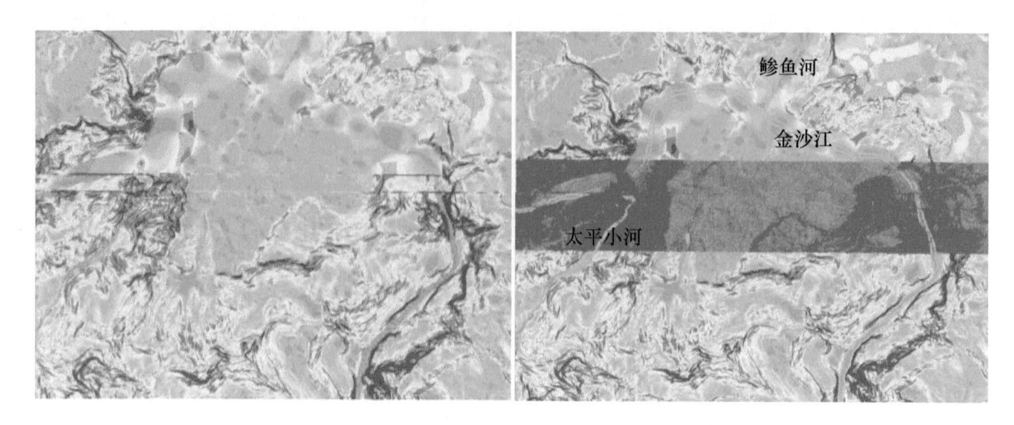

图 5-2　不能正常反映地形地貌的 1∶5 万 DEM 图

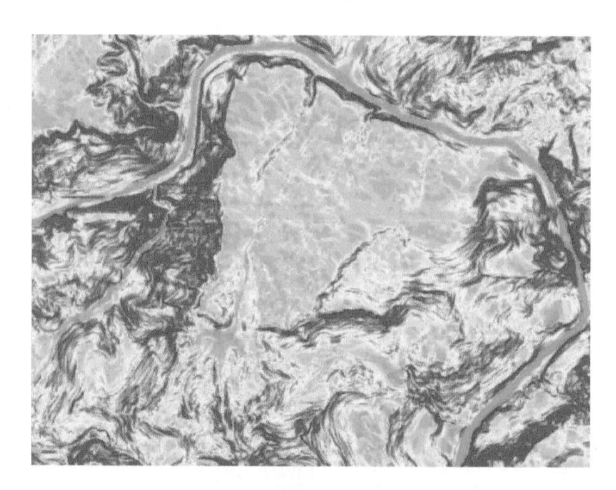

图 5-3　处理后能正常反映地形地貌的 1∶5 万 DEM 图

表 5-5　不能正常反映地形地貌的 1∶5 万 DEM 图幅统计表

序号	图幅号	序号	图幅号	序号	图幅号	序号	图幅号	序号	图幅号
1	E47E005013	8	E47E007015	15	G48E012005	22	G48E012009	29	G48E017011
2	E47E006013	9	G48E010003	16	G48E012006	23	G48E012010	30	G48E017012
3	E47E005014	10	G48E011003	17	G48E013004	24	G48E012011	31	G48E018010
4	E47E006014	11	G48E011004	18	G48E009011	25	G48E013009	32	G48E018011
5	E47E007014	12	G48E011005	19	G48E010011	26	G48E013010	33	G48E018012
6	E47E005015	13	G48E011006	20	G48E011010	27	G48E016010	34	H47E017013
7	E47E006015	14	G48E012004	21	G48E011011	28	G48E017010		

5.1.3 DEM 数据预处理

DEM 数据预处理主要包括 6 项内容：DEM 数据的接边检查；DEM 数据的坐标转换；DEM 数据的裁剪；DEM 数据的重采样；DEM 数据的镶嵌；DEM 数据的接边。预处理流程见图 5-4。

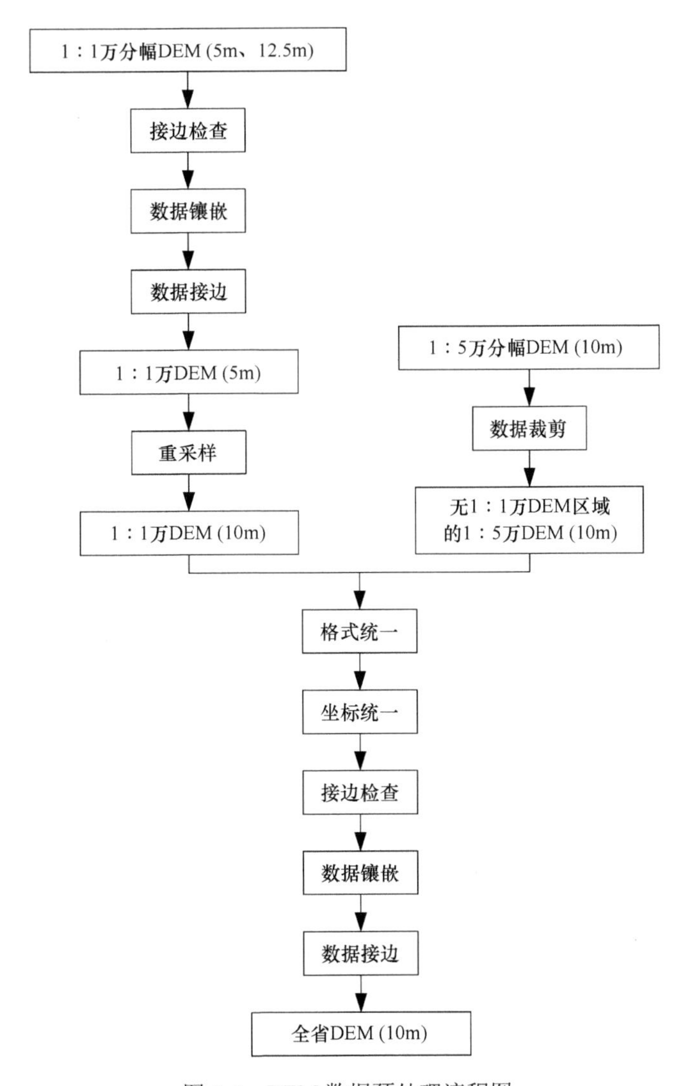

图 5-4　DEM 数据预处理流程图

5.1.3.1　数据接边检查

由于各个测区的 DEM 生产时间、工艺流程和接边技术要求不尽相同，各测区相邻图幅 DEM 数据存在误差或者不接边，这就需要进行各测区间的图幅接边检查。DEM 数据接边检查处理主要是检查图内高程值正确与否，图幅间高程值是否完整合理等。

对于接边误差在规范限差范围内的图幅，依据规范可通过对接边相邻两图幅各修改误差一半的方式完成接边。

对于接边误差超出限差的图幅，其接边误差超限存在两种情况：一种是其中某一接边图幅由于到测区边缘，超出图幅主体范围的 DEM 像元被处理为无效值，而与其接边图幅和其无效值重叠处满足接边要求，这种情况下，先删除超出图幅主体范围外的无效值，然后依据满足接边限差要求的图幅有效值高程进行接边；另一种是接边的两幅图都超出了接边限差，如换带区域和空间格网间距有改变区域都有可能出现接边误差超限、无法进行接边整合的情况，这种情况下，可依据等高线数据重新生成两幅图接边范围的 DEM 数据，然后与已有图幅 DEM 校验接边，经检查满足规范要求后再进行整合处理。

收集到的 DEM 数据是按 1 万分幅或 5 万分幅数据存储的，因此接边检查包括 3 个部分：1∶1 万图幅 DEM 数据间的接边检查，1∶5 万图幅 DEM 数据间的接边检查，1∶1 万和 1∶5 万数据衔接处的接边检查。

对于同一比例尺下的 DEM 数据，其不接边的情况主要发生在测区变更区域、空间格网间距有变化区域及换带区域，图幅间的接边检查主要依靠云南省地图院在 ArcGIS 10.2 的地理处理框架下，基于 ArcPy 开发的标准分幅 DEM 数据接边检查程序自动检测识别来完成。

标准分幅 DEM 数据的接边检查是对两两相邻图幅重叠处的每个格网进行高程值一致性的检查，其检查流程见图 5-5。检查方法的核心思路为：对相邻两幅 DEM 数据相减后的栅格计算结果进行分析，若栅格结果的高程统计值为空，则说明两幅 DEM 间存在缝隙，这种情况常常是由各测区生成内图廓的软件程序不一致而产生的；若统计值不为空，再进一步判断，当栅格结果的高程统计值为零时，说明相邻图幅的 DEM 数据接边合理；而栅格结果的高程值若不为零，则表明相邻的这两幅图幅在接边处的高程值存在偏差。

对于不同比例尺下的 DEM 数据，由于生产成果规格不一，对地形地貌的反映细节程度不一，两套数据需要重新接边。

5.1.3.2 数据坐标转换

为达到无缝接边的目的，需要进行坐标系转换，将不同坐标系的 DEM 数据统一转换到 CGCS_2000_ Albers 坐标系下。坐标转换的基本原则为：对于基准面（包括大地基准面和高程基准面）相同的坐标系，可以直接进行投影转换，偏移的误差基本在合理范围内；对于基准面不同的坐标系，在投影转换时还要考虑基准面转换的方法及参数。

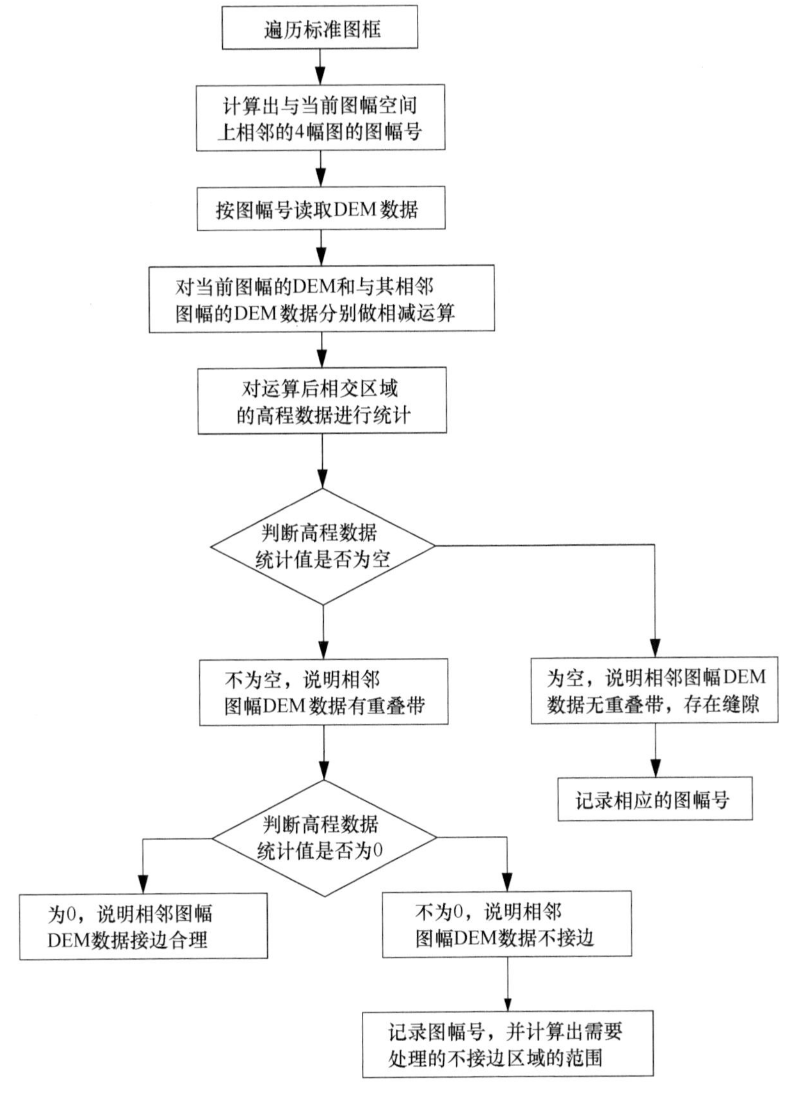

图 5-5　标准分幅 DEM 数据接边检查流程图

收集到的 DEM 数据涉及三类坐标系：WGS_1984 坐标系、1980 西安坐标系及 2000 国家大地坐标系，考虑到目前国家测绘产品的现行标准及 DEM 整合数据的后续利用，在数据的整合过程中，先将所有数据的坐标统一到 2000 国家大地坐标系，在进行坡长坡度因子计算前再将其转换到 CGCS_2000_Albers 坐标系下。

坐标统一的原则：3 度分带的 1∶1 万数据先转换到 6 度分带投影下，与 1∶5 万数据的投影一致，拼接后再统一并投影转换到 WGS_1984_ Albers 坐标系下。具体的坐标转换方法如下。

（1）WGS_1984 坐标系转 WGS_1984_Albers 坐标系

在参考椭球（基准面）一致的情况下，直接进行投影转换即可。

（2）CGCS2000 坐标系转 WGS_1984_Albers 坐标系

以 CGCS2000 坐标系与 WGS_1984_ Albers 坐标系的椭球参数基本一致为前提，先进行投影转换，然后再将投影参数中的椭球参数改为 D_WGS_1984。

（3）1980 西安坐标系转 WGS_1984_Albers 坐标系

首先，基准面的转换，利用 1980 西安坐标系到 CGCS2000 坐标系的控制点文件对数据进行地理配准。云南省范围共涉及 17、18 两个 6 度分带，做地理配准时，注意需要分带进行配准。其次，椭球转换完成后，定义一个投影参数与 WGS_1984_Albers 坐标系一致但基准面为 D_China2000 的投影文件，将配准后的数据转到该投影下。最后，同第二类转换一样，将投影参数中的椭球参数改为 D_WGS_1984。

需要特别注意的是，当投影转换涉及椭球面的变更时，需对 DEM 数据同时进行重采样，否则投影后的 DEM 数据会发生变形。

5.1.3.3 数据裁剪

（1）1∶5 万数据裁剪

现有 1∶1 万 DEM 数据未能覆盖全省，对没有 1∶1 万 DEM 数据的区域，需要从 1∶5 万数据中裁剪出这些空缺区域的数据来补充。

（2）不接边区域数据裁剪

对于高程数据不接边的图幅，需要对不接边区域按一定范围进行裁剪，替换这块不接边区域。在完成等高线接边，重新生成 DEM 数据后再镶嵌回原来的位置。裁剪的范围根据数据的具体情况进行相应的调整。

5.1.3.4 数据重采样

由于 1∶1 万 DEM 数据存在格网间距不一的情况，大部分区域为 5m，一部分区域为 12.5m。按照地形分析计算精度的要求，将 1∶1 万 DEM 数据统一重采样到 10m 格网间距，与 1∶5 万精细化 DEM 数据统一。

数据重采样利用 ArcGIS 软件的栅格处理工具集中的重采样工具完成，重采样算法选择适用于连续数据的双线性插值法（BILINEAR）或三次卷积插值法（CUBIC），以保证重采样后地形数据仍然保持连续平滑。

5.1.3.5 数据镶嵌

在确保相邻区域 DEM 数据高程值连续且与实际地形相符后，就可以进行 DEM 数据的镶嵌拼接。数据镶嵌工作主要在 ERDAS 软件下完成，该软件的镶嵌操作中提供了羽化功能，该功能能够将接边高程偏差在 3m 以内区域的错位自动衔接平滑。

5.1.3.6　数据接边

鉴于 1∶1 万与 1∶5 万数据的现状，DEM 数据的接边是整个数据处理分析中最为耗时和耗力的步骤，同时也是影响后续地形分析计算的最重要环节。

对于接边误差较大的图幅，需要先将这些图幅的数据在不接边区域按一定范围进行裁剪，裁剪下来的两幅 DEM 数据按 1∶1 万数据标准，转为等高距为 5m（部分坝区需要转为等高距为 2m 甚至 1m）的矢量等高线数据，通过等高线的手工接边来消除原始栅格数据不接边的误差。等高线接边完成后，再通过创建不规则三角网（TIN）数据集来重新生成不接边区域的 DEM 数据，将新生成的 DEM 数据与其两边的 DEM 数据进行镶嵌，以完成图幅间 DEM 数据的无缝无误差对接。

数据接边除要遵循等高线合理化的基本原则外，还要注意保持地形的连续性。操作过程中参考已有的等高线数据和实地影像数据进行接边作业，数据接边完成后，利用新生的 DEM 数据生成山体阴影图，通过山体阴影图可以检验数据接边的过渡是否连续平滑合理。

5.2　坡长坡度因子计算方法

5.2.1　子流域提取

5.2.1.1　提取原理

坡长坡度因子计算的第一步为流域划分，因为坡长提取要以完整的流域覆盖数据为单元，并且所有数据覆盖范围应比工作区域稍大，以避免完整的坡面被数据边界截断或部分产流面被遗失，也就是一般意义上所说的坡长边际效应，流域面积应不超过 1×10^4km^2。

流域面积是指水流流向出口的过程中所流经地区的汇水面积。在汇流累积量数值矩阵模型下，流域面积就是汇流累积量与单元栅格面积的乘积。因此在流域面积已限定的情况下，便可以初步求出与流域面积相对应的汇流累积量阈值。以 10m 格网间距为例，当流域面积控制在 1×10^4～2×10^4km^2 时，对应的汇流累积量阈值可设定在 1×10^8～2×10^8m^2。

分水线网络的确定是从 DEM 数据中提取子流域的关键，它是根据径流漫流模型，通过模拟地表径流的流动来产生水系，从而确定分水线，划分出流域。

在子流域的提取中，起关键作用的参数是汇流累积量阈值。该阈值的设定首先要考虑研究对象和研究对象中沟谷的最小级别，以及不同级别的沟谷所对应的不同阈值；其次要考虑研究区域的状况，不同研究区域相同级别的沟谷需要的阈值也是不同的。所以在设定阈值时，应充分对研究区域和研究对象进行分析，通过不断的实验和利用现有地形图等其他数据辅助检验的方法来确定能满足研究需要且符合研究区域地形地貌条件的合适的阈值。

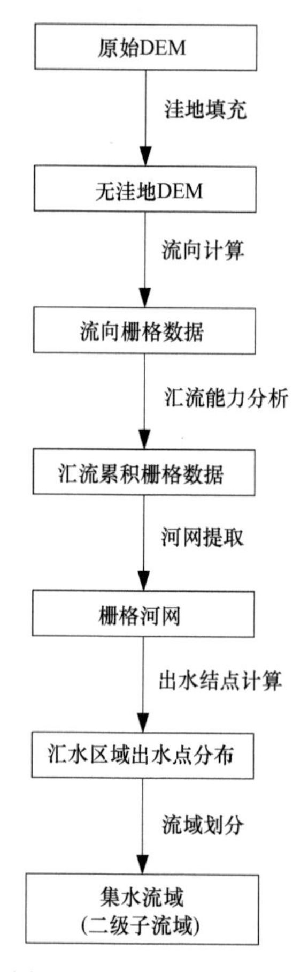

图 5-6　子流域划分流程图

5.2.1.2　提取方法

（1）异常值处理

根据上述提取原理，利用 ArcGIS 水文工具按步骤提取子流域，得到子流域栅格数据，提取完成后对子流域栅格数据进行矢量化。由于栅格数据中可能会存在一些异常值（包括空值），这些异常值会导致子流域栅格数据矢量化时出现一些不合理的现象，如计算边界产生一些空洞和子流域间夹杂一些小面分割，如图 5-7、图 5-8 所示。

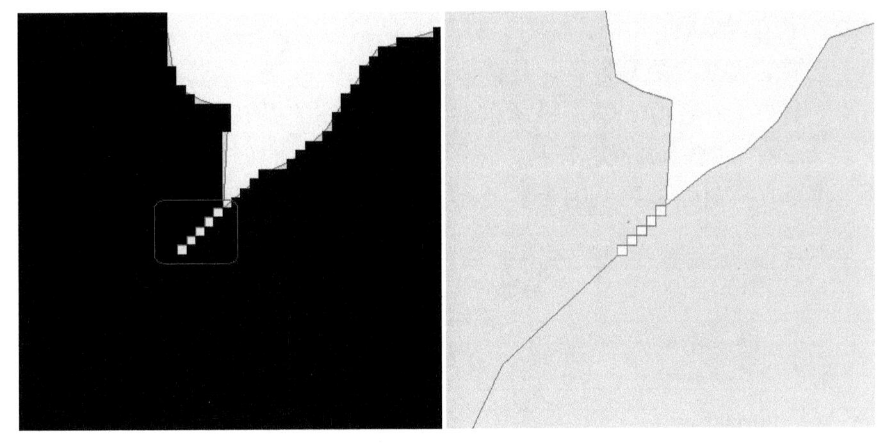

图 5-7　计算边界的空洞

左图为栅格数据，右图为矢量化数据

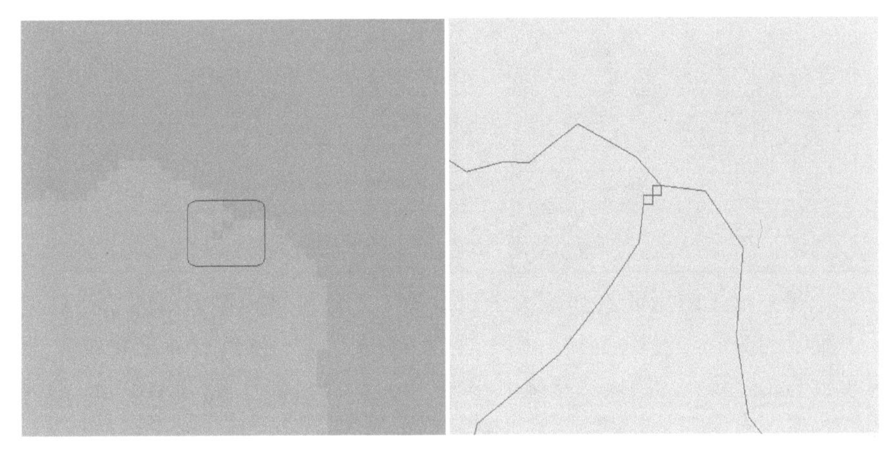

图 5-8　子流域间的小面分割

左图为栅格数据，右图为矢量化数据

为消除这些不合理的现象，在子流域栅格数据计算完成后，需要对子流域栅格数据做去异常值处理，不合理异常值处理可以通过众数滤波工具消除。众数滤波工具根据相邻像元数据值的众数替换栅格中的像元产生更加平滑的效果。对于计算边界产生的一些空洞，可以用边界清理工具通过扩展和收缩使区域间边界平滑来消除。

在对子流域栅格数据完成上述去异常值处理后，再进行栅格数据的矢量化，便可以得到较为合理的子流域矢量面数据。同时，考虑到流域面积控制在 $1\times10^4\text{km}^2$ 的范围内，在子流域栅格数据矢量化完成后，可以对子流域面进行一次求面积计算，并对面积小于控制面积的小面进行消除操作，最终得到符合要求的子流域数据。

（2）子流域提取

子流域的提取有两套方案，具体如下。

第一套方案：在 ArcGIS 技术框架下，将上述的提取步骤及优化措施流程化为基于 ArcPy 的子流域提取工具，见图 5-9。程序化的处理，能够减少相当一部分的工作量，同时还能降低因重复使用多个工具而产生错误的概率，便捷地完成数据的生产。

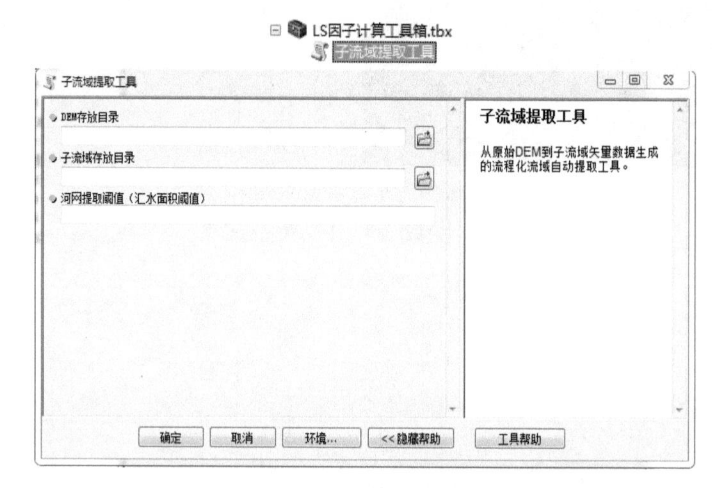

图 5-9　基于 ArcPy 的子流域提取工具

第二套方案：应用北京师范大学研发的“土壤侵蚀模型地形因子计算工具”进行子流域的提取，见图 5-10。该工具的 64 位版本一次性可计算完成 4 万行×4 万列区域的 *LS* 因子，如计算栅格大小按 10m 计算，能计算 $16\times10^4\text{km}^2$ 的区域，在计算效率上有明显的优势。

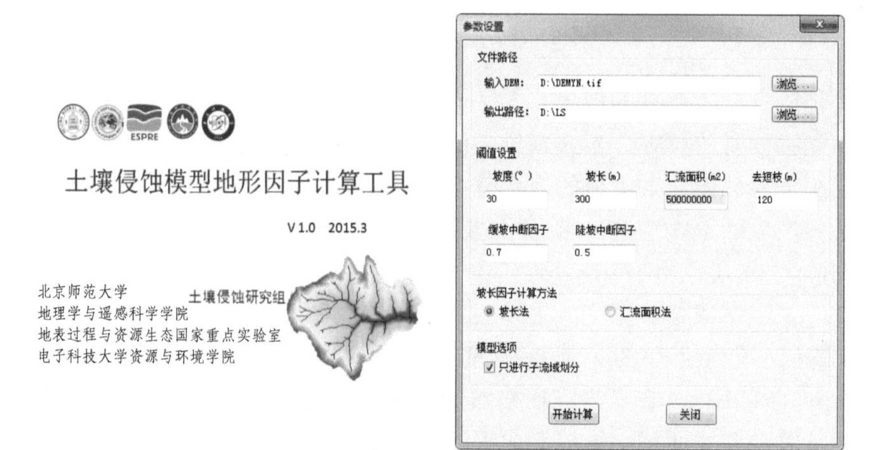

图 5-10　土壤侵蚀模型地形因子计算工具

对上述两套方案进行试算对比，并对比国家下发的四级流域与五级流域数据，两套方案提取出来的流域数据与国家下发的流域数据在划分的走向上基本吻合，但局部范围内仍存在需要进一步合理化的细节，两套方案流域划分结果的对比见图 5-11。

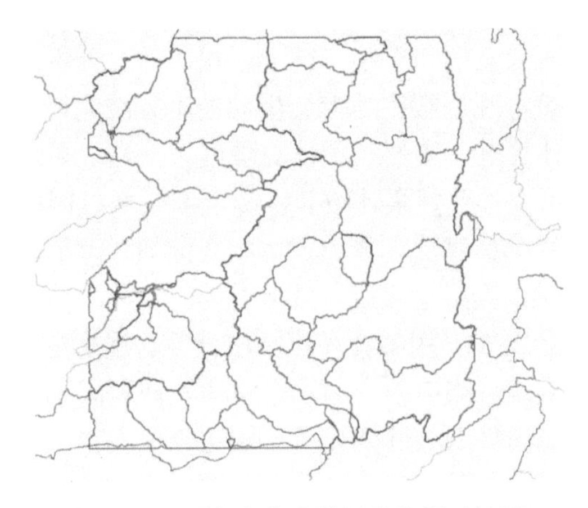

图 5-11　两套方案流域划分结果对比图

红色为国家下发的四级流域，黄色为国家下发的五级流域，蓝色为 *LS* 工具计算子流域，紫色为 ArcPy 计算子流域

土壤侵蚀地形因子计算工具提取结果存在的主要问题是，子流域间夹杂着一些不合理的小面分割及计算边界存在一些空洞。如前所述，这是由栅格数据中存在的异常值造成的，这两个问题只需在子流域栅格结果转矢量数据前，利用众数滤波工具和边界清理工具消除异常值就能解决。

基于 ArcPy 的子流域提取工具计算结果在计算边界附近存在一些平行沟道的现象，因此较土壤侵蚀地形因子计算工具，其计算的合理性欠佳。此外，通过对龙陵县范围内的子流域划分试算，基于 ArcPy 的子流域提取工具划分同样区域的流域所用的运行时间是基于 CSLE 模型的土壤侵蚀地形因子计算工具的 9 倍，土壤侵蚀地形因子计算工具的执行效率较高。

试算比较结果见表 5-6。

表 5-6　子流域提取技术方案试算对比表

技术方案	基于 ArcPy 的子流域提取工具	土壤侵蚀模型地形因子计算工具
优点	无需授权安装，移植性好 对计算结果优化处理	能够承担大范围的计算 计算性能优秀、执行效率高
缺点	计算效率低，只适用于小范围的计算	计算结果需要检查处理 需授权，且服务器系统不能使用

综合考虑计算范围及计算成果在后期应用中的专业性，选择采用“土壤侵蚀模型地形因子计算工具”进行子流域的提取。

5.2.2 坡长坡度因子计算过程

5.2.2.1 计算原理

坡长坡度因子的计算是利用坡面模型，以 10m 格网间距的 DEM 为数据，以流域为单元，根据坡面水文学和土壤侵蚀学原理，通过分析地表径流和泥沙物质迁移过程，在 GIS 环境下利用数字地形分析的技术方法完成。

坡长坡度因子的计算过程主要包括计算坡度、流向、单元坡长，定义径流源点和终点，定义沉积部位，计算累计坡长，提取坡长坡度因子等步骤。

坡度的提取：采用 D8 算法计算最大坡降方向的坡度值。为了保持水流的连续性，当坡度值为 0°时，栅格点坡度设置为 0.1。

坡长的提取：基于 DEM，用累计径流算法计算。首先定义坡长为从坡面径流的起点到径流被拦截点或流路中断点的水平距离。截断因子被定义为从一个栅格沿着径流方向到下一个栅格的坡度变化率。假定当坡度小于 5%（2.75°）时坡面不产生侵蚀，所以当坡度小于和大于等于 2.75°时，将截断因子分别设定为 0.5 和 0.7。各栅格点初始的累积坡长值为流路中断点和单元坡长两者中的极大值，累积坡长的计算方法是以起点栅格为基础，沿周围 8 个不同方向的最大坡降方向累加坡长。对于 DEM 数据，无法确定沿哪条流路方向上的坡长最大，因此，累积坡长的计算采用扫描线的方式，通过对栅格点的正向反向遍历来完成，从栅格数据起点开始逐点计算，直到终点。坡长坡度因子值采用如下公式计算

$$L=(\lambda/22.1)m \tag{5-1}$$

$$m=\begin{cases}0.2 & \theta\leqslant 1^\circ \\ 0.3 & 1^\circ<\theta\leqslant 3^\circ \\ 0.4 & 3^\circ<\theta\leqslant 5^\circ \\ 0.5 & \theta>5^\circ\end{cases} \tag{5-2}$$

$$S=\begin{cases}10.8\sin\theta+0.03 & \theta<5^\circ \\ 16.8\sin\theta-0.5 & 5^\circ\leqslant\theta<10^\circ \\ 21.9\sin\theta-0.96 & \theta\geqslant 10^\circ\end{cases} \tag{5-3}$$

式中，L 为坡长因子（无量纲）；λ 为坡长（m）；m 为坡长指数，随坡度而变；θ 为坡度值（°）；S 为坡度因子（无量纲）。

LS 因子的计算流程见图 5-12。

5.2.2.2 计算方案

坡长坡度因子是 CSLE 模型中计算较有难度的因子，为保证计算的准确性和合理性，有如下两套计算方案备选。

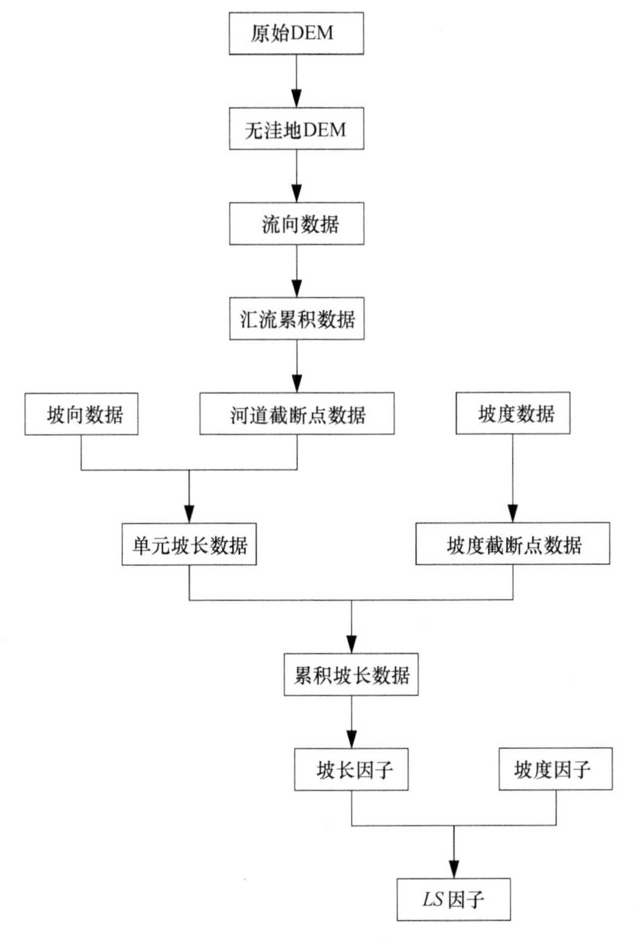

图 5-12　*LS* 因子计算流程图

第一套方案：应用华盛顿大学 Robert J. Hickey 编写的基于 ArcInfo 的 AML（ARC Macro Language，ARC 宏命令语言）计算程序来执行计算，该程序理论基础较为成熟，是目前水文分析领域应用最广泛的计算方案。

AML 是 ARC 下的语言开发环境，用户可以利用 ArcInfo 命令语言或本身提供的大量的宏命令和菜单进行二次开发，建立图形用户界面，设计专用系统和工具，扩充 ArcInfo 的功能，生成适合各种应用的实用系统。AML 提供了变量和函数，能实现逻辑分支和循环，提供简单的文件处理和字符处理能力，执行算术和三角运算，支持子过程调用和参数传递，可执行程序测试和查错，实现 ArcInfo 中的 GIS 功能。针对该程序的特点，采用 ArcInfo Work Station 10 的计算环境，见图 5-13。

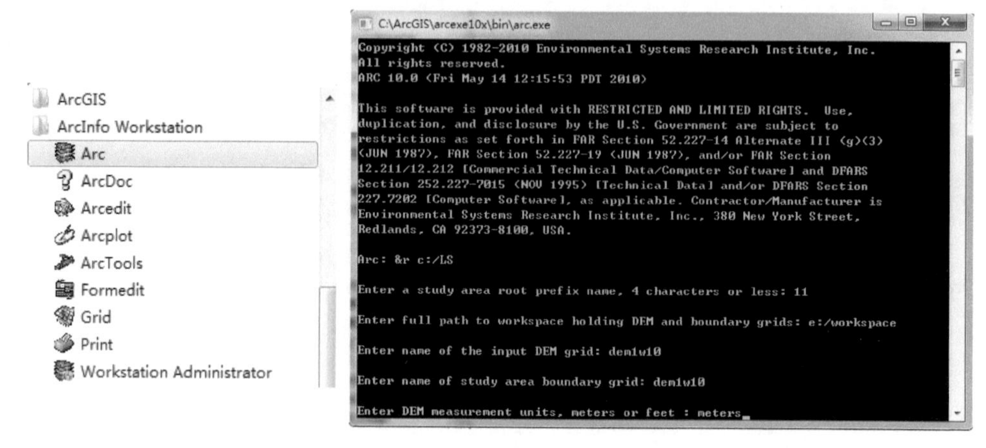

图 5-13 基于 ArcInfo 的 *LS* 因子计算 AML 运行环境图

第二套方案：应用北京师范大学研发的“土壤侵蚀模型地形因子计算工具”进行计算。该计算工具基于中国土壤流失方程（CSLE），本土适应性强，最突出的特点是计算性能优秀、执行效率高，能够承担较大区域范围的计算。

对上述两套方案进行了试算对比，结果见表 5-7。

表 5-7 *LS* 计算技术方案对比表

技术方案	基于 ArcInfo 的 AML 计算程序	土壤侵蚀模型地形因子计算工具
优点	全球通用，稳定性好 共享资源	本土化设计，针对性强 计算性能优秀、执行效率高 操作界面简单易懂
缺点	执行效率低，操作较为繁冗	需授权，且服务器系统不能使用

以龙川江流域的 *LS* 因子计算为例，在计算范围和计算数据行列数（11 254×11 981）相同的情况下，采用 ArcInfo Work Station 10 平台下基于 RUSLE 模型的 AML 程序计算该区域的运行时间为 33.5h，基于 CSLE 模型的土壤侵蚀模型地形因子计算工具的运行时间仅为 6.5min，仅从计算效率方面考虑，土壤侵蚀模型地形因子计算方案要远远优于基于 ArcInfo 的 AML 计算方案。考虑到作业人员的可操作性及计算的执行效率，选择采用“土壤侵蚀模型地形因子计算工具”进行计算。

5.2.2.3 计算参数的设置

影响 *LS* 因子计算结果的重要因素有以下几个参数：坡长、坡度、汇流面积、去短枝、缓坡中断因子、陡坡中断因子等。基于 CSLE 模型的原理，考虑到云南省山地较多、地貌地形多样化的特点，并与北京师范大学的教授讨论后，在因子计算中将坡长截断阈值暂定为 100m，汇流面积阈值则根据不同区域的地理特征进行调整，调整的原则为丘陵和盆地地区以 $5\times10^4\text{m}^2$ 为基准进行调整试算，在不发生沟道成片粘连的前提下，尽量保证沟道提取细节的完整；地形陡峭地区和峡谷地区汇流面积阈值比丘陵和盆地地区小一些，平原及地势较为平坦地区汇流面积阈值则比丘陵和盆地地区大一些。*LS* 因子计算参数设置的总原则如下。

1）子流域面积=汇流面积阈值×单元栅格面积。

2）地形陡峭地区和峡谷地区汇流面积阈值比丘陵和盆地地区小，平原及地势较为平坦地区汇流面积阈值则比丘陵和盆地地区大。

3）坡长分布取值范围小于坡长阈值。

每一个流域的具体参数设置见表 5-8。

表 5-8　*LS* 因子计算参数设置说明表

序号	流域名称	汇流面积（$\times 10^4 m^2$）	坡度（°）	坡长（m）	去短枝（m）	缓坡中断因子	陡坡中断因子
1	横江	13	30	100	120	0.7	0.5
2	洒渔河	12	30	100	120	0.7	0.5
3	小江	15	30	100	120	0.7	0.5
4	渔泡江	8	30	100	120	0.7	0.5
5	龙川江	11	30	100	120	0.7	0.5
6	黄泥河	12	30	100	120	0.7	0.5
7	西江 1	13	30	100	120	0.7	0.5
8	西江 2	8	30	100	120	0.7	0.5
9	绿汁江	11	30	100	120	0.7	0.5
10	甸溪河	11	30	100	120	0.7	0.5
11	曲江	11	30	100	120	0.7	0.5
12	西洋江	11	30	100	120	0.7	0.5
13	白水江	11	30	100	120	0.7	0.5
14	北盘江 1	12	30	100	120	0.7	0.5
15	北盘江 2	8	30	100	120	0.7	0.5
16	南利河	11	30	100	120	0.7	0.5
17	长江 1	10	30	100	120	0.7	0.5
18	长江 2	10	30	100	120	0.7	0.5
19	长江 3	10	30	100	120	0.7	0.5
20	长江 4	7	30	100	120	0.7	0.5
21	长江 5	9.5	30	100	120	0.7	0.5
22	谷拉河	7	30	100	120	0.7	0.5
23	理塘河	9	30	100	120	0.7	0.5
24	独龙江	10	30	100	120	0.7	0.5
25	水洛河 1	18	30	100	120	0.7	0.5
26	水洛河 2	12	30	100	120	0.7	0.5
27	南广河 1	7	30	100	120	0.7	0.5

续表

序号	流域名称	汇流面积（$\times10^4m^2$）	坡度（°）	坡长（m）	去短枝（m）	缓坡中断因子	陡坡中断因子
28	南广河 2	5	30	100	120	0.7	0.5
29	南广河 3	10	30	100	120	0.7	0.5
30	永宁河	7	30	100	120	0.7	0.5
31	赤水河	8	30	100	120	0.7	0.5
32	雅砻江 1	12	30	100	120	0.7	0.5
33	雅砻江 2	8	30	100	120	0.7	0.5
34	乌江	10	30	100	120	0.7	0.5
35	可渡河	7	30	100	120	0.7	0.5
36	郁江 1	7	30	100	120	0.7	0.5
37	郁江 2	8	30	100	120	0.7	0.5
38	许曲	18	30	100	120	0.7	0.5
39	定曲 1	5	30	100	120	0.7	0.5
40	定曲 2	5	30	100	120	0.7	0.5
41	黑惠江	8	30	100	120	0.7	0.5
42	澜沧江 1	15	30	100	120	0.7	0.5
43	澜沧江 2	7	30	100	120	0.7	0.5
44	勐波罗河	8	30	100	120	0.7	0.5
45	罗闸河	7	30	100	120	0.7	0.5
46	大勐统河	8	30	100	120	0.7	0.5
47	小河底河	5	30	100	120	0.7	0.5
48	元江-红河 1	5	30	100	120	0.7	0.5
49	元江-红河 2	7	30	100	120	0.7	0.5
50	元江-红河 3	8	30	100	120	0.7	0.5
51	泸江	5	30	100	120	0.7	0.5
52	小黑江	12	30	100	120	0.7	0.5
53	阿墨江	8	30	100	120	0.7	0.5
54	威远江	5	30	100	120	0.7	0.5
55	李仙江	7	30	100	120	0.7	0.5
56	怒江 1	12	30	100	120	0.7	0.5
57	怒江 2	7	30	100	120	0.7	0.5
58	怒江 3	10	30	100	120	0.7	0.5
59	补远江	4	30	100	120	0.7	0.5
60	澜沧江 3	7	30	100	120	0.7	0.5
61	大盈江	7	30	100	120	0.7	0.5
62	南汀河 1	12	30	100	120	0.7	0.5
63	南汀河 2	9	30	100	120	0.7	0.5

续表

序号	流域名称	汇流面积（$\times10^4 m^2$）	坡度（°）	坡长（m）	去短枝（m）	缓坡中断因子	陡坡中断因子
64	南溪河	6	30	100	120	0.7	0.5
65	勐拉河	10	30	100	120	0.7	0.5
66	南览河 1	10	30	100	120	0.7	0.5
67	南览河 2	4	30	100	120	0.7	0.5
68	瑞丽江 1	5	30	100	120	0.7	0.5
69	瑞丽江 2	5	30	100	120	0.7	0.5
70	南腊河	5	30	100	120	0.7	0.5
71	蜻蛉河	6	30	100	120	0.7	0.5
72	普渡河	8	30	100	120	0.7	0.5
73	清水江	5	30	100	120	0.7	0.5
74	盘龙河	6	30	100	120	0.7	0.5
75	牛栏江 1	10	30	100	120	0.7	0.5
76	牛栏江 2	2	30	100	120	0.7	0.5
77	牛栏江 3	2	30	100	120	0.7	0.5
78	牛栏江 4	2	30	100	120	0.7	0.5

5.2.2.4　计算成果整理

最终提取 54 个子流域，与国家下发的云南省二级流域数据对比，较为吻合。根据子流域的划分，进行 *LS* 因子计算后分别得到各流域的坡长数据、坡度数据、坡长因子数据、坡度因子数据及坡长坡度因子数据。

坡长坡度因子计算是以流域为单元进行的，计算时为避免完整的坡面被数据边界截断或遗失部分产流面积，对原始 DEM 数据做过缓冲，导致计算结果大于流域区域，因此在整合前，需要将各流域计算结果裁剪后再进行拼接镶嵌。

最终生成省、流域、县的坡长、坡度、坡长因子、坡度因子栅格图层，分辨率为 10m×10m，格式为 ESRI grid。

5.2.3　计算成果质量检查和分析

5.2.3.1　资料收集整理质量控制

资料收集整理阶段的质量控制主要是 DEM 数据的预处理，该环节的主要任务是 DEM 数据的合理接边。具体实施过程中，先采取程序自动检测图幅接边情况，后由人工对照的检查方法来完成。其质量检查主要内容与要求如下。

1）等高线是否合理，是否遵循等高线绘制的基本原则。

2）等高线修整后是否与参考等高线走向趋势一致。

3）等高线修整后是否能与实地影像套合。

4）等高线修整后 DEM 生成的山体阴影图在接边区域是否连续。

5）等高线修整后 DEM 生成的坡度图在接边区域是否过渡平滑。

5.2.3.2 计算结果质量控制

（1）子流域提取环节的质量控制

影响子流域提取结果的重要因素是汇流累积量阈值，该阈值越小，提取的河网越精细，划分出来的子流域就越多。通过反复试算，确定汇流累积量阈值为 $5×10^8m^2$ 时较为合理。

（2）坡长坡度因子计算环节的质量控制

坡长坡度及坡长坡度因子计算出来后，应着重在如下几方面进行质量检查。

1）成果数据的统计值是否在合理范围内。

2）成果数据中的沟道是否会出现大范围内平行的情况。

3）成果数据中的沟道是否会出现大范围内粘连的情况。

4）成果数据是否能真实地反映出实际地形中的空间分布差异。

（3）计算结果的整理与检查

1）按县组织存储，以县代码建立目录，在该目录下，包括坡长（Length）、坡度（Slope）、坡长因子（L）和坡度因子（S），数据格式为 GeoTIFF，分辨率为 10m×10m，文件命名分别为 Length.tif、Slope.tif、L.tif 和 S.tif。

2）分不同区域分析坡长、坡度及坡长坡度因子的分布频度及其合理性。

3）分滇西北、滇西、滇西南、滇中、滇东南和滇东北 6 个区，选择一个同时有 1∶1 万与 1∶5 万两种比例尺 DEM 数据的小流域，对比二者提取坡长、坡度、坡长因子和坡度因子的差别，如果差异过大，应对 1∶5 万 DEM 提取结果进行修订。

4）核查全省 LS 图层，极值不得超过最大坡长和坡度叠加计算结果。

5）检查全省 DEM、坡长、坡度、坡长因子、坡度因子栅格图层的坐标与投影。

5.2.3.3 成果数据质量分析

（1）坡长与坡长因子计算结果质量分析

1）从坡长与分水线的关系分析：分水线是地表重要的特征线，分水线一般为流域坡长的起点。因此可以通过分水线与坡长的套合程度，分析坡长与实际地形的符合关系。在滇中、滇南、滇西和滇东北 4 个方位分别选择峨山县、景洪市、泸水市、昭阳区 4 个县级行政区的坡长计算结果分析坡长与分水线的套合关系，从图 5-14 来看，坡长与分水线的关系吻合得都很好，与实际情况（分水线处往往是坡长的起点，因而分水线处的坡长值都很小）相符。

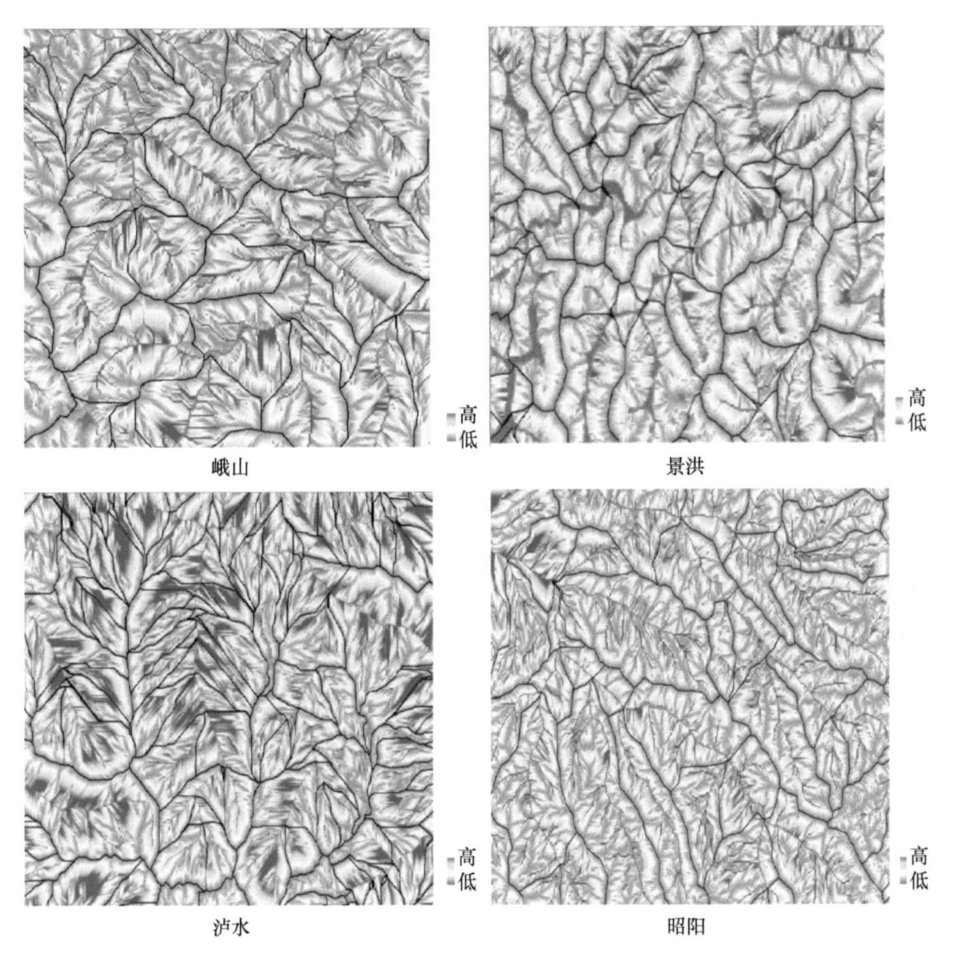

图 5-14　4 个样例区的坡长与分水线关系图

2）从坡长与流水线的关系分析：同样以上述 4 个区域为例，将坡长计算结果与水系网络套合，见图 5-15，发现坡长与流水线的关系都非常吻合。从宏观格局上来看，在流水线处坡长值相应较大，坡长格局与流水线的关系非常吻合，说明提取的坡长满足要求。

3）同一地区不同比例尺 DEM 数据计算结果的对比分析：同样选择上述 4 个县级行政区进行分析。对比这 4 个样例区的 1∶1 万与 1∶5 万坡长及坡长因子的计算结果，分析得出，两种比例尺数据计算得到的坡长数据在分布情况上基本一致。但即使同样是 10m 格网间距的 DEM 数据，DEM 数据的细节程度也仍然对坡长计算结果的精度有重要的影响，特别是对于 40m 以下的短坡，在基于 1∶5 万数据计算得到的结果中几乎没有体现出来。

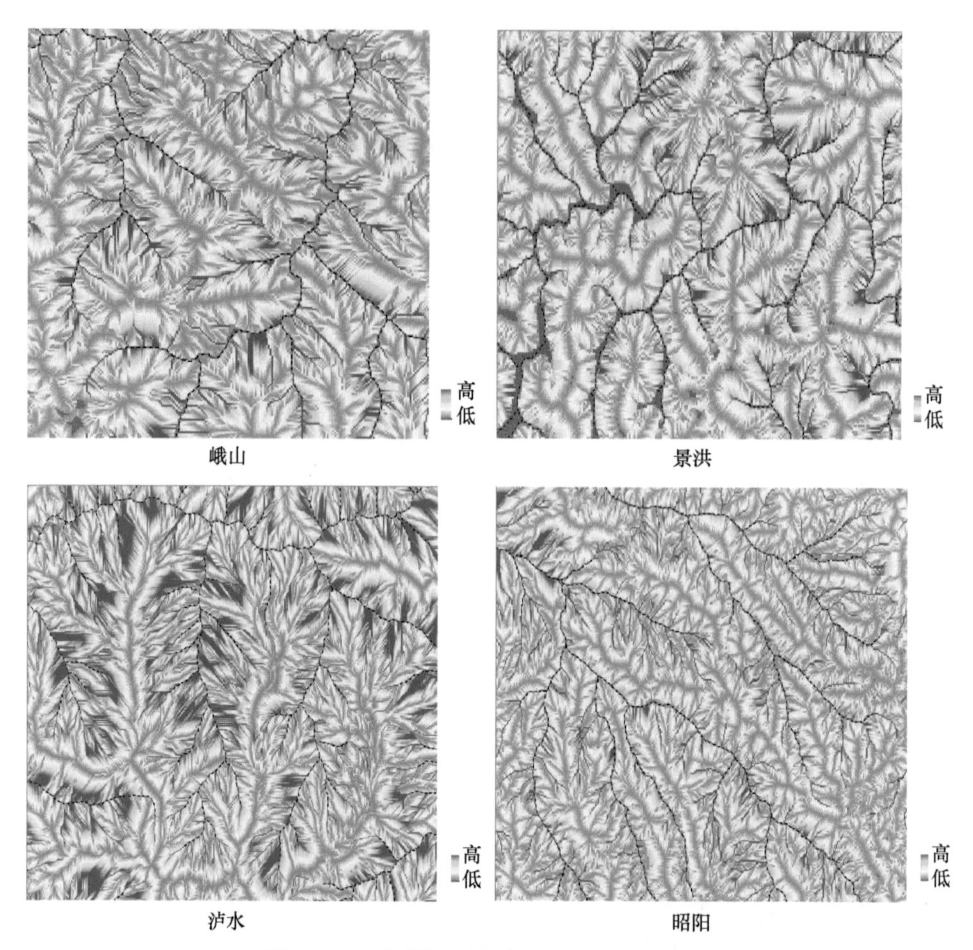

图 5-15 4 个样例区的坡长与流水线关系图

4）同一地区不同分辨率 DEM 数据计算结果的对比分析：仍然以上述 4 个县级行政区为例，从使用 10m、25m、30m 和 90m 四种分辨率的 DEM 数据计算出的坡长结果来看，随着分辨率的降低，同一坡长长度段的面积增大，坡长层次减少，地貌结构变得简单，提取的沟谷变宽。从表 5-9 可以看出，随着 DEM 数据分辨率的降低，坡长平均值急剧增大，坡长最大值及标准差也都随 DEM 分辨率的降低而急剧增大。从坡长各分级所占的比例可以看出，短坡在高分辨率 DEM 的提取坡长上占比较大，以昭阳为例，小于 30m 的坡长值，10m 分辨率 DEM 坡长占 46.37%，90m 分辨率 DEM 坡长只占 14.59%；大于等于 90m 的坡长值所占比例，10m 分辨率 DEM 坡长占 17.39%，25m 分辨率 DEM 坡长占 27.6%，30m 分辨率 DEM 坡长占 28.72%，90m 分辨率 DEM 坡长占 34.85%，由此可以看出，大于等于 90m 的坡长所占比例随 DEM 分辨率的降低而增大。短坡在高分辨率 DEM 的提取坡长上占比较低分辨率 DEM 提取的大，是由于高分辨率 DEM 真实地反映了地形。

表 5-9　同一地区不同分辨率 DEM 数据计算坡长结果对比表　　（单位：m）

分辨率	坡长分级										平均值	标准差	行政区
	<10	10～20	20～30	30～40	40～50	50～60	60～70	70～80	80～90	≥90			
10	20.81	5.72	14.20	11.50	4.62	7.78	6.20	3.38	4.10	21.67	61.76	62.19	峨山
25	4.14	—	34.40	0.71	6.86	7.58	6.38	3.40	4.35	32.17	79.19	71.96	
30	4.84	—	38.47	0.51	0.20	6.79	8.92	5.22	2.89	32.15	84.09	75.23	
90	12.72	—	—	—	—	—	—	—	49.61	37.67	134.39	91.49	
10	25.56	5.15	12.49	10.56	4.64	7.69	6.59	3.82	4.44	19.06	53.60	51.30	景洪
25	8.91	—	32.67	1.08	7.09	7.74	6.91	3.95	4.58	27.08	65.14	56.43	
30	9.93	—	37.58	0.80	0.22	7.10	9.92	5.55	3.43	25.47	67.22	57.87	
90	23.17	—	—	—	—	—	—	—	55.82	21.01	94.54	72.72	
10	20.16	2.92	7.49	6.73	2.84	5.60	5.04	2.58	4.13	42.51	102.48	96.26	泸水
25	4.11	—	21.23	0.20	5.13	4.73	5.90	3.56	3.03	52.11	120.96	96.76	
30	4.82	—	26.36	0.16	0.03	5.24	8.05	4.72	3.35	47.27	118.54	96.52	
90	13.57	—	—	—	—	—	—	—	36.44	49.99	160.43	105.26	
10	26.04	6.23	14.10	11.08	4.93	7.20	5.83	3.52	3.67	17.39	53.58	56.76	昭阳
25	5.41	—	36.01	1.52	7.13	8.15	6.10	3.28	4.80	27.60	71.63	67.06	
30	6.18	—	39.55	1.11	0.35	6.99	9.46	5.02	2.63	28.72	77.21	70.92	
90	14.59	—	—	—	—	—	—	—	50.56	34.85	127.91	90.72	

随DEM分辨率的降低，坡长平均值及最大值都增大，是由于制图综合及栅格尺寸变大的作用，小的山头被合并，使短坡组合为长坡，因此坡长不断加长。

5）同一地区不同汇水面积阈值计算结果的对比分析：选择隆阳区、宣威市和德钦县3个县级行政区进行分析，分别以2000m^2、3000m^2、$5\times10^8m^2$和$12\times10^8m^2$四种汇水面积阈值来计算坡长及坡长因子，从计算结果来看，汇水面积阈值对坡长的计算有重要的影响，随着阈值的增加，坡长最大值增加。汇水面积阈值越小，河网（沟道）越密集，反之河网越稀疏。沟道密集，则截断作用越明显，坡长在沟道处累积效果明显，因此当阈值较小时对坡长最大值增长的限制作用明显。阈值增大到一定程度后，限制作用开始变缓，坡长最大值、平均值增长变缓。因为沟道对坡长的影响就是汇水面积阈值对坡长的影响，不同阈值提取的沟道等级不同，沟道长度不同，对坡长的截断作用就不同。因此在坡长和坡长因子的计算中，需要通过调整阈值，同时与实际地貌对比分析，来确定合理的汇水面积阈值。

6）相同汇水面积阈值不同计算边界范围计算结果的对比分析：以龙川江流域为例，用其4个计算边界不同的子流域分别来计算坡长和坡长因子，从计算的统计结果看，在4种不同计算边界范围的情况下，每个子流域各个分级的坡长面积和坡长因子面积占土地面积的比例是相同的，说明计算边界的改变对坡长及坡长因子的计算结果没有影响。

通过以上分析，计算坡长使用的DEM数据来源于基础测绘数据成果，该数据经过一级检查两级验收，符合国家标准，且精度较高；计算出的坡长与分水线、流水线等地形特征线的分布关系匹配度很高，不同数据源和不同计算边界计算得到的结果都趋于一致，说明计算成果具有较高的合理性。

（2）坡度与坡度因子计算结果质量分析

1）同一地区不同比例尺DEM数据计算结果的对比分析：选择峨山县、景洪市、泸水市和昭阳区4个县级行政区进行分析。对比4个样例区的1∶1万与1∶5万坡度及坡度因子计算结果，分析得出，两种比例尺数据计算得到的坡度数据在分布情况上基本一致，但即使同样是10m格网间距的DEM数据，DEM数据的细节程度也仍然对坡度计算结果的精度有重要的影响。

2）同一地区不同分辨率DEM数据计算结果的对比分析：仍然以上述4个县级行政区为例，从使用10m、25m、30m和90m四种分辨率的DEM数据计算出的坡度结果统计值（表5-10）来看，随着分辨率的降低，坡度的最大值、平均值、标准差都逐渐减少。标准差的减少说明随分辨率的降低，坡度值分布越来越集中，坡度频率分布曲线的峰值越来越小，缓坡的面积逐渐增加，说明坡度趋缓，且坡度的层次减少，地貌结构简化，一些较小的侵蚀沟坡已经消失。

表 5-10　同一地区不同分辨率 DEM 数据计算坡度结果对比表

分辨率（m）	坡度统计值（°）				行政区
	最小值	最大值	平均值	标准差	
10	0	62.44	17.42	8.53	峨山
25	0	51.63	15.63	7.88	
30	0	51.79	15.12	7.33	
90	0.13	38.94	11.03	5.62	
10	0	51.73	14.79	8.16	景洪
25	0	46.9	13.63	7.45	
30	0	40.93	13.13	6.88	
90	0.18	30.72	7.87	4.74	
10	0	71.28	23.52	10.91	泸水
25	0	63.33	21.58	10.17	
30	0	60.87	21.01	9.58	
90	0.06	40.06	14.71	7.45	
10	0	76.79	15.41	9.65	昭阳
25	0	73.12	13.99	9.05	
30	0	69.96	13.59	8.53	
90	0	50.9	9.83	6.33	

3）同一地区不同汇水面积阈值计算结果的对比分析：同样选择隆阳区、宣威市和德钦县 3 个县级行政区进行分析，分别以 $2000m^2$、$3000m^2$、$5×10^8m^2$ 和 $12×10^8m^2$ 四种汇水面积阈值来计算坡度及坡度因子，从计算的统计结果看，4 种不同汇水面积阈值情况下，每个样例区各个分级的坡度面积和坡度因子面积占土地面积的比例是相同的，说明汇水面积阈值的改变对坡度和坡度因子的计算结果没有影响。

4）相同汇水面积阈值不同计算边界范围计算结果的对比分析：以龙川江流域为例，用其 4 个计算边界不同的子流域分别来计算坡度和坡度因子，从计算的统计结果看，4 种不同计算边界范围情况下，每个子流域各个分级的坡度面积和坡度因子面积占土地面积的比例也是相同的，说明计算边界的改变对坡度及坡度因子的计算结果没有影响。

通过以上分析，计算坡度和坡度因子使用的 DEM 数据来源于基础测绘数据成果，该数据经过一级检查两级验收，符合国家标准，且精度较高；计算方法相对成熟，不同数据源、不同汇水面积阈值及不同计算边界计算得到的结果都趋于一致，说明计算成果具有较高的合理性。

5.3 坡长坡度因子计算结果

5.3.1 坡长与坡长因子

5.3.1.1 全省统计情况

（1）坡长

计算形成了分辨率为 10m×10m 的全省坡长栅格图，在 ArcGIS 下统计得出，云南省坡长为 0～100m，平均坡长 55.46m。以每 10m 为统计分级时，大于等于 90m 的坡长最多，占全省面积的 32.17%，这与云南高原山区山高坡长的特点相符，其次为 0～10m 的坡长，占全省面积的 20.60%。坡长分级及占土地面积百分比统计见表 5-11 和图 5-16。

表 5-11 坡长分级及占土地面积比例表

序号	坡长分级（m）	面积（km^2）	占土地面积百分比（%）
1	0～10	78 940.50	20.60
2	10～20	16 216.94	4.23
3	20～30	39 996.21	10.44
4	30～40	34 007.72	8.87
5	40～50	14 650.21	3.82
6	50～60	25 612.89	6.68
7	60～70	22 062.77	5.76
8	70～80	12 284.33	3.21
9	80～90	16 177.73	4.22
10	≥90	123 260.72	32.17

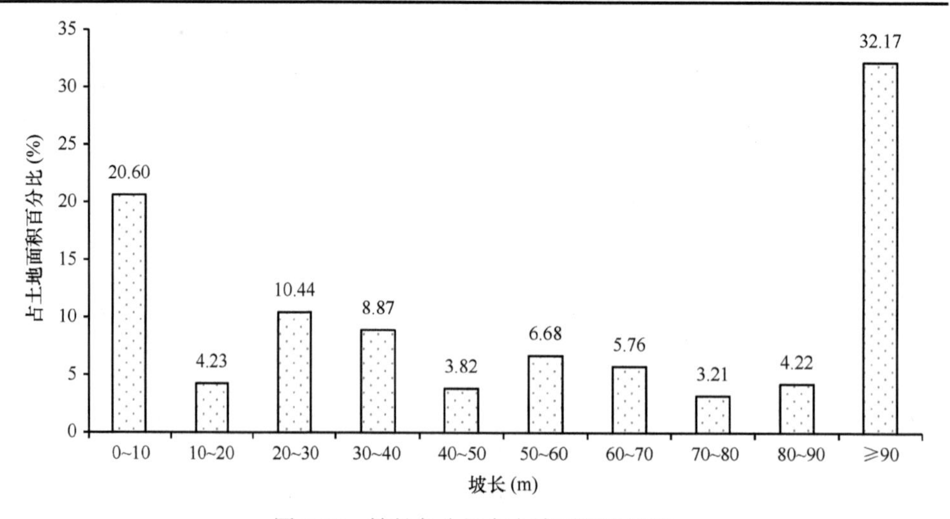

图 5-16 坡长各分级占土地面积比例图

（2）坡长因子

计算形成了分辨率为 10m×10m 的全省坡长因子栅格图，在 ArcGIS 下统计得出，云南省坡长因子值为 0～3.18，平均 1.76，空间分布与坡长相似。由于大于 100m 坡长区域采用平均坡长因子计算公式，因此全省大面积区域的坡长因子为 1.88～2.14，占全省面积的 32.29%。坡长因子分级及占土地面积百分比见表 5-12 和图 5-17。

表 5-12　坡长因子分级及占土地面积比例表

序号	坡长因子 L 值分级	面积（km^2）	占土地面积百分比（%）
1	0～0.67	25 772.15	6.73
2	0.67～1.23	69 800.02	18.21
3	1.23～1.59	29 083.71	7.59
4	1.59～1.88	36 968.00	9.65
5	1.88～2.14	123 736.68	32.29
6	2.14～2.36	17 477.43	4.56
7	2.36～2.57	22 889.50	5.97
8	2.57～2.76	19 463.28	5.08
9	2.76～2.94	14 011.38	3.66
10	≥2.94	24 007.87	6.26

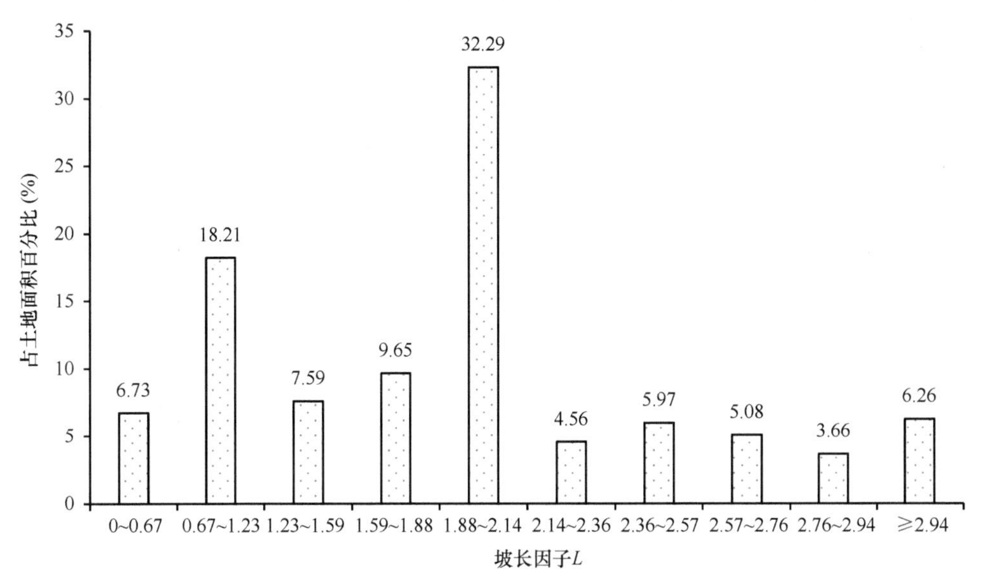

图 5-17　坡长因子各分级占土地面积比例图

5.3.1.2　州（市）统计情况

（1）坡长

从空间分布上看，全省各州（市）、县（市、区）的坡长均在 0～100m，以州

（市）来看，平均值变化范围不大，最大的是迪庆州，为 69.07m，其次为怒江州（66.73m）；其余州（市）坡长平均值均在 58m 以下，最小的是昭通市，为 50.71m，其次为文山州（51.45m）。小坡长主要分布在曲靖、昆明、蒙自、平远、滇池、洱海等平坝和湖泊区域，坡长多在 30m 以下，其余地区的坡长都较高，与云南的整体地形比较吻合。以县级行政区来看，全省坡长平均值最大的是迪庆州德钦县，为 74.08m，其次为昆明市东川区（72.35m），最小的是昆明市官渡区，为 31.22m，其次为同属昆明市的呈贡区，为 32.47m。

各州（市）坡长值统计情况见表 5-13 和图 5-18。

表 5-13 云南省各州（市）坡长值统计表

州（市）	最小值（m）	最大值（m）	平均值（m）
昆明市	0	100	51.61
曲靖市	0	100	53.46
玉溪市	0	100	52.89
保山市	0	100	54.19
昭通市	0	100	50.71
丽江市	0	100	57.21
普洱市	0	100	56.39
临沧市	0	100	56.15
楚雄州	0	100	51.73
红河州	0	100	55.22
文山州	0	100	51.45
西双版纳州	0	100	54.19
大理州	0	100	55.19
德宏州	0	100	56.18
怒江州	0	100	66.73
迪庆州	0	100	69.07

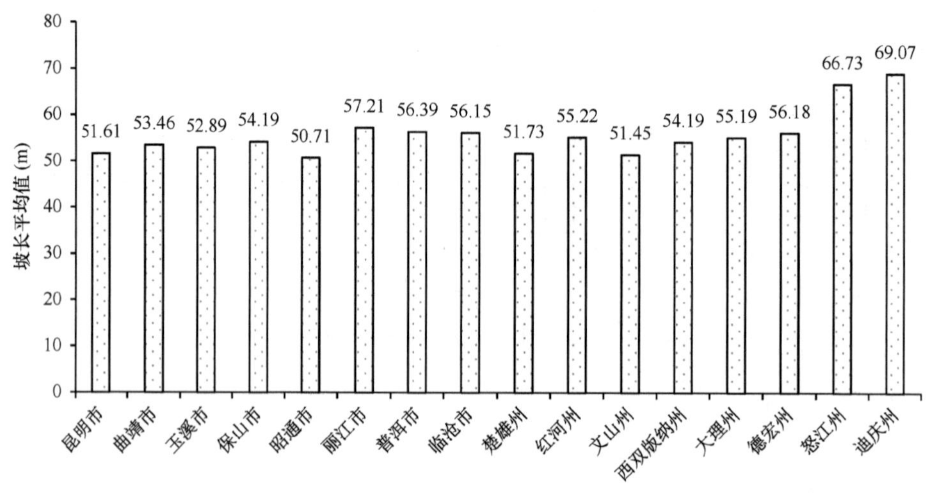

图 5-18 云南省各州（市）坡长平均值图

（2）坡长因子

经统计，全省各州（市）、县（市、区）的坡长因子均在 0～3.1805，由坡长公式计算出的坡长因子与坡长对应，坡长因子平均值的变化范围不大，以州（市）来看，平均值最大的是怒江州，为 1.9517，其次为迪庆州（1.9455），最小的是昆明市，为 1.6478，其次为文山州（1.6571）。以县级行政区来看，全省坡长因子平均值最大的是迪庆州德钦县，为 2.0129，其次为怒江州贡山县（1.9823），最小的是昆明市官渡区，为 1.1750，其次为同属昆明市的呈贡区，为 1.2029。

各州（市）坡长因子值统计情况见表 5-14 和图 5-19。

表 5-14　云南省各州（市）坡长因子值统计表

州（市）	最小值	最大值	平均值
昆明市	0.0000	3.1805	1.6478
曲靖市	0.0000	3.1805	1.6597
玉溪市	0.0000	3.1805	1.7293
保山市	0.0000	3.1805	1.7734
昭通市	0.0000	3.1805	1.7120
丽江市	0.0000	3.1805	1.7953
普洱市	0.0000	3.1805	1.8288
临沧市	0.0000	3.1805	1.8062
楚雄州	0.0000	3.1805	1.7453
红河州	0.0000	3.1805	1.7430
文山州	0.0000	3.1805	1.6571
西双版纳州	0.0000	3.1805	1.7745
大理州	0.0000	3.1805	1.7593
德宏州	0.0000	3.1805	1.7274
怒江州	0.0000	3.1805	1.9517
迪庆州	0.0000	3.1805	1.9455

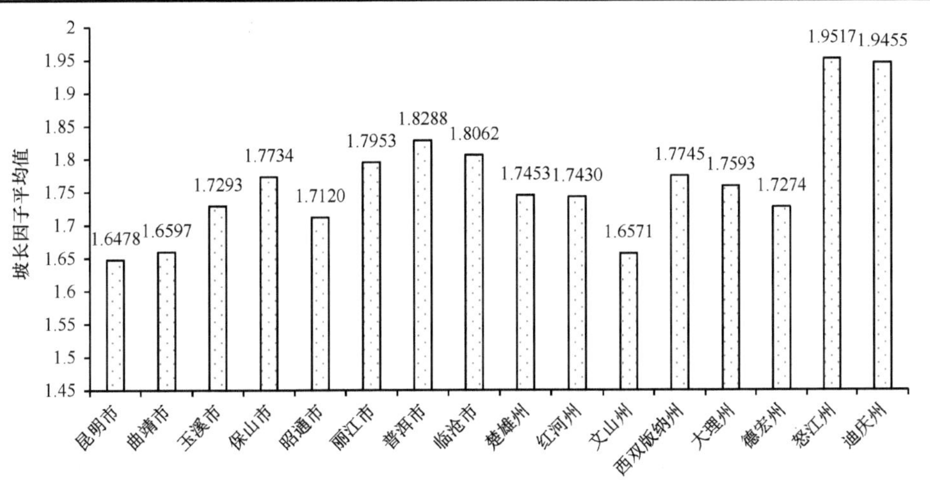

图 5-19　云南省各州（市）坡长因子平均值图

5.3.2 坡度与坡度因子

5.3.2.1 全省统计情况

（1）坡度

计算形成了分辨率为 10m×10m 的全省坡度栅格图，在 ArcGIS 下统计得出，云南省地形坡度在 0°～88.86°，平均 23.78°。其中小于 5°的坝子面积仅占 9.11%，大于 8°的占全省面积的 87.20%，大于 15°的占全省面积的 74.82%，说明云南省绝大部分区域都是坡地，大于 25°的占 47.75%，大于 35°的占 19.69%，与云南山区山高坡陡的特点相对应。坡度分级及占土地面积百分比见表 5-15 和图 5-20。

表 5-15 坡度分级及占土地面积比例表

序号	坡度分级（°）	面积（km^2）	占土地面积百分比（%）
1	0～5	34 909.37	9.11
2	5～8	14 148.91	3.69
3	8～10	11 356.34	2.96
4	10～15	36 092.24	9.42
5	15～20	48 045.45	12.54
6	20～25	55 678.83	14.53
7	25～30	56 526.52	14.75
8	30～35	51 016.57	13.31
9	>35	75 435.79	19.69

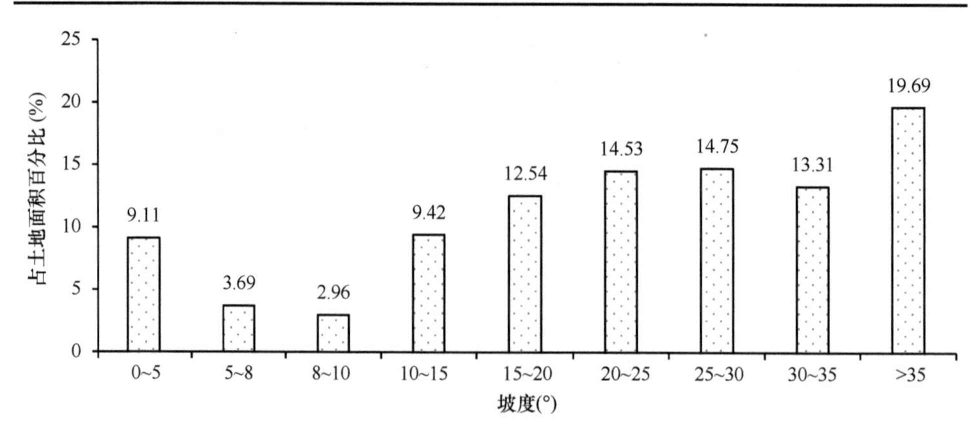

图 5-20 坡度各分级占土地面积比例图

（2）坡度因子

计算形成了分辨率为 10m×10m 的全省坡度因子栅格图，经统计，云南省坡度因子值在 0～9.995，平均值为 4.53，空间分布与坡度相对应。全省的坡度因子值主要集中在 4.7～6.5，占全省土地面积的 42.79%。坡度因子分级及占土地面积百分比见表 5-16 和图 5-21。

表 5-16　坡度因子分级及占土地面积比例表

序号	坡度因子 S 值分级	面积（km^2）	占土地面积百分比（%）
1	0～0.96	34 656.38	9.04
2	0.96～1.83	18 882.94	4.93
3	1.83～2.84	28 599.58	7.46
4	2.84～4.7	91 514.07	23.88
5	4.7～6.5	163 964.68	42.79
6	6.5～8.29	15 768.64	4.11
7	8.29～9.994	12 682.96	3.31
8	9.994～9.995	17 140.77	4.47

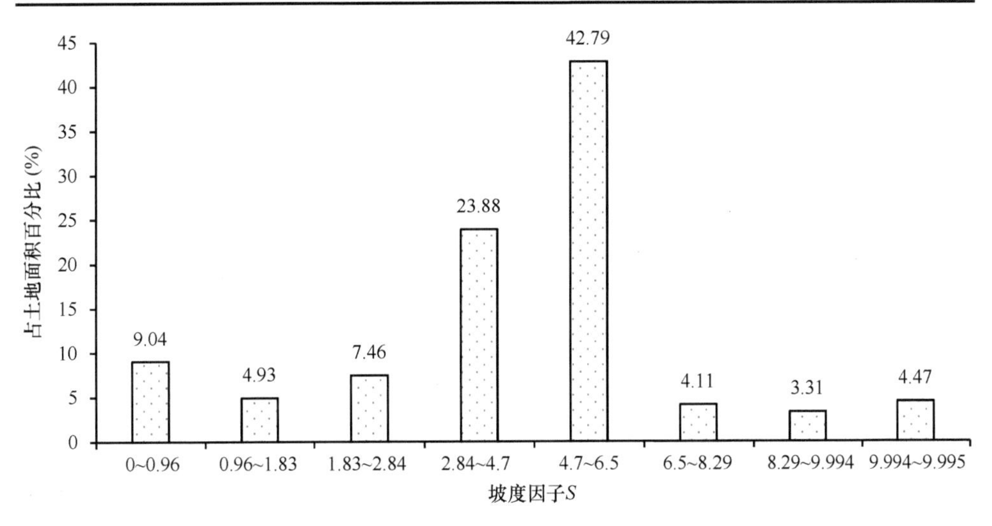

图 5-21　坡度因子各分级占土地面积比例图

5.3.2.2　州（市）统计情况

（1）坡度

经统计，以州（市）来看，全省各州（市）地形坡度的变化范围不大，最小坡度均为 0°，除德宏州（71.76°）外，其余州（市）的最大坡度均在 80°以上，最大的是文山州(88.86°)；坡度平均值在 16.26°～34.91°，最小的是曲靖市，为 16.26°，其次为昆明市（18.37°），最大的是怒江州，为 34.91°，其次为迪庆州（29.51°），小坡度主要分布在曲靖、昆明、蒙自、平远、滇池、洱海等平坝和湖泊区域，坡度多在 10°以下，其余地区坡度较高，与坝子和高山在这些区域的分布比例相对应。以县级行政区来看，最大坡度最小值出现在昆明市官渡区，为 65.20°，其次为昆明市盘龙区（65.24°），最大坡度出现在文山州广南县（88.86°），其次是丽江市玉龙县（86.26°）；坡度平均值最小的是曲靖市陆良县，为 8.08°，其次为昆明市官渡区（8.83°），最大的是怒江州福贡县，为 38.36°，其次为同属怒江州的贡山县，为 37.30°。

各州（市）坡度值统计情况见表 5-17 和图 5-22。

表 5-17　云南省各州（市）坡度值统计表

州（市）	最小值（°）	最大值（°）	平均值（°）
昆明市	0	83.71	18.37
曲靖市	0	81.50	16.26
玉溪市	0	80.62	23.03
保山市	0	84.32	24.34
昭通市	0	85.69	26.82
丽江市	0	86.26	25.56
普洱市	0	83.33	25.46
临沧市	0	80.53	25.41
楚雄州	0	82.21	23.99
红河州	0	83.54	22.64
文山州	0	88.86	22.25
西双版纳州	0	80.26	22.24
大理州	0	84.75	23.37
德宏州	0	71.76	18.49
怒江州	0	85.07	34.91
迪庆州	0	85.31	29.51

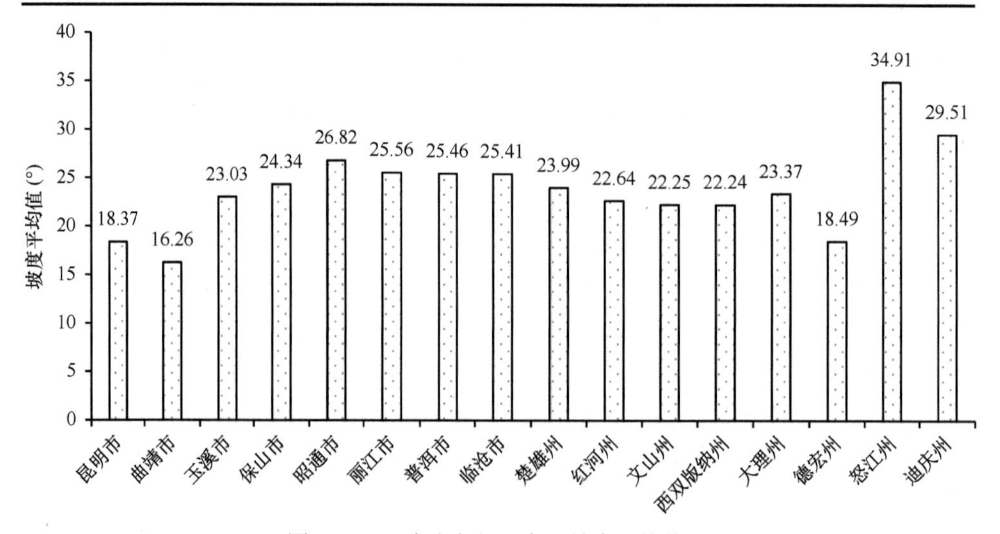

图 5-22　云南省各州（市）坡度平均值图

（2）坡度因子

经统计，全省各州（市）、县（市、区）的坡度因子均在 0～9.9950，以州（市）来看，坡度因子平均值最小的是曲靖市，为 3.3231，其次为昆明市（3.5800），最大的是怒江州，为 5.6230，其次为临沧市（5.3034）。以县级行政区来看，全省坡度因子平均值最小的是曲靖市陆良县，为 1.6372，其次为昆明市官渡区（1.8216），最大的是怒江州贡山县，为 6.1717，其次为红河州绿春县，为 6.0644。

各州（市）坡度因子值统计情况见表 5-18 和图 5-23。

表 5-18 云南省各州（市）坡度因子值统计表

州（市）	最小值	最大值	平均值
昆明市	0.0000	9.9950	3.5800
曲靖市	0.0000	9.9950	3.3231
玉溪市	0.0000	9.9950	4.3758
保山市	0.0000	9.9950	4.6014
昭通市	0.0000	9.9950	5.2564
丽江市	0.0000	9.9950	4.4230
普洱市	0.0000	9.9950	4.9486
临沧市	0.0000	9.9950	5.3034
楚雄州	0.0000	9.9950	4.4326
红河州	0.0000	9.9950	4.4925
文山州	0.0000	9.9950	4.2964
西双版纳州	0.0000	9.9950	4.8584
大理州	0.0000	9.9950	4.3307
德宏州	0.0000	9.9950	3.5900
怒江州	0.0000	9.9950	5.6230
迪庆州	0.0000	9.9950	5.0329

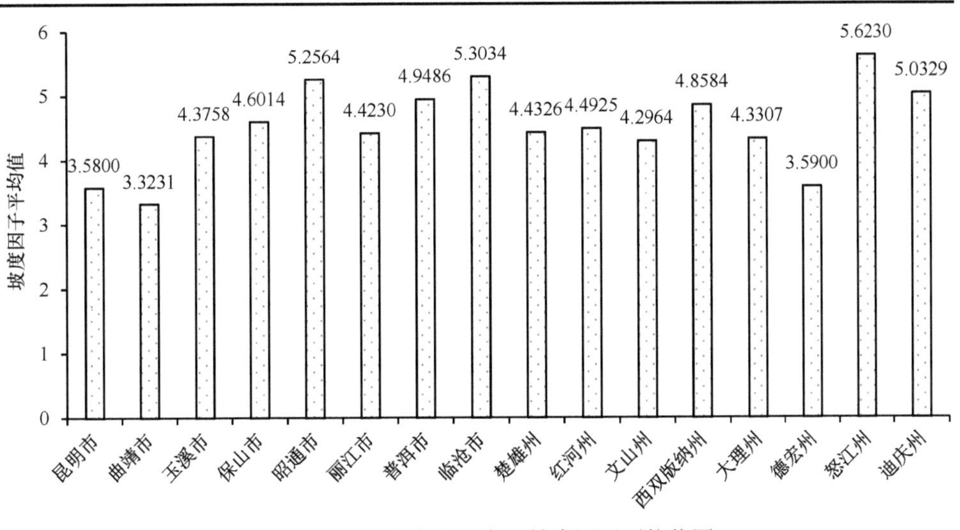

图 5-23 云南省各州（市）坡度因子平均值图

第 6 章　水土保持生物措施因子调查与计算

水土保持生物措施主要包括造林、种草、封育及生态修复等，其对应的生物措施因子是指一定条件下林地、园地上的土壤流失量与同等条件下连续休闲对照裸地上的土壤流失量之比，为一无量纲数，其值大小为 0～1，在土壤流失方程中用 B 表示，它反映了有植被覆盖和无植被覆盖的土壤流失量的相对大小。

生物措施因子的调查计算是利用空间分辨率为 30m 的 TM 遥感影像和时间分辨率为 15 天的 MODIS NDVI 产品数据，融合生成半月时间尺度、30m 空间分辨率的植被盖度季节分布曲线，然后利用盖度值计算不同土地利用类型的生物措施因子值（B），技术路线见图 6-1。

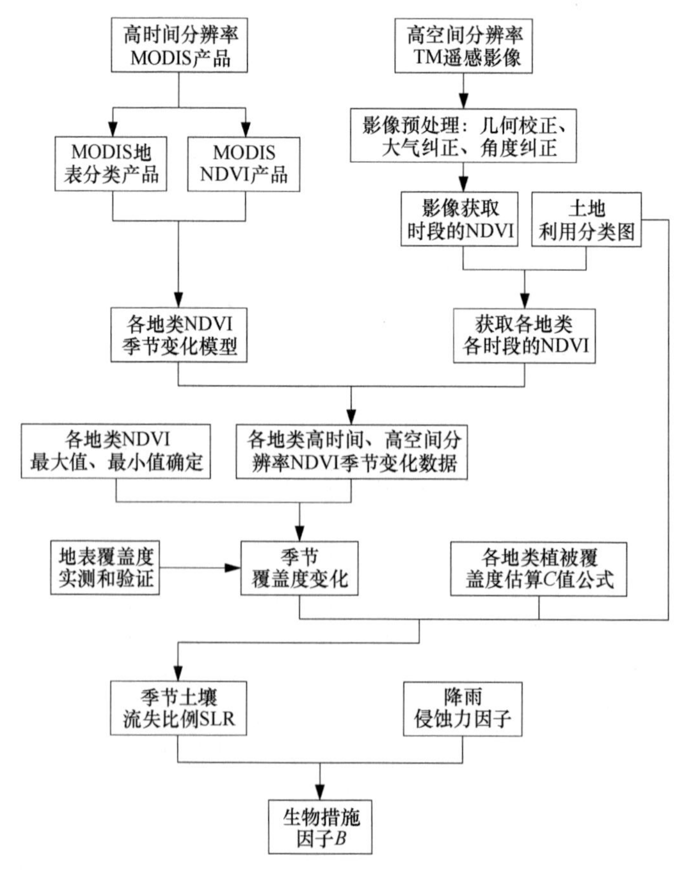

图 6-1　生物措施因子计算技术路线图

6.1　数据收集与预处理

6.1.1　遥感影像数据与土地利用数据收集

6.1.1.1　Landsat 陆地卫星 TM 遥感影像数据

（1）Landsat 陆地卫星产品简介

“地球资源技术卫星”计划最早始于 1967 年，美国国家航空航天局（NASA）受早期气象卫星和载人宇宙飞船所提供的地球资源观测的鼓舞，开始在理论上进行地球资源技术卫星的可行性研究。1972 年 7 月 23 日，第一颗陆地卫星（Landsat-1）成功发射，后来发射的这一系列卫星都带有陆地卫星（Landsat）的名称。到 1999 年，共成功发射了 6 颗陆地卫星，分别命名为陆地卫星 1 到陆地卫星 5 及陆地卫星 7，其中陆地卫星 6 发射失败。Landsat 陆地卫星系列遥感影像数据覆盖范围为北纬 83°到南纬 83°之间的所有陆地区域，数据更新周期为 16 天（Landsat-1～3 的周期为 18 天），空间分辨率为 30m。目前，中国区域内的 Landsat 陆地卫星系列遥感影像数据可以通过中国科学院计算机网络信息中心国际科学数据服务平台免费获得。

陆地卫星 7（Landsat-7）于 1999 年 4 月 15 日由 NASA 发射升空，其携带的主要传感器为增强型主题成像仪（ETM+），每 16 天覆盖全球一次。2003 年 5 月 31 日，Landsat-7 ETM+机载扫描线校正器（Scan Line Corrector，SLC）突然发生故障，导致获取的影像出现数据重叠和大约 25%的数据丢失，因此，2003 年 5 月 31 日之后 Landsat-7 的所有数据都是异常的，需要采用 SLC-off 模型校正。Landsat ETM+影像数据包括 8 个波段，Band1～Band5 和 Band7 的空间分辨率为 30m，Band6 的空间分辨率为 60m，Band8 的空间分辨率为 15m，南北的扫描范围大约为 170km，东西的扫描范围大约为 183km。Landsat-7 卫星影像数据的产品说明及产品参数分别见表 6-1 和表 6-2。

表 6-1　Landsat-7 产品说明表

Band	波段	波长（μm）	分辨率（m）
Band1	蓝色波段	0.45～0.52	30
Band2	绿色波段	0.52～0.60	30
Band3	红色波段	0.63～0.69	30
Band4	近红外	0.76～0.90	30
Band5	中红外	1.55～1.75	30
Band6	热红外	10.40～12.50	60
Band7	中红外	2.09～2.35	30
Band8	微米全色	0.52～0.90	15

表 6-2　Landsat-7 产品参数表

产品类型	Level 1T 标准地形校正
单元格大小	15m：全色波段 8；30m：反射波段 1～5 和 7；60m：热波段 6H 和 6L
输出格式	GeoTIFF
取样方法	三次卷积（CC）
地图投影	UTM-WGS 84 南极洲极地投影
地形校正	Level 1T 数据产品经过系统辐射校正和地面控制点几何校正，并且通过 DEM 进行了地形校正。此产品的大地测量校正依赖于精确的地面控制点和高精度的 DEM 数据

2013 年 2 月 11 日，NASA 成功发射 Landsat-8 卫星。Landsat-8 卫星上携带 2 个传感器，分别是陆地成像仪（Operational Land Imager，OLI）和热红外传感器（Thermal Infrared Sensor，TIRS），Landsat-8 卫星影像数据的产品说明及产品参数分别见表 6-3 和表 6-4。

表 6-3　Landsat-8 产品说明表

	波段	波长（μm）	分辨率（m）
Landsat 8 OLITIRS	波段 1-气溶胶	0.43～0.45	30
	波段 2-蓝	0.45～0.51	30
	波段 3-绿	0.53～0.59	30
	波段 4-红	0.64～0.67	30
	波段 5-近红	0.85～0.88	30
	波段 6-SWIR1	1.57～1.65	30
	波段 7-SWIR2	2.11～2.29	30
	波段 8-全色	0.50～0.68	15
	波段 9- Cirrus	1.36～1.38	30
	波段 10-TIRS 热红外传感器 1	10.60～11.19	100
	波段 11-TIRS 热红外传感器 2	11.50～12.51	100

表 6-4　Landsat-8 产品参数表

产品类型	Level 1T 地形矫正影像
分辨率	1～7，9：OLI 多光谱波段（30m）；8：OLI 全色波段（15m）；10，11：TIRS 波段（30m）
输出格式	GeoTIFF
取样方法	三次卷积算法（Cubic Convolution Resampling）
地图投影	UTM-WGS84 投影坐标系
地形校正	Level 1T 数据产品已经经过系统辐射校正和几何校正
数据大小	约 1GB（解压后约 2GB）

调查使用的 Landsat-8 影像涉及红、近红外、绿、蓝 4 个波段，含冬季（12 月至翌年 2 月）和植被覆盖最好的季节（5～10 月）2 个时相，影像获取时间为

2013～2015 年，全覆盖云南省行政区划范围，各时相的影像景与景之间有一定重叠。少量补云地区为 Landsat-7 影像数据，获取时间为 2013～2015 年，补云后影像要求云量覆盖小于等于 5%。其中，全省冬季 Landsat-8 数据共 90 景，全省植被覆盖最好的季节（5～10 月）Landsat-8 数据共 44 景，用于补云的 Landsat-7 数据共 16 景。

（2）TM 影像产品技术要求

1）2013～2015 年 2 个或 2 个以上季相的影像，其中必须包含一期夏季影像和一期冬季影像，云量小于 5%。

2）进行了单景数据波段间的配准、纵横向随机条纹的基本滤除和 CCD 影像色调的平衡归一化校正，对有噪声图像进行去噪声处理。

3）原始影像、单景正射多光谱影像（包含红、近红外、绿、蓝四个波段）、单景正射多光谱反射率影像（包含红、近红外两个波段）、归一化植被指数（NDVI）影像经过了地面几何精校正和大气辐射校正。

4）25 万分幅存储，为保证无缝拼接，每个分幅向外扩张 600m。

5）存储格式 GeoTIFF，坐标 CGCS2000，ALBERS 投影，30m 分辨率。

（3）TM 影像成果资料

1）获取 2013～2015 年植被覆盖率最高的季节（5～10 月）多光谱遥感影像 Landsat-8、Landsat-7 共 41 景，冬季（12 月至翌年 2 月）多光谱遥感影像 Landsat-8、Landsat-7 共 37 景。

2）完成 2013～2015 年植被覆盖率最高的季节（5～10 月）单景正射多光谱影像（含红、近红外、绿、蓝等 4 个波段）共 36 景，冬季（12 月至翌年 2 月）单景正射多光谱影像（含红、近红外、绿、蓝等 4 个波段）Landsat-8、Landsat-7 共 31 景。

3）完成 2013～2015 年植被覆盖率最高的季节（5～10 月）单景正射多光谱反射率影像（含红、近红外等 2 个波段）共 29 景，冬季（12 月至翌年 2 月）单景正射多光谱反射率影像（含红、近红外等 2 个波段）Landsat-8、Landsat-7 共 28 景。

4）完成 2013～2015 年植被覆盖率最高的季节（5～10 月）单景归一化植被指数（NDVI）影像共 29 幅，冬季（12 月至翌年 2 月）单景归一化植被指数（NDVI）影像共 28 幅。

5）TM 影像产品大地基准为 2000 国家大地坐标系，投影方式为 ALBERS 投影，即整个云南省范围均采用正轴双标准纬线等积圆锥投影，双标准纬线 S=23°30′，N=27°30′、全省投影的中央经线为东经 102°；高程基准为 1985 国家高程基准。

6）影像数据有效覆盖范围为云南省所有区域，分辨率为 30m，存储格式为 GeoTIFF。

6.1.1.2 MODIS 影像数据

1999 年 12 月 18 日，美国成功发射了地球观测系统（EOS）的第一颗先进的极地轨道环境遥感卫星 Terra（AM-1），MODIS 是该卫星上最主要的探测器，也是卫星上唯一将实时观测数据通过 X 波段向全世界直接广播、可以免费接收数据并无偿使用的星载仪器，全球许多国家和地区都在接收和使用 MODIS 影像数据。MODIS 影像数据与应用最广的 NOAA-AVHRR 数据相比，在波段数目、数据分辨率、数据接收和数据格式、数据应用范围等方面都做了相当大的改进。

收集覆盖全省的 MODIS 影像数据，数据要求如下。

1）2010 年 1 月起每隔 16 天收集 1 期 MOD13Q1（250m 分辨率）产品。

2）进行了几何校正和大气校正。

3）投影方式由 ISIN（Integerized Sinusoidal）转换为 ALBERS，存储格式为 GeoTIFF。

4）25 万分幅存储，为保证无缝拼接，每个分幅向外扩张 600m。

6.1.1.3 土地利用数据

土地利用数据是利用二调成果，基于现势性为 2011～2014 年 0.5m 分辨率遥感影像，使用 ArcMap 10.2 软件进行解译修正获得的。土地利用的解译修正内容详见第 7 章。

经统计，全省土地利用类型分为一级 8 种地类、二级 24 种地类，其中耕地面积 82 012.93km^2，占全省土地总面积的 21.40%，主要分布在昭通、曲靖、文山等地；园地总面积 16 768.37km^2，占全省土地总面积的 4.38%，主要分布在西双版纳、普洱和临沧等地；林地总面积 237 072.12km^2，占全省土地总面积的 61.86%，主要分布在迪庆、丽江、德宏、普洱和西双版纳等地；草地总面积 29 616.71km^2，占全省土地总面积的 7.73%，主要分布在迪庆、丽江、昭通和红河等地。

6.1.2 遥感影像数据预处理

6.1.2.1 技术路线

根据 TMA、1B 星的运行轨道及其幅宽，覆盖全省大约需要 4 景 TMA、1B 星 CCD 图像。为了获取全省范围的 TM 遥感影像数据每季度植被覆盖度镶嵌图像，首先对 30m 分辨率的 TM 影像进行几何精校正、大气效应纠正和角度效应纠正等预处理。

（1）几何精校正

TM 影像的几何精校正以 1∶5 万和 1∶10 万地形图或同等（或更高）分辨

率卫星影像作为参考，人工选取控制点用 ERDAS IMAGINE 软件进行几何精校正。校正算法采用多项式校正，每幅影像的控制点均匀分布，选取 20 个以上控制点；平原地区可采用二次多项式进行几何校正，山区采用三次多项式进行几何校正。几何精校正后的 TM 影像数据产品空间采样分辨率为 30m，产品格式为 GeoTIFF，命名规则为 Path-Row-卫星标识-获取日期-ref。几何精校正的技术流程见图 6-2。

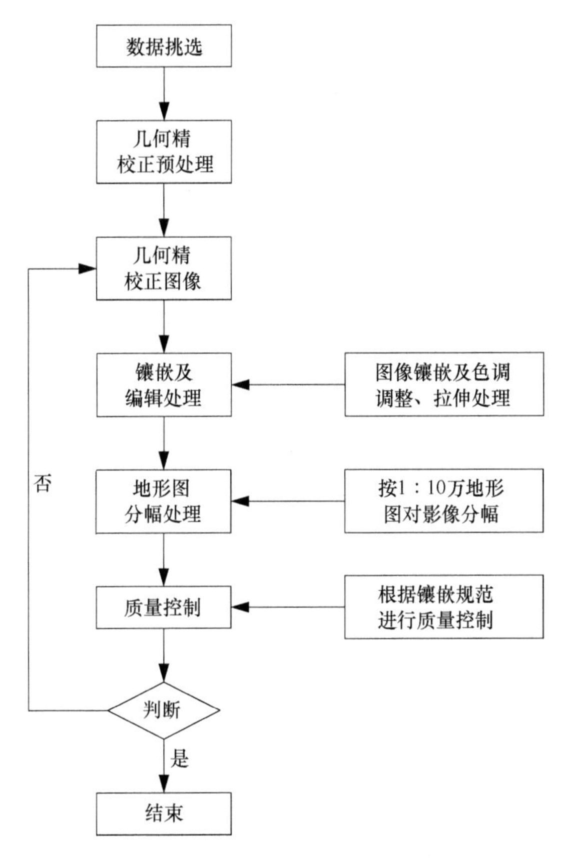

图 6-2　TM 影像几何精校正技术流程图

（2）大气效应纠正

大气效应纠正的操作步骤包括：①将 TM 影像数据产品转换为大气顶层表观辐亮度和表观反射率；②建立以气溶胶光学厚度（AOD）和太阳天顶角（θ）为索引的查找表（Look-Up-Table），气溶胶类型主要是大陆乡村型；③实现图像暗目标自动提取后，依据查找表获取气溶胶光学厚度；④依据气溶胶和太阳天顶角，通过查找表获取其他大气参数，进行大气效应纠正，技术路线见图 6-3。

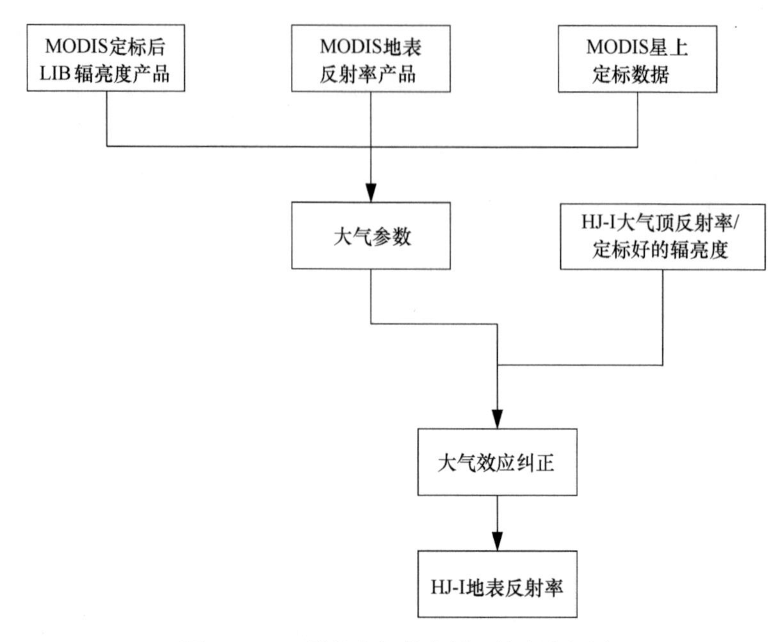

图 6-3　TM 影像大气效应纠正技术流程图

（3）角度效应纠正

将 TM 卫星方向性地表反射率图像（30m）进行角度效应纠正，得到垂直向下观测的归一化植被指数（NDVI）。技术流程见图 6-4，包括：①TM 方向性地表反射率根据 NDVI 的定义，得到带有方向性特征的 NDVI 数据；②TM 方向性 NDVI 数据在 TM 30m 像元为均匀植被的假设前提下使用简单的余弦纠正，初步得到垂直观测的 NDVI 数据。

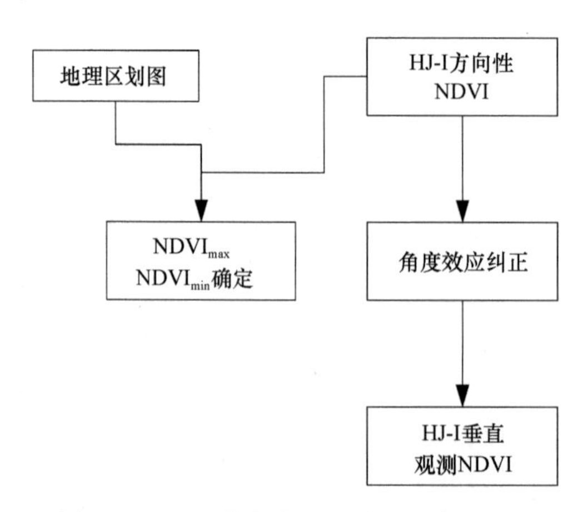

图 6-4　TM 影像角度效应纠正技术流程图

6.1.2.2 遥感影像预处理

（1）单景正射影像制作

1）正射影像制作：正射影像的制作采用 ENVI5.2 软件。含有多景重叠影像时，取时相更优、质量更好的影像数据作为主影像，其他时相、其他类型影像作为补充影像用于去云处理。每次对影像数据进行计算变化时，输出影像与原始影像地面分辨率保持一致。调查所用遥感影像是 Landsat-8 Level 1T 级产品，已经做过几何和地形校正，因此单景正射影像只需要从原始影像中提取红、绿、蓝、近红外 4 个波段进行组合，另存为 TIFF 格式即可，见图 6-5。

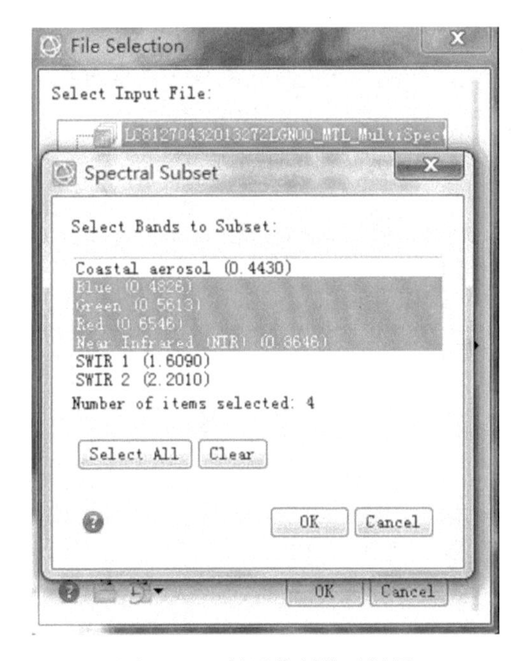

图 6-5 正射影像制作示例图

2）投影转换：打开 ENVI\Toolbox\Raster Management\Masking\Reproject Raster 工具，将第一步制作的正射影像进行投影变换。输出坐标系设为 Albers_YN_ok 坐标系（ENVI 不再带该坐标系，因此需要导入，投影参数详见本章 6.1.1.1 节），采样方式为双线性（Bilinear），输出格式为 TIFF，分辨率为 30m，见图 6-6。

3）Landsat-7 影像的预处理：由于 Landsat-7 影像出现了数据条带丢失，ENVI 可使用插值方法修补缺失的条带部分。主要步骤包括：有单波段逐个去条带；将去条带后的单波段影像转换为 TIFF 格式；将源文件中的头文件拷贝到去条带并转格式后的影像文件夹下；辐射定标及大气效应纠正；作为补充影像对主影像去云。

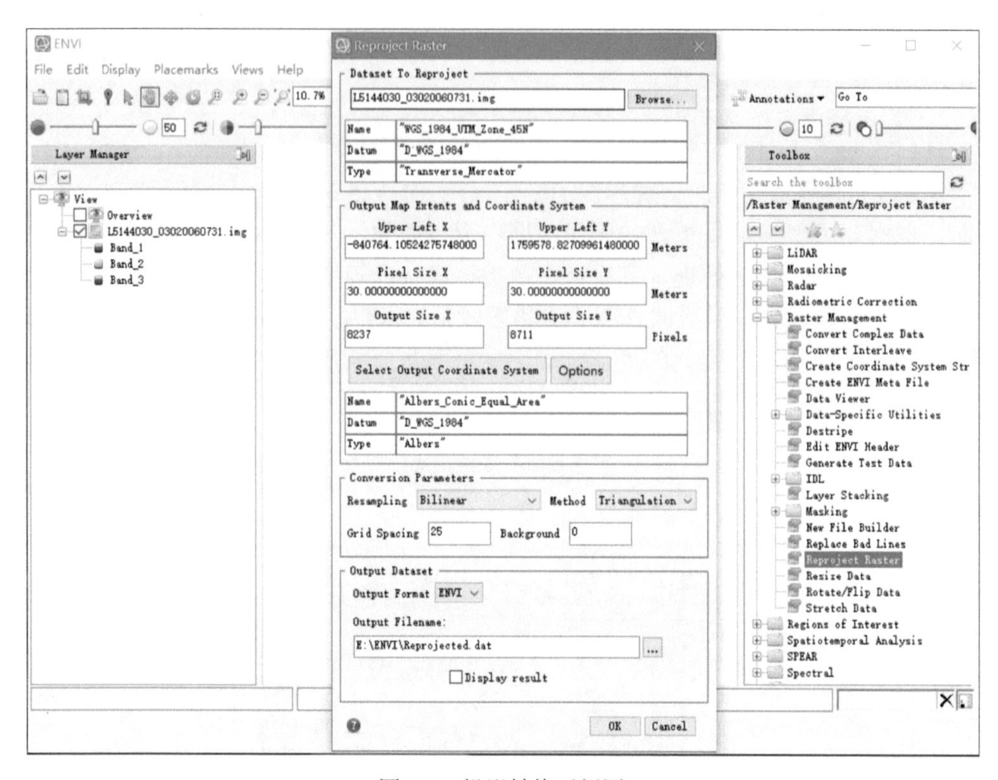

图 6-6　投影转换示例图

4）去云：遥感影像上被云遮盖的地区，需要进行去云处理。采用的方式是选择某一效果好的影像作为主影像，有云部分用其他时相的无云影像来进行覆盖、镶嵌。具体方法是，将云层覆盖的区域勾画出来并保存为矢量文件，然后利用 ENVI 软件通过此范围对无云的影像进行裁剪，最后通过 ENVI 软件的无缝镶嵌工具来进行镶嵌去云：打开 ENVI\Toolbox\Mosaicking\Seamless Mosaic 工具，调整影像的叠加顺序，设置所有影像背景值为 0，采样方式为 Bilinear，其他设置默认即可运行。镶嵌成果应保证接边处地物合理接边，无重影和发虚现象，影像清晰，反差适中，色彩自然，没有因太亮或太暗失去细节的区域，明显地物点能够准确识别和定位。相邻图幅重叠区域有云时，不再单独去云，通过调整影像的叠加顺序，消除有云区域，见图 6-7。

5）正射多光谱影像的地理配准：根据实际需要，将正射多光谱影像与分辨率为 15m 的正射影像进行地理配准，以分辨率更高的正射影像为控制基础，选取同名点对正射多光谱影像进行自动配准，删除误差大的控制点。

（2）正射多光谱反射率影像制作

地表反射率是地球表面的反射率，它没有云层和大气组分的影响。通常情况下，地表反射率是从辐射亮度图像中计算得到的，其实就是去除云层、大气组分、临近地物等因素影响的过程。ENVI 中的大气校正模块就是采用辐射传输模型的 MODTRAN4+，因此采用大气校正来获取地表反射率，处理步骤如下。

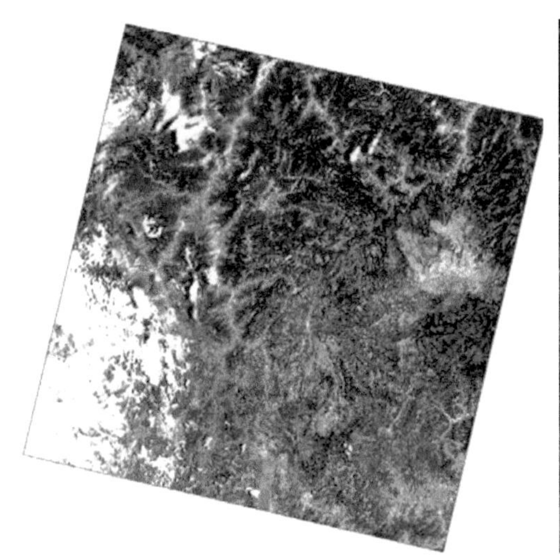
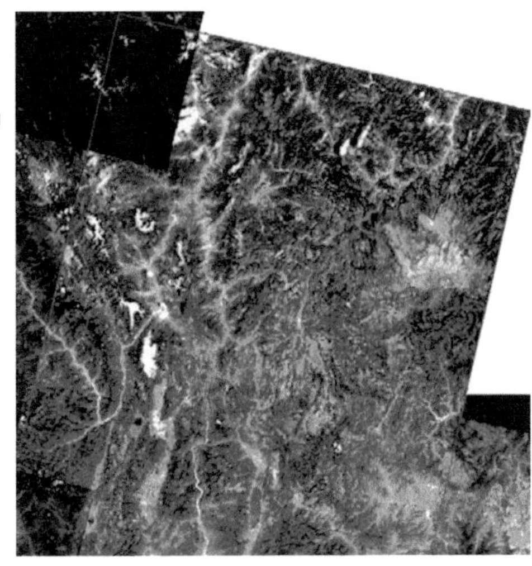

图 6-7　去云处理示例图

1）辐射定标：打开 ENVI\Toolbox\Radiometric Correction\Atmospheric Correction Module\Radiometric Calibration 工具，选择红、近红外、绿、蓝等 4 个波段，辐射定标工具会从元数据文件中自动获取相关的参数信息，包括成像日期、定标参数等，设置（图 6-8）几个参数即可（这步的目的是为 FLAASH 大气校正准备数据：定标符合单位要求的辐射量数据、转换数据存储属性等）。

2）FLAASH 大气校正：①统计兴趣区域地面平均高程，打开 ENVI，加载拼接好的 DEM 和需要做大气校正的影像图框，然后打开 Region of Interest(ROI) Tool 工具，选择菜单栏 File\Import Vector 工具，选择加入的图框并指定为 dem 的感兴趣区（ROI），见图 6-9，然后点击菜单栏上的图标进行统计，统计完成后，图标中 Mean 下方的数值就是提取区域的平均高程，见图 6-10。②参数设置，打开 ENVI\Toolbox\Radiometric Correction\Atmospheric Correction Module\FLAASH Atmospheric Correction 工具，将相关参数填入，单击 Apply 按钮，执行 FLAASH，见图 6-11。对大气校正前后同一地物的光谱曲线进行对比，见图 6-12。③去云，在进行大气校正时，因为每景影像获取的时间、日期及平均高程等参数都不同，需要将每景的主影像与补充影像分别作大气校正，然后再裁剪、镶嵌达到去云目的。

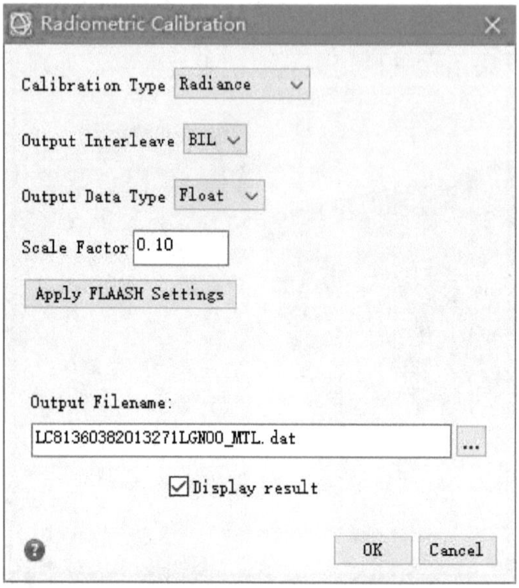

Radiometric Calibration

Calibration Type Radiance

Output Interleave BIL

Output Data Type Float

Scale Factor 0.10

Apply FLAASH Settings

Output Filename:

LC81360382013271LGN00_MTL.dat

Display result

OK Cancel

图 6-8 辐射定标示例图

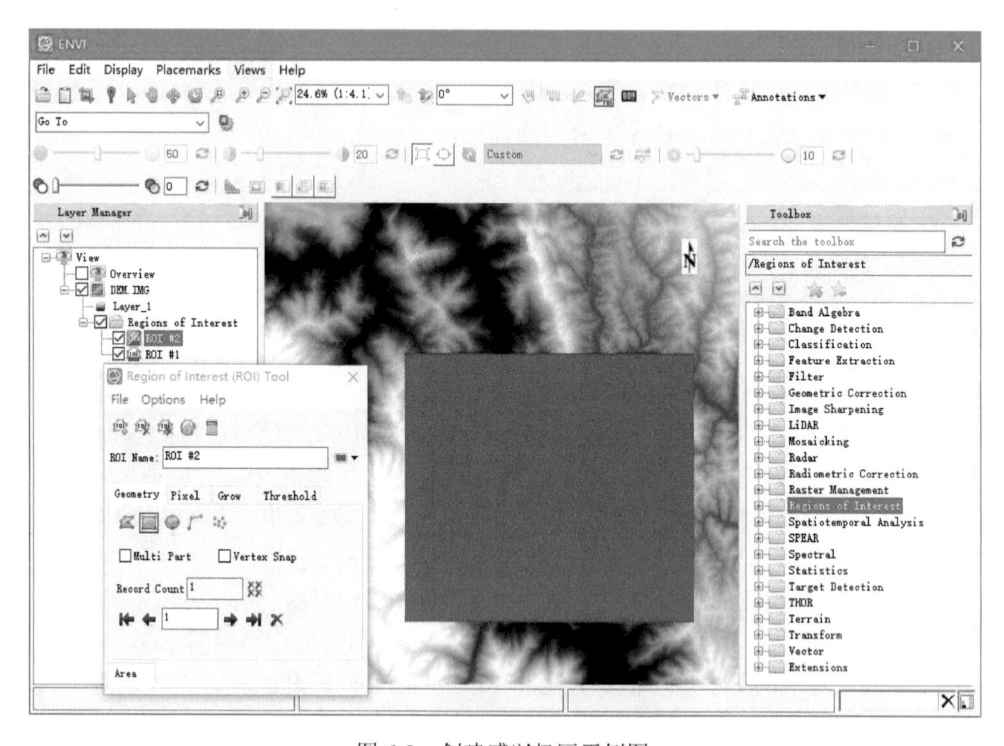

图 6-9 创建感兴趣区示例图

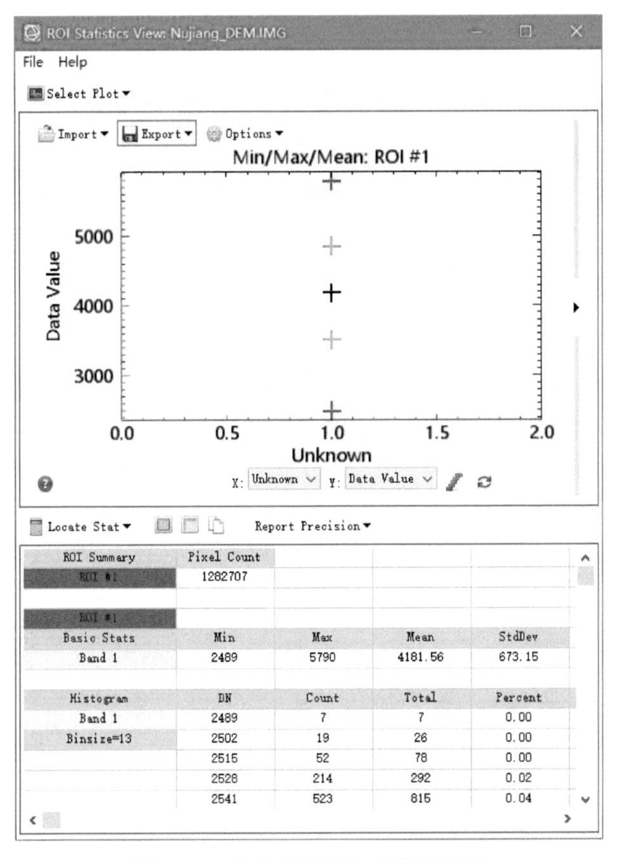

图 6-10　统计地面平均高程示例图

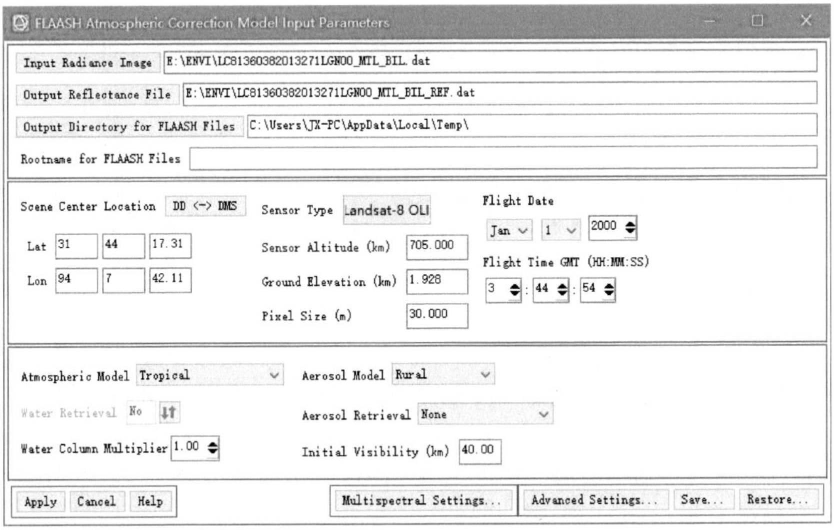

FLAASH Atmospheric Correction Model Input Parameters

Input Radiance Image E:\ENVI\LC81360382013271LGN00_MTL_BIL.dat

Output Reflectance File E:\ENVI\LC81360382013271LGN00_MTL_BIL_REF.dat

Output Directory for FLAASH Files C:\Users\JX-PC\AppData\Local\Temp\

Rootname for FLAASH Files

Scene Center Location DD <-> DMS
Lat 31 44 17.31
Lon 94 7 42.11

Sensor Type Landsat-8 OLI
Sensor Altitude (km) 705.000
Ground Elevation (km) 1.928
Pixel Size (m) 30.000

Flight Date
Jan 1 2000
Flight Time GMT (HH:MM:SS)
3 : 44 : 54

Atmospheric Model Tropical
Water Retrieval No
Water Column Multiplier 1.00

Aerosol Model Rural
Aerosol Retrieval None
Initial Visibility (km) 40.00

Apply Cancel Help Multispectral Settings... Advanced Settings... Save... Restore...

图 6-11　输入 FLAASH 参数示例图

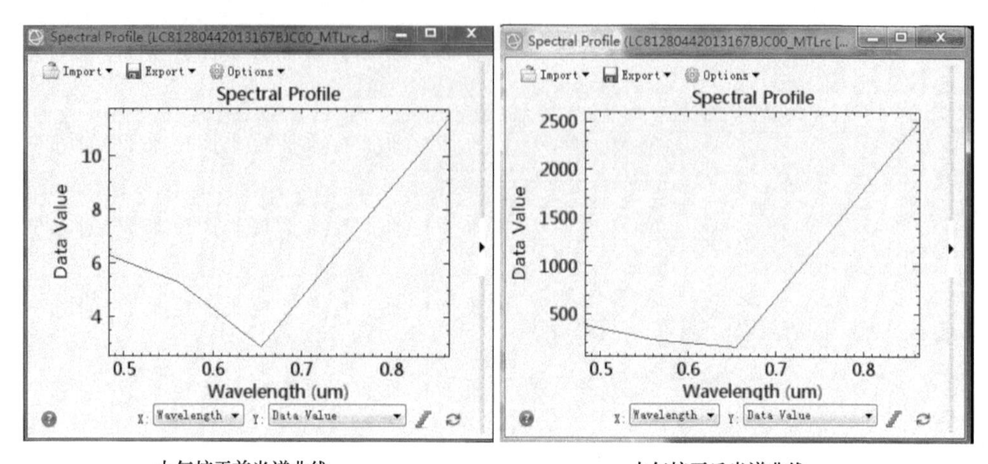

图 6-12 大气校正前后植被的光谱曲线对比图

6.2 生物措施因子计算方法

生物措施因子的计算主要分为归一化植被指数（NDVI）计算、植被盖度计算及生物措施因子计算三个阶段。

6.2.1 NDVI 计算

6.2.1.1 技术路线

归一化植被指数（NDVI），即植被覆盖指数，反映植物冠层的背景影响，如土壤、潮湿地面、雪、枯叶、粗糙度等，与植物的蒸腾作用、太阳光的截取、光合作用及地表净初级生产力等密切相关，并且随地表覆盖类型的不同而不同，在时间上呈现出与植被生物学特征相关的周期和变化，呈现出一定的年际和季节变化，是植被生长状态及植被覆盖度的最佳指示因子。常用遥感观测的近红外波段反射率（NIR）和红光波段反射率（*R*）计算，可用于检测植被生长状态、植被盖度和消除部分辐射误差等。

NDVI 的计算包括三方面内容：一是基于预处理后的 TM 遥感影像，计算影像获取时段的 NDVI 值；二是采用时间序列的 15 天合成的 MODIS NDVI 产品数据，结合地面观测，提取各地类年内半月间隔的 NDVI 季节变化模型；三是根据获取时段的 NDVI 及 NDVI 季节变化模型，计算高分辨率的季节变化 NDVI。NDVI 计算技术路线见图 6-13。

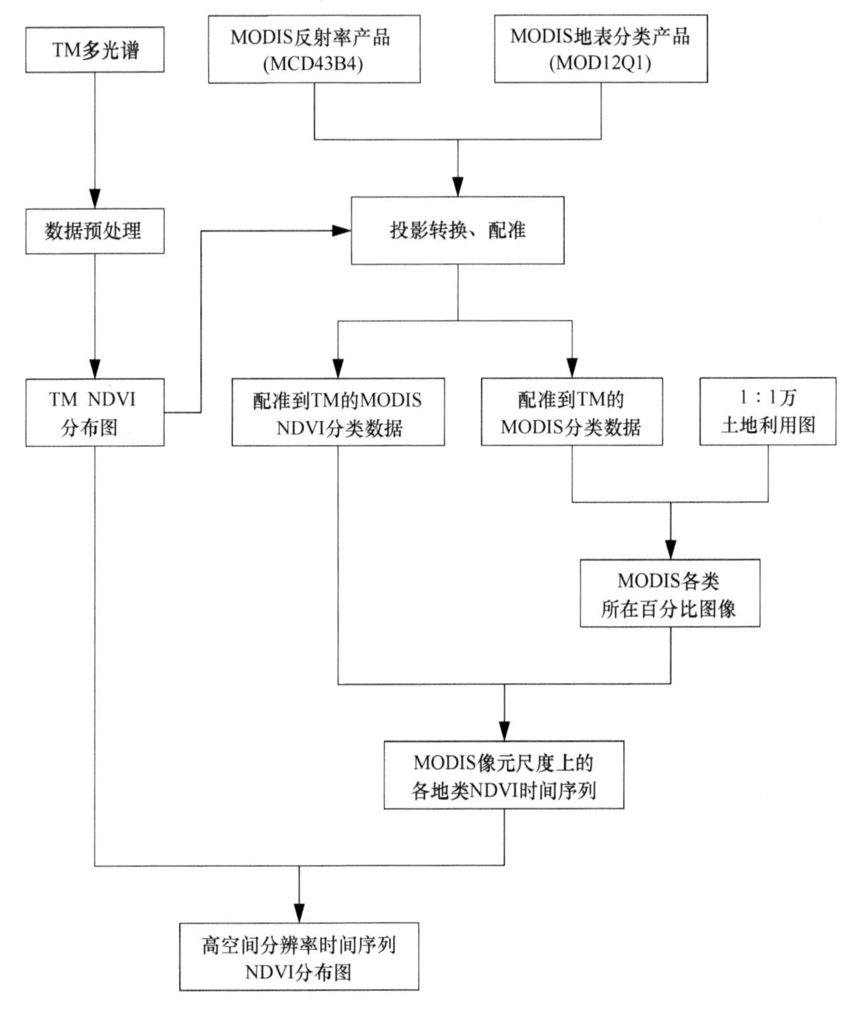

图 6-13 NDVI 计算技术路线流程图

NDVI 计算的具体步骤分为以下 4 步。

（1）TM 数据和 MODIS NDVI 产品的配准

空间数据的一个重要属性就是投影方式，MODIS 为全球数据产品，采用 ISIN（Integerized Sinusoidal）或 SIN（Sinusoidal）的全球投影方式（003 以前的版本采用 ISIN 投影，004 及其以后的更高版本采用 SIN 投影），其投影方式与 TM 数据（地表分类数据、地表反射率数据）的投影不同，因此需将其投影转为一致。

（2）TM NDVI 分布图生成

在对 TM 多光谱数据大气纠正和角度订正的基础上，利用 NDVI 的定义，采用式 6-1 计算 NDVI，生成全省不同时相 TM NDVI 分布图。

$$\mathrm{NDVI} = \frac{\mathrm{NIR} - R}{\mathrm{NIR} + R} \tag{6-1}$$

式中，NIR 和 R 分别为近红外波段和红波段处的反射率值。

（3）各地类 MODIS NDVI 时间序列数据的提取

MODIS 分类产品（MOD12Q1）包含五大分类体系，根据应用目的选取了植被功能分类（PFT）产品，其包含地物类别有常绿针叶树、常绿阔叶树、落叶针叶树、落叶阔叶树、灌木、草地、谷类作物、阔叶作物、城镇、水体等。根据 1∶1 万土地利用图的现状分类标准与 MODIS 分类产品中的分类体系对应得到不同地类的 MODIS NDVI 时间序列数据。在整个生长期时间序列上，不同地类的时间序列 NDVI 的变化规律也会有很大差异。MODIS NDVI 产品提供了稳定时间序列上的 NDVI 产品，可以通过统计的方法得到各地类的 NDVI 全年时间序列上的变化规律。为了获得代表各类型植被 NDVI 的变化趋势，我们对 MODIS 影像数据进行像元分解，得到各地类多年平均的时间序列 NDVI 的变化曲线。对于混合像元的地类，采用线性模型进行混合像元分解，线性模型如以下公式（6-2）。选取多个混合像元后，通过线性模型分解，利用最小二乘的方法便可以得到亚像元上各地类的 NDVI 时间序列变化。

$$L = \sum_{j=1}^{n} f_j L_j + \varepsilon,\ i = 1,\ 2,\ 3,\ \cdots,\ m,\ 0 \leqslant \sum_{j-1}^{n} f_i \leqslant 1 \tag{6-2}$$

式中，L 为混合像元的 NDVI；f_j 为该像元内各类所占的百分比；L_j 为对应 f_j 百分比地类的 NDVI；ε 为误差。

（4）高空间、高时间分辨率 NDVI 产品的生成

用融合 MODIS NDVI 和 TM NDVI 数据得到 TM 空间尺度上全年每 15 天的各类地物的 NDVI 数据产品。

6.2.1.2 NDVI 计算过程

利用 NDVI 计算工具，求归一化植被指数（NDVI）。由于大气校正后的结果有部分像元为负值，主要集中在阴影地区，这部分区域计算得到的 NDVI 值在 [–1，1] 之外，需统一将这部分像元进行处理，即 NDVI 值大于 1 的修正为 1，小于–1 的修正为–1，得到去除异常值的数据。一般绿色植被区的范围是 0.2～0.8。最后，归一化植被指数（NDVI）影像按照影像分幅范围进行裁剪。

（1）拼接全省影像

将遥感影像预处理生成的正射多光谱反射率影像镶嵌拼接，得到全云南省的正射多光谱反射率影像，见图 6-14。

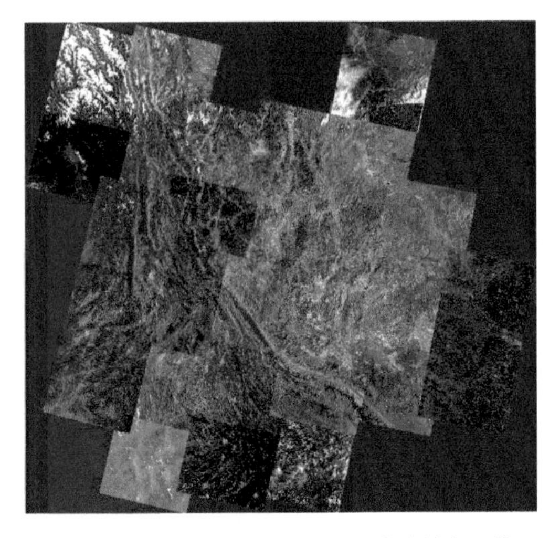

图 6-14　云南省全省正射多光谱反射率影像

（2）NDVI 计算

选择 ENVI\Toolbox\Spectral\Vegetation\NDVI 工具，设置相关参数，见图 6-15。

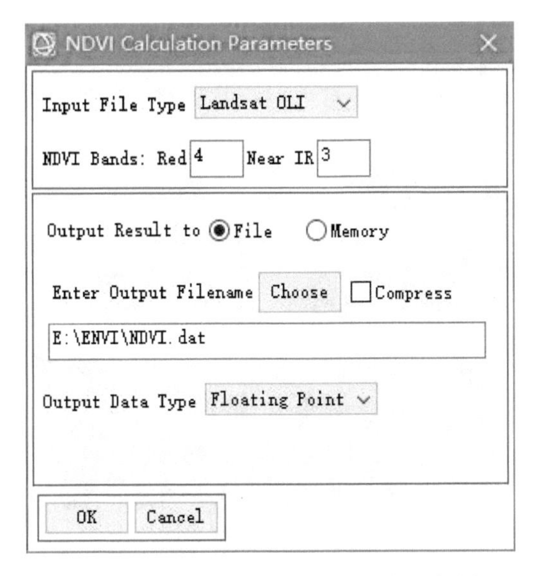

图 6-15　NDVI 计算工具设置参数示例图

（3）去除 NDVI 异常值

打开 ENVI\Toolbox\Band Algebra\Band Math 工具，添加公式–1>b1<1，b1 选择 NDVI，点击 OK 运行，见图 6-16。

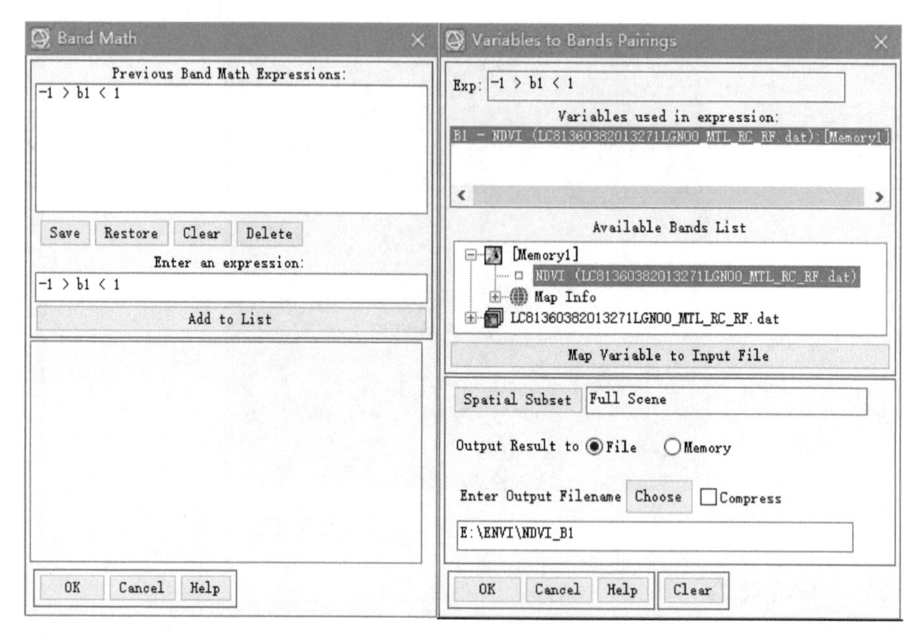

图 6-16　去除 NDVI 异常值示例图

运行结果见图 6-17。

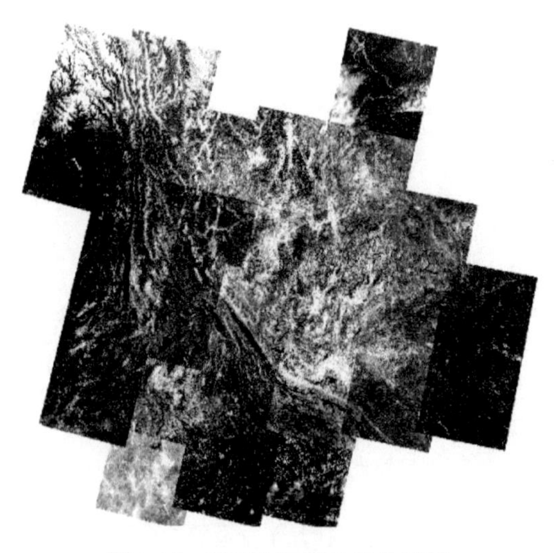

图 6-17　NDVI 计算结果效果图

（4）分幅剪裁

在 ArcMap 中将 1∶25 万图框进行投影变化，取其最小外接矩形，向外扩大 600m。将去除异常值的 NDVI 和向外扩大 600m 的 1∶25 万图框加入 ENVI 软件中，然后进行分幅剪切。具体方式是打开菜单栏 Region of Interest (ROI) Tool 工具，选择菜单栏 File\Import Vector，将图框设置为感兴趣区域，见图 6-18，然后打开 Region of Interest (ROI) Tool\Options\Subset Date with ROIS，设置成按照感兴趣区域进行裁剪，裁剪设置见图 6-19。

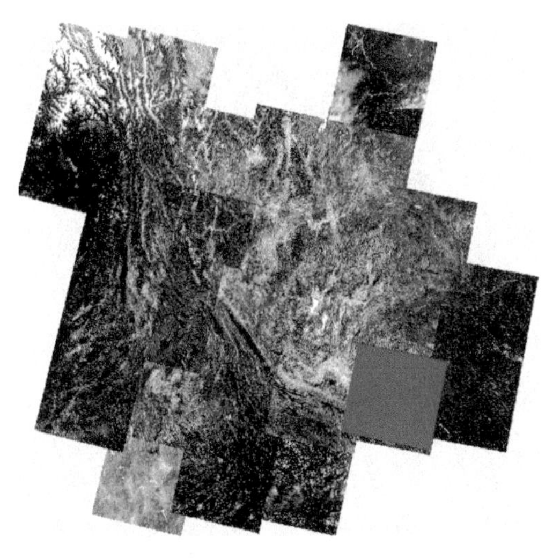

图 6-18　按照图框范围设置感兴趣区域图

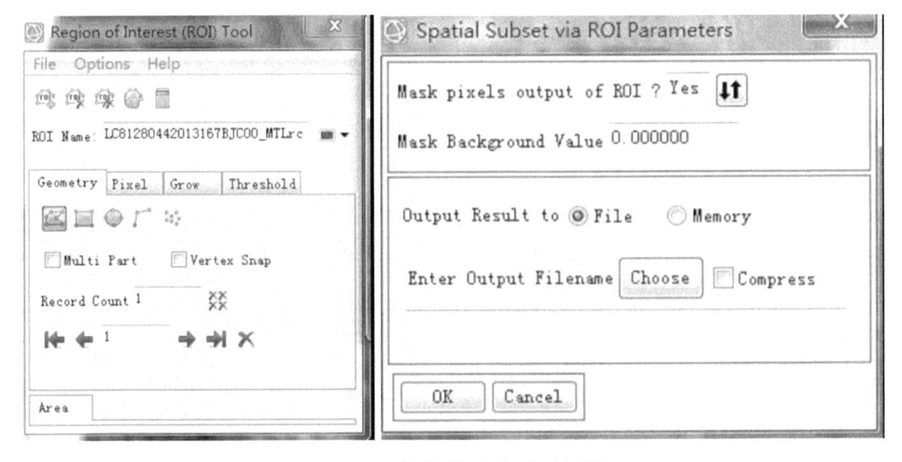

图 6-19　裁剪设置选项示例图

6.2.2　植被盖度计算

植被盖度是指植被（包括叶、茎、枝）在单位面积内的垂直投影面积所占百分比，反映植被的茂密程度和植物进行光合作用的面积的大小。

植被盖度的计算包括 4 方面：一是 NDVI 转换盖度的系数确定；二是以 MODIS NDVI 产品为辅助判断标准，最终确定每一植被类型的 NDVI 最大值和最小值；

三是将每一种地类的 NDVI 根据确定的最大值、最小值通过公式转换到植被盖度；四是对地面抽样调查获得的测量点数据或者监测点的观测数据和遥感获得的对应盖度数据进行对比验证。具体技术路线见图 6-20。

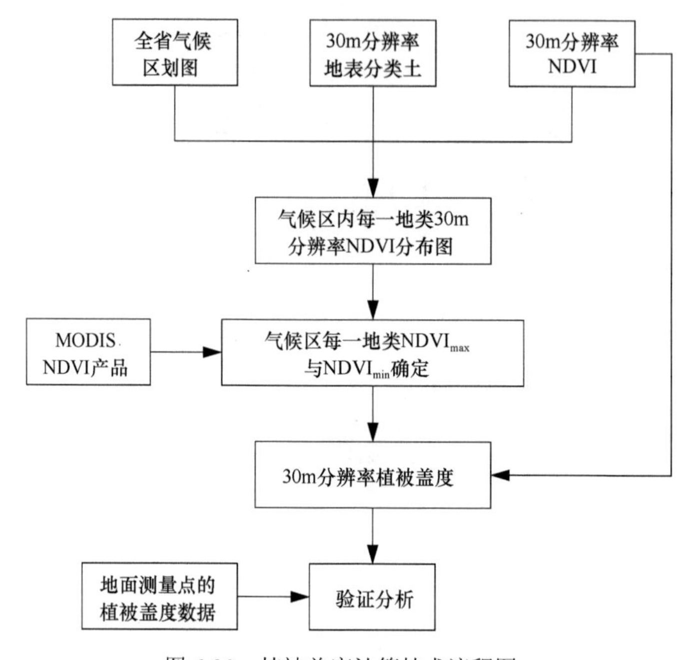

图 6-20　植被盖度计算技术流程图

6.2.2.1　NDVI 最大值和最小值的确定

以 MODIS NDVI 产品为辅助判断标准，同时判断每一种气候地理区划中每一地类一年内 MODIS NDVI 的最大值和最小值。在每一种气候地理区划中，找出不同植被类型直方图中一年内最大的 2%～5%，选取为该植被类型的 $NDVI_{max}$，将不同植被类型周边小范围空间区域内裸土地类的 NDVI 平均值作为该植被类型的 $NDVI_{min}$。

6.2.2.2　NDVI 到植被盖度转换系数的确定

按照植被盖度和 NDVI 之间的转化公式进行

$$FVC = \left(\frac{NDVI - NDVI_{min}}{NDVI_{max} - NDVI_{min}} \right)^k \tag{6-3}$$

式中，FVC 为植被盖度；NDVI 为像元 NDVI 值；$NDVI_{max}$、$NDVI_{min}$ 分别表示像元所在地类的代表纯植被、纯裸土的 NDVI 最大值和最小值；k 为经验系数，取值为 1。

计算得到 15 天合成的 30m 分辨率植被盖度。

6.2.2.3　植被盖度转换系数的确定和检验

通过空间定位得到与地面调查单元测量点对应的遥感 NDVI 图像像元，选用部分地面实测盖度和遥感像元 NDVI 数据拟合 $NDVI_{max}$、$NDVI_{min}$ 与 k 来进行验证。

6.2.2.4　植被盖度季节分布标准曲线

基于宣威市摩布小流域园地、林地的林下植被盖度季节分布监测结果，见图 6-21 和图 6-22，利用水利普查各县林地盖度成果资料，以监测曲线形状为线型，结合分县盖度调查时间，确定植被盖度曲线。

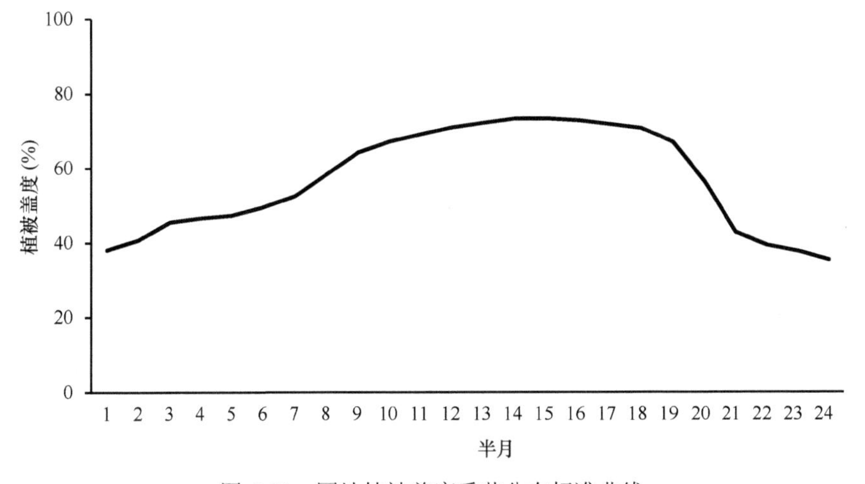

图 6-21　园地植被盖度季节分布标准曲线

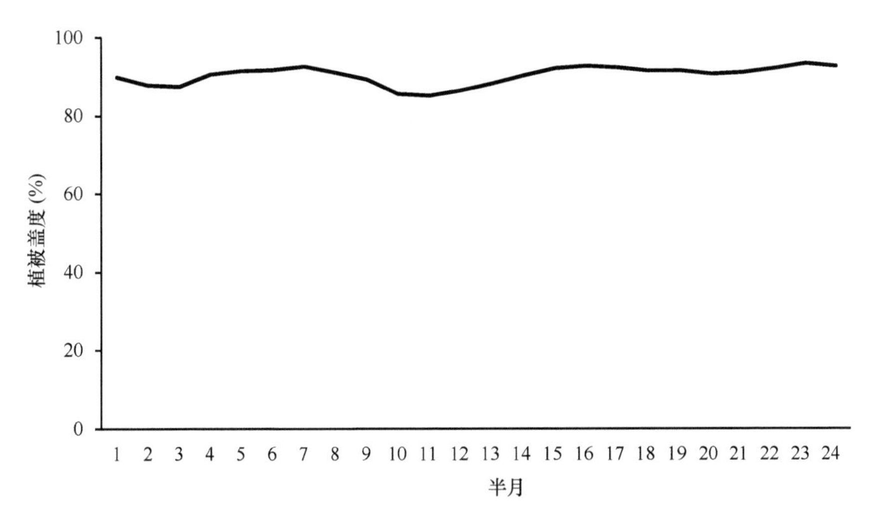

图 6-22　林地植被盖度季节分布标准曲线

6.2.3 生物措施因子计算

6.2.3.1 技术路线

根据植被盖度季节变化，结合土地利用和降雨侵蚀力的季节变化，按农、林、草三大植被类型分别估算生物措施因子 B 值。具体过程为：一是根据计算的各站点的降雨侵蚀力进行空间内插，生成像元大小和投影类型与植被盖度图都一致的栅格影像；二是根据小区降雨侵蚀资料，按农、林、草等三大类型分别建立依据植被盖度估算 B 因子的公式（6-4）；三是结合土地利用图，按农、林、草等三大类型，根据各时段的植被盖度图分别计算每个半月时段的土壤流失比率（SLR）（水域、交通运输和建筑用地忽略），得到每个半月时段的土壤流失比率图；四是根据各半月时段的土壤流失比率（SLR）和各半月时段降雨侵蚀力占全年的比率，利用公式（6-4）计算获得生物措施因子 B 值。具体技术路线见图 6-23。

$$B=\sum_{k=1}^{24}\mathrm{SLR}_k\times\overline{\mathrm{WR}_{\text{半月}k}} \qquad (6\text{-}4)$$

式中，SLR_k 为第 k 半月的土壤流失比率；$\overline{\mathrm{WR}_{\text{半月}k}}$ 为多年平均第 k 半月的降雨侵蚀力占全年侵蚀力的比率。

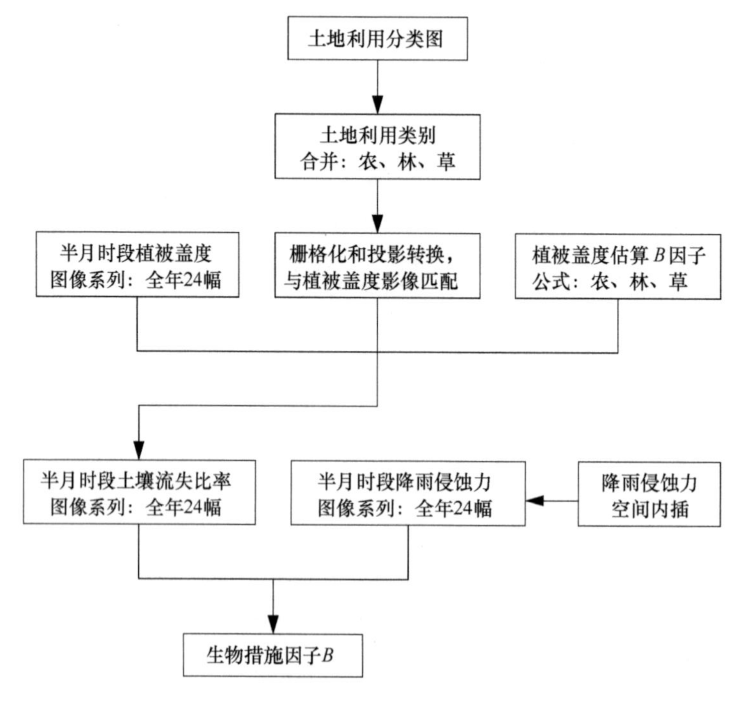

图 6-23 生物措施因子 B 提取的技术路线图

6.2.3.2　生物措施因子计算过程

（1）重采样

为了将要处理数据的分辨率统一，使其保持一致，需对指定目录内特定类型的栅格图像以最近邻法进行重采样。重采样后图像的坐标投影与重采样前的输入图像一致，低分辨率图像的分辨率与已知高分辨率图像的分辨率一致。

（2）生成比值图像

生成比值图像即高分辨率的 TM 图像与重采样后 MODIS 图像的比值图像，其原理为：设第 i 时段高分辨率植被盖度图像为 VH_i，第 i 时段低分辨率植被盖度图像的重采样结果图像为 VL_i，计算高分辨率图像与重采样后低分辨率图像的比值图像 RA_i，公式为

$$RA_i = \frac{VH_i}{VL_i + 0.01} \tag{6-5}$$

式中，i=1, 2, ⋯, 24；分母增加 0.01，是为了使分母在任何情况下都不为 0。

（3）图像插补

图像插补是为了利用 MODIS 影像数据和 TM 高分基准影像数据插补生成 24 个半月的植被盖度数据。其原理如下。

1）基准时段之间较高分辨率植被盖度图像的插补方法：设已有较高分辨率植被图像所在的半月时段为基准时段，在相邻的两个基准时段中，第一个基准时段序号为 p，第二个基准时段序号为 q（$q>p$），如果（$q-p$）>1，令 $d=q-p$，则这两个基准时段之间存在 d 个时段缺失较高分辨率植被图像，需要进行插补。假定相邻时段的比值图像比较近似，基于两个基准时段插补生成 $p+i$ 时段的较高分辨率植被图像 VH$p+i$，计算公式为

$$VH_{p+i} = \alpha(RA_p \times VL_{p+i}) + \beta(RA_q + VL_{p+i}) \tag{6-6}$$

$$\alpha = \frac{\frac{1}{i^2}}{\frac{1}{i^2} + \frac{1}{(q-p-i)^2}} \tag{6-7}$$

$$\beta = \frac{\frac{1}{(q-p-i)^2}}{\frac{1}{i^2} + \frac{1}{(q-p-i)^2}} \tag{6-8}$$

式中，α 和 β 为需插补时段分别到两个基准时段的时间距离平方的倒数的加权系数，有 $\alpha+\beta=1$；i=1, 2, ⋯, d。注意如果插补的较高分辨率植被图像 VH_{p+i} 中有像元盖度大于 100，则强制该像元盖度等于 100。

对于其他相邻两个基准时段之间的时段，插补生成较高分辨率植被图像的方法类似。

2）基准时段之前较高分辨率植被盖度图像的插补方法：设已有较高分辨率植被图像所在的半月时段为基准时段。第一个基准时段序号为 p（在 p 的前面、时段序号小于 p 时，无基准时段），则插补生成 i（$i<p$）时段的较高分辨率植被图像 VH_i，计算公式为

$$VH_i=RA_p \times VL_i \tag{6-9}$$

式中，$i=1, 2, \cdots, p-2, p-1$。注意如果插补的较高分辨率植被图像 VH_i 中有像元盖度大于 100，则强制该像元盖度等于 100。

3）基准时段之后较高分辨率植被盖度图像的插补方法：设已有较高分辨率植被图像所在的半月时段为基准时段。最后一个基准时段序号为 q（在 q 的后面、时段序号大于 q 时，无基准时段），则插补生成 i（$q<I\leqslant 24$）时段的较高分辨率植被图像 VH_i，计算公式为

$$VH_i=RA_q \times VL_i \tag{6-10}$$

式中，$i=q+1, q+2, \cdots, 23, 24$。注意如果插补的较高分辨率植被图像 VH_i 中有像元盖度大于 100，则强制该像元盖度等于 100。

（4）01 修正

01 修正是对图像插补的 24 个半月的植被盖度数据进行去极值处理，即对小于 0 和大于 1 的极值进行修正，使其介于 0～1。如果图像的一些像元取值小于 0，使它等于 0；如果图像的一些像元取值大于 1，使它等于 1；图像取值在 0～1，则不变。最终结果使得影像的所有数值处在 0～1。

（5）半月 Bi 因子计算

半月 Bi 因子计算是通过 24 个半月植被盖度数据和对应的各县的季节变化曲线分别计算各县的半月 *B* 因子。

其原理为：根据土地利用类型进行 *B* 因子赋值，耕地、居民点及工矿用地、交通用地、水域等直接赋值，得到半月或年 *B* 因子；园地、林地、草地、未利用地等首先根据公式计算得到 24 个半月 Bi 因子图像，然后利用 24 个半月降雨侵蚀力比例图像进行加权计算，得到年 *B* 因子图像。

不同土地利用类型的 *B* 因子赋值方法和赋值见表 6-5。

表 6-5　土地利用分类及 *B* 因子赋值说明表

土地利用一级类型	土地利用二级类型	土地利用代	*B* 因子值	说明
耕地	水田	11	1	水保效益通过水土保持耕作措施因子 *T** 反映
	水浇地	12	1	水保效益通过水土保持耕作措施因子 *T* 反映
	旱地	13	1	水保效益通过水土保持耕作措施因子 *T* 反映

续表

土地利用一级类型	土地利用二级类型	土地利用代	B 因子值	说明
耕地	其他耕地	19	1	在土地利用图上属于裸地，从遥感影像上看多为弃耕地，有耕种痕迹的地类，总面积约 1814km^2，零星分散在全省范围内，提取方法为叠加土地利用图，石漠化分布范围图及滇西北冻融裸地范围图提取（利用的土地为裸地地类中除滇东、滇东北的石漠化地区及滇西北高海拔地区季节性冻融侵蚀作用下形成的裸土地类外的地块）。按照农地处理，水保效益通过 *T* 反映
园地	园地	20		林地半月 *B* 因子计算
	果园	21		林地半月 *B* 因子计算
	茶园	22		灌木林地半月 *B* 因子计算
	其他园地	23		灌木林地半月 *B* 因子计算
林地	林地	30		林地半月 *B* 因子计算
	有林地	31		林地半月 *B* 因子计算
	灌木林地	32		灌木林地半月 *B* 因子计算
	其他林地	33		灌木林地半月 *B* 因子计算
草地	草地	40		利用草地半月 *B* 因子计算
	天然牧草地	41		利用草地半月 *B* 因子计算
	人工牧草地	42		利用草地半月 *B* 因子计算
	其他草地	43		利用草地半月 *B* 因子计算
居民点及工矿用地	城镇居民点	51	0.01	相当于 80%的植被覆盖
	农村居民点	52	0.015	相当于 60%的植被覆盖
	独立工矿用地	53	1	相当于无植被覆盖
	商服及公共用地	54	0.01	相当于 80%的植被覆盖
	特殊用地	55	0.1	
交通运输用地		60	0.01	相当于 80%的植被覆盖
水域及水利设施用地		70	0	强制为 0，使得侵蚀量等于 0
其他用地	盐碱地	81	0	
	沙地	82	0	
	沼泽地	83	0	
	高寒裸岩	84	0.1	主要为滇西北高海拔地区在季节性冻融侵蚀作用下形成的裸地，多为砾石含量较高的裸地，总面积约 2613km^2。参考北京师范大学符素华教授的砾石盖度公式，统一赋值为 0.1（约为砾石盖度 90%）
	冰川与永久积雪	86	0	

* 水土保持耕作措施因子 *T*，详见第七章

1）林地半月 Bi 因子计算公式为

$$\mathrm{Bi}=0.44468\times e^{(-3.20096\times \mathrm{GD})}-0.04099\times e^{(\mathrm{YBD}-\mathrm{GD}\times \mathrm{YBD})}+0.025 \tag{6-11}$$

式中，GD 为盖度，YBD 为郁闭度，取值区间都是 0～1；e 为自然对数，当计算的 B 小于 0.001 时，令 B=0.001；计算的 B 大于 1 时，令 B 等于 1。针对遥感反演植被盖度时，盖度 GD 为某个需要输入的数值，通过输入的季节变化曲线文本文件得到，郁闭度 YBD 为植被栅格图像。

2）草地半月 Bi 因子计算公式为

$$\mathrm{Bi}=\frac{1}{\frac{1}{0.8}+0.78845\times 1.05968^{\mathrm{GD}\times 100}}=\frac{1}{1.25+0.78845\times 1.05968^{\mathrm{GD}\times 100}} \tag{6-12}$$

式中，逻辑斯蒂曲线，GD 为盖度，取值区间 0～1。

3）灌木林地半月 Bi 因子计算公式为

$$\mathrm{Bi}=\frac{1}{\frac{1}{0.85}+0.86242\times 1.05905^{\mathrm{GD}\times 100}}=\frac{1}{1.17647+0.86242\times 1.05905^{\mathrm{GD}\times 100}} \tag{6-13}$$

式中，逻辑斯蒂曲线，GD 为盖度，取值区间 0～1。

（6）半月 B 因子计算

对于园地、林地、草地或未利用地，采取林地、灌木林地或草地的半月 B 因子计算公式，得到半月 Bi 因子后，利用 24 个半月降雨侵蚀力比例进行加权计算，得到年 B 因子，计算公式为

$$B=\sum_{i=1}^{24} B_i\times R_i \tag{6-14}$$

式中，B_i 为第 i 个半月的生物措施因子值；R_i 为第 i 个半月的降雨侵蚀力占全年侵蚀力的比率，取值区间 0～1。

指定半月 Bi 图像目录（省级或县级目录，县级目录中含 24 个植被盖度图像，直接以半月时段序号命名，如 1.tif, 2.tif, …, 23.tif, 24.tif）和降雨侵蚀力目录（省级或县级目录，县级目录中含有一个土地利用图像，以前缀加半月时段序号命名，如 RBL01.tif, RBL02.tif, …, RBL23.tif, RBL24.tif）计算得到多个年 B 因子栅格图像，结果存储在指定输出的图像目录内，命名为“B”，坐标投影也与输入的半月 Bi 图像一致。

6.2.4 数据质量控制

6.2.4.1 TM 影像资料的质量控制

1）TM 影像应包括原始影像、单景正射多光谱影像（含红、近红外、绿、蓝

等 4 个波段)、单景正射多光谱反射率影像(含红、近红外 2 个波段)和归一化植被指数(NDVI)影像共四类。

2)TM 影像产品至少包含冬、夏两个时相,影像现势性为 2013～2015 年。

3)与行政边界图叠加,检查接边状况,复核 TM 影像的覆盖完整性。

4)检查 TM 影像的云量,云量覆盖小于 5%,确认是否需要进行去云处理。

5)与土地利用图叠加,检查 TM 影像的反射率适宜性。

6)TM 影像归一化植被指数按县组织存储,以县代码建立目录,在该目录下,数据格式为 GeoTIFF(边界向外扩展 600m),分辨率为 10m×10m,以半月时段序号命名文件(每月以第 15 日为界划分为两个半月,全年可划分为 24 个半月,按先后顺序进行编码命名,分别为 1, 2, …, 23, 24),如某县有 3 个时相,成像日期分别为 20140403、20140801 和 20131025,则分别命名为 7.tif、15.tif 和 20.tif。

6.2.4.2　MODIS 影像资料的质量控制

1)MODIS 影像数据按县组织存储,以县代码建立目录,在该目录下,数据格式为 GeoTIFF 或 IMG(边界向外扩展 600m),分辨率为 250m×250m,以半月时段序号命名文件,如 1.tif, 2.tif, …, 23.tif, 24.tif。

2)与行政边界图叠加,检查 MODIS 影像的覆盖完整性。

3)对 MODIS 影像进行汇总统计,检查 MODIS 影像植被覆盖季节变化的合理性。

4)检查 MODIS 影像的云量,确认是否进行了去云处理。

5)与土地利用图叠加,检查 MODIS 影像植被指数的合理性。

6.2.4.3　融合反演植被盖度季节分布的质量控制

1)按县组织存储,以县代码建立目录,在该目录下,数据格式为 GeoTIFF 或 IMG(边界向外扩展 600m),分辨率为 10m×10m,以半月时段序号命名文件,如 1.tif, 2.tif, …, 23.tif, 24.tif。

2)在不同地区选择果园、茶园、其他园地、有林地、灌木林地、其他林地、人工草地、天然草地等代表性地块 2 或 3 个,人工和目估方式观测郁闭度或盖度,与计算结果对比,要求精度>75%。

3)在不同地区选择上述土地利用类型的 24 个半月盖度曲线,分析其合理性。

4)将全省土地利用图与植被盖度图叠加,检查各种土地利用类型的盖度变化范围,对于不合理的予以修正:如有林地、其他林地的郁闭度分别小于和大于等于 20%,灌木林地盖度大于 40%等。

5)检查全省植被盖度矢量图或栅格图、植被覆盖与生物措施因子矢量图、24 个半月植被覆盖栅格图的坐标与投影。

6.3 生物措施因子计算结果

6.3.1 全省统计情况

计算形成了分辨率为 10m×10m 的全省生物措施因子 *B* 值栅格图，在 ArcGIS 下统计得出，云南省生物措施因子值在 0～1，平均为 0.25。生物措施因子值与土地利用状况密切相关（表 6-6），且呈现出两极分化的特征，因子值小于 0.02 的面积占到全省的 46.33%，主要是林地、草地和灌木林地等；有大约 20%面积的地区生物措施因子值为 1，主要是耕地、城镇、农村居民点及工矿用地等。生物措施因子分级及占土地面积百分比见表 6-7 和图 6-24。

表 6-6　各种地类生物措施因子值表

二级地类	最小值	最大值	平均值
水田	1.00	1.00	1.000
水浇地	1.00	1.00	1.000
旱地	1.00	1.00	1.000
其他耕地	1.00	1.00	1.000
果园	0.00	0.05	0.028
茶园	0.00	0.14	0.034
其他园地	0.00	0.14	0.023
有林地	0.00	0.25	0.017
灌木林地	0.00	0.39	0.043
其他林地	0.00	0.39	0.082
天然牧草地	0.00	0.30	0.067
人工牧草地	0.00	0.30	0.058
其他草地	0.00	0.30	0.091
城镇居民点	0.01	0.01	0.010
农村居民点	0.015	0.015	0.015
独立工矿用地	1.00	1.00	1.000
商服及公共用地	0.01	0.01	0.010
交通运输用地	0.01	0.01	0.010
水域及水利设施用地	0.00	0.00	0.000
盐碱地	0.00	0.00	0.000
沙地	0.00	0.00	0.000
沼泽地	0.00	0.00	0.000
高寒裸岩	0.10	0.10	0.100
冰川与永久积雪	0.00	0.00	0.000

表 6-7　生物措施因子分级及占土地面积比例表

序号	生物措施因子 B 值分级	面积（km^2）	占土地面积百分比（%）
1	0～0.01	75 566.57	19.72
2	0.01～0.02	101 972.14	26.61
3	0.02～0.03	42 943.01	11.21
4	0.03～0.04	21 765.40	5.68
5	0.04～0.05	14 253.17	3.72
6	0.05～0.06	4 836.76	1.26
7	0.06～0.07	3 968.39	1.04
8	0.07～0.08	3 329.73	0.87
9	0.08～0.09	2 910.14	0.76
10	0.09～0.1	2 054.20	0.54
11	0.1～0.11	4 442.19	1.16
12	0.11～0.12	1 454.91	0.38
13	0.12～0.13	1 268.21	0.33
14	0.13～0.14	5 259.36	1.37
15	0.14～0.2	6 807.26	1.78
16	0.2～0.35	5 643.80	1.47
17	0.35～1	84 734.78	22.11

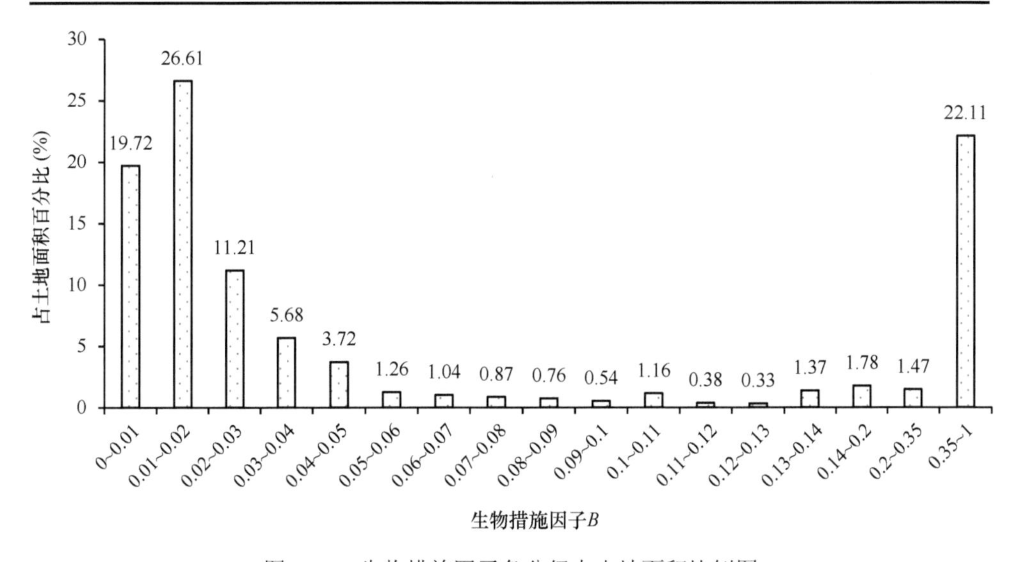

图 6-24　生物措施因子各分级占土地面积比例图

6.3.2　州（市）统计情况

从空间分布上看，生物措施因子值大体呈现东高西低的趋势，低值主要分布在迪庆州、怒江州、西双版纳州、丽江市等滇西北和滇南地区，这些区域林地面积广，植被盖度高，人类活动影响较小，因此生物措施因子值较低，多在 0.03 以下，高值主要分布在昭通市、曲靖市、文山州及红河州等地，这些区域人口众多，耕地面积广，加之森林植被稍差，因此生物措施因子值多在0.4以上。经统计，以州（市）来看，生物措施因子平均值最小的是迪庆州，为0.0710，其次为怒江州（0.1047），最大的是昭通市，为0.3982，其次为曲靖市（0.3867）。以县级行政区来看，全省生物措施因子平均值最小的是怒江州贡山县，为0.0220，其次为迪庆州香格里拉市（0.0570），最大的是昭通市镇雄县，为0.5489，其次是同属昭通市的鲁甸县，为0.5000。

各州（市）生物措施因子值统计情况见表6-8和图6-25。

表6-8　云南省各州（市）生物措施因子值统计表

州（市）	最小值	最大值	平均值
昆明市	0	1	0.3159
曲靖市	0	1	0.3867
玉溪市	0	1	0.2575
保山市	0	1	0.2549
昭通市	0	1	0.3982
丽江市	0	1	0.1651
普洱市	0	1	0.1867
临沧市	0	1	0.3041
楚雄州	0	1	0.2225
红河州	0	1	0.3001
文山州	0	1	0.3226
西双版纳州	0	1	0.1061
大理州	0	1	0.2151
德宏州	0	1	0.2194
怒江州	0	1	0.1047
迪庆州	0	1	0.0710

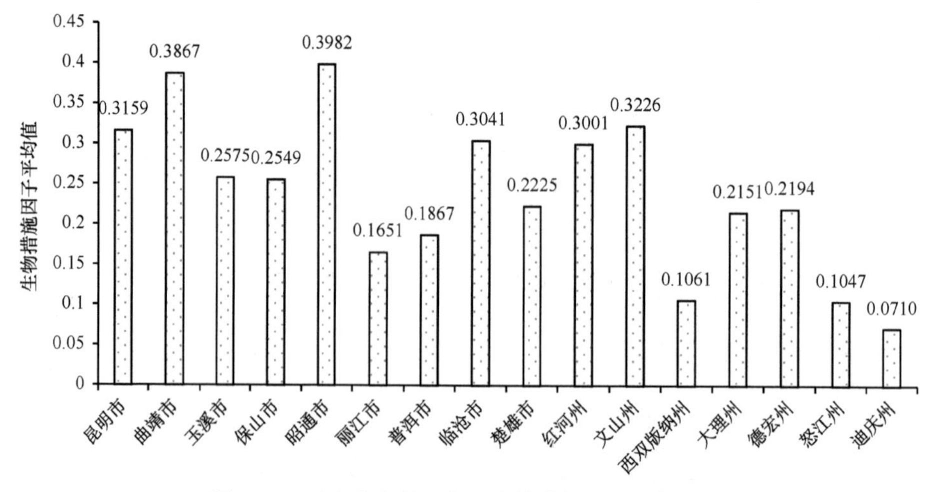

图6-25　云南省各州（市）生物措施因子平均值图

第7章　水土保持工程措施因子和耕作措施因子调查与计算

水土保持工程措施是指通过改变小地形（如坡改梯等平整土地的措施），拦蓄地表径流，增加土壤降雨入渗，充分利用光、温、水土资源，建立良性生态环境，减少或防止土壤侵蚀，改善农业生产条件，合理开发、利用水土资源而采取的措施。云南省常见的水土保持工程措施有水平梯田、坡式梯田、水平阶和隔坡梯田。工程措施因子（E）是指采取某种工程措施的农地土壤流失量与同等条件下无工程措施的农地土壤流失量之比，是个无量纲数，在0～1取值，反映了水土保持工程措施的作用。

耕作措施是指以保水保土保肥为主要目的，以提高农业生产为宗旨，以犁、锄、耙等为耕（整）地农具所采取的措施。耕作措施因子（T）是指采取某种耕作措施的农地土壤流失量与同等条件下无耕作措施的农地土壤流失量之比，也是个无量纲数，在0～1取值，反映了水土保持耕作措施的作用。

工程措施因子基于1∶1万土地利用图，利用0.5m分辨率World View遥感影像解译水平梯田、坡式梯田、隔坡梯田、水平阶等工程措施的空间分布数据，再查表计算得到全省工程措施因子值。耕作措施因子基于1∶1万土地利用图和轮作制度空间分布图，结合野外调查验证，确定分县轮作制度，查表获取全省耕作措施因子值。工程措施与耕作措施因子调查计算的技术路线见图7-1。

7.1　数据收集与预处理

7.1.1　土地利用数据

土地利用数据为国土二调成果，数据要求如下。

1）矢量数据（.shp）及其说明文件。

2）25万分幅存储，为保证无缝拼接，每个分幅向外扩张600m。

3）比例尺为1∶1万，坐标CGCS2000，ALBERS投影。

4）土地利用分类采用《土地利用现状分类》（GB/T 21010—2007）二级分类体系。

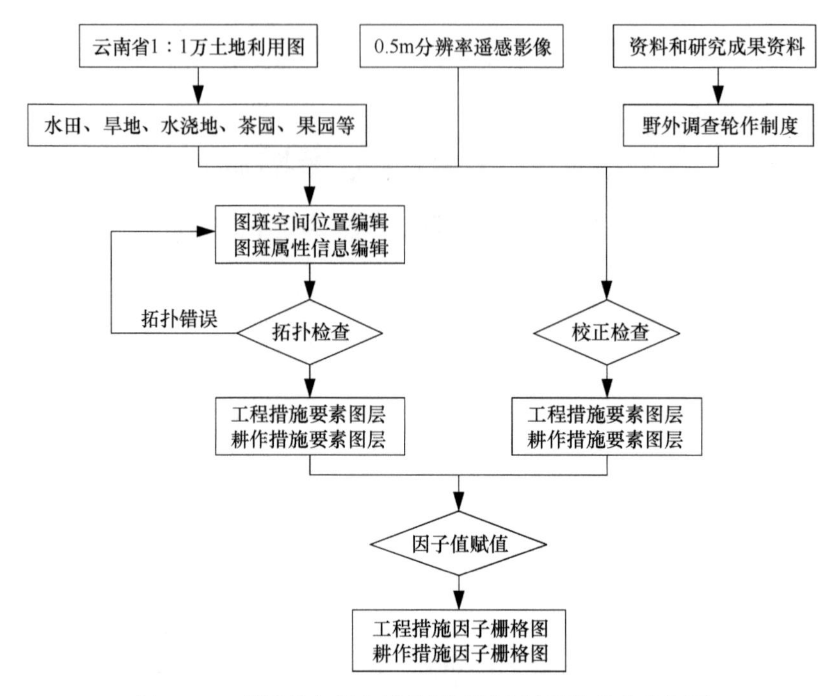

图 7-1 工程措施与耕作措施因子调查计算的技术路线图

7.1.2 遥感影像数据

1）空间分辨率 0.5m。

2）现势性为 2011～2014 年。

3）经过了地面几何精校正和大气校正的原始影像。

4）25 万分幅存储，为保证无缝拼接，每个分幅向外扩张 600m。

5）存储格式 GeoTIFF，坐标 CGCS2000，ALBERS 投影。

7.1.3 普查资料

从水利普查成果中收集不同工程措施和耕作措施的因子赋值表及云南省 2811 个调查单元的耕作措施成果。普查时为获取工程措施和耕作措施的因子赋值数据，共收集到已发表论文 186 篇，包括期刊论文、会议论文与学位论文；纸质监测数据汇编和专著等 11 册，包括著作、流域径流泥沙测验资料汇编、省市水土保持试验观测成果汇编、已有的野外径流小区实测资料等。

7.1.4 其他资料

收集到中国轮作制度区划的相关资料，用其中涉及云南部分的内容来确定全省的轮作制度分区。

7.2　土地利用数据的解译修正

7.2.1　技术路线

土地利用数据是林草地坡度因子值修订、水土保持生物措施、工程措施及耕作措施因子值计算的基础资料，在土壤侵蚀模数计算和土壤侵蚀强度评价中具有不可替代的作用。土地利用数据的解译修正是利用国土二调成果，基于现势性为2011～2014 年的 0.5m 分辨率遥感影像数据，使用 ArcMap 10.2 软件采用人工解译修正、内外业一体化调绘、空间数据整合等技术手段，结合野外调查验证查清土地利用现状和空间分布情况，形成相应的解译修正成果。解译流程见图 7-2。

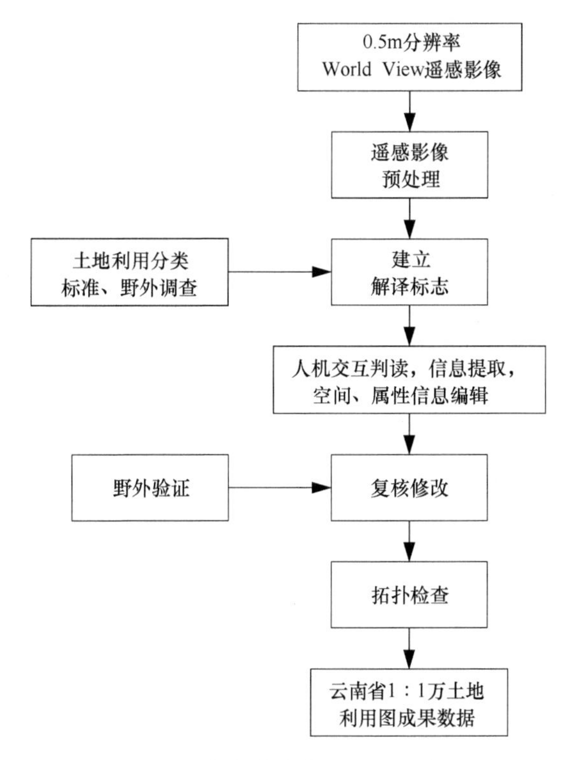

图 7-2　土地利用数据解译流程图

7.2.2　解译依据及标准

7.2.2.1　土地利用分类体系

土地利用分类体系依据《土地利用现状分类》(GB/T 21010—2007)，结合水土保持专业要求，调整分级为一级 8 类、二级 24 类。具体分类名称及含义见表 7-1。

表 7-1 土地利用类型分类表

一级分类名称	二级分类名称	代码	含义
耕地	水田	11	常年种植水稻、茭白、菱角、莲藕（荷花）、荸荠（马蹄）等水生农作物的耕地；因气候干旱或缺水暂时改种旱地农作物的耕地；实行水稻等水生农作物和旱地农作物轮种（如水稻和小麦、油菜、蚕豆等轮种）的耕地
	水浇地	12	一般年景能够保证灌溉的耕地；种植蔬菜的耕地；非工厂化的简易温室、塑料大棚，用于培育蔬菜秧苗和栽培蔬菜、生长草皮花卉等的耕地
	旱地	13	除水田、水浇地以外的耕地
园地	果园	21	种植果树的园地，包括生产食用果实的木本植物和少部分草本植物园地
	茶园	22	用于种植茶树的园地
	其他园地	23	集约经营桑树、橡胶树的园地；种植可可、咖啡、油棕、八角、胡椒、药材等园艺作物的园地；除林业苗圃以外，专门用于各种果树苗木培育的苗圃
林地	有林地	31	郁闭度大于等于 0.2 的林地。对于林木、灌木、草本植物生长在一起无法区分，且以林地为主的土地
	灌木林地	32	灌木覆盖度大于等于 40%的林地。对于林木、灌木、草本植物生长在一起无法区分，且以灌木林地为主的土地
	其他林地	33	郁闭度大于等于 0.1、小于 0.2 的林地；砍伐迹地、火烧迹地；专门用于苗圃的土地
草地	天然牧草地	41	天然生长用于放牧（包括轮牧）的草地；天然草地中，直接为其服务设施，如存储饲草饲料、牲畜圈舍、人畜饮水、药浴池、剪毛点、防火等的土地；天然草地与树木、灌木生长在一起无法区分，以放牧为主的草地
	人工牧草地	42	用于畜牧业而采用农业技术措施人工栽培而成的草地（实地一般有铁丝网等围栏拦挡）；在人工牧草地范围内，用于修建生产、存储、圈养、剪毛、药浴、饮水、灌溉等设施的土地；主要采用补播或者施肥等措施，对天然草地进行改良的土地；直接用于牧草的科研、实验、示范的草地（不包括其教学、实验用等的建筑物用地）
	其他草地	43	天然牧草地、人工牧草地以外的草地
居民点及工矿用地	城镇居民点	51	城市及乡镇居民点，以及与城市连片的和区政府、县级市政府所在地镇级辖区内的商服、住宅、工业、仓储、机关、学校等单位用地
	农村居民点	52	农民用于建设居民点集聚居住的土地；与农村居民点不相连，且所属农村居民点非农业生产的土地，如居住、工业、商服、仓储、学校用地等
	独立工矿用地	53	为独立于城镇村居民点用地之外的采矿用地，以及对气候、环境、建设有特殊要求和其他不宜在居民点内配置的各类建筑用地
	商服及公共用地	54	商业、服务业、机关团体、军事、涉外、宗教、墓地、风景名胜区等公共或特殊用途的土地
交通运输用地		60	用于运输通行的地面线路、场站等的土地。包括民用机场、港口、码头、地面运输管道和各种道路用地。下列土地确认为交通运输用地：地面上用于旅客和货物转运输送线路的土地、地面上用于旅客和货物转运输送的战场、设施、航空港、码头、港口及管道运输等的土地
水域及水利设施用地		70	陆地水域、海涂，以及沟渠、水工建筑物等用地。不包括滞洪区和已垦滩涂中的耕地、园地、林地、居民点、道路等用地。下列土地确认为水域及水利设施用地：长年被水（液态或固态）覆盖的土地，如河流、湖泊、水库、坑塘、沟渠、冰川等；季节性干涸的土地，如时令河等；沿海（含岛屿）潮水常年涨落的区域；常水位线以上、洪水位线以下的河滩、湖滩等内陆滩涂；为了满足发电、灌溉、防洪、挡潮、航行等而修建各种水利工程设施的土地

续表

一级分类名称	二级分类名称	代码	含义
其他用地	盐碱地	81	地表盐碱聚集（一般地表呈白色），基本没有植被或植被很少或只生长耐盐植物的土地
	沙地	82	地表层被沙（细碎的石粒）覆盖、基本无植被的土地，如沙漠、沙丘等，确认为沙地
	沼泽地	83	土壤经常被水饱和、地表积水或渍水，一般生长沼生、湿生植物的土地，确认为沼泽地
	裸地	84	常年地表层为土质，基本无植被覆盖的土地
	冰川与永久积雪	86	被冰体覆盖和雪线以上被冰雪覆盖的土地，确认为冰川及永久积雪。一般按最新地形图上标绘的冰川与永久积雪确定其范围
	高寒裸岩	89	滇西北高海拔地区在季节性冻融侵蚀作用下形成的裸地，多为砾石含量较高的裸地

7.2.2.2　坐标系、高程基准及投影

平面坐标系采用 2000 国家大地坐标系，坐标单位为 m。高程系采用 1985 国家高程基准。投影采用 ALBERS 投影，中央经度为东经 102°，双标准纬线为 23.5°和 27.5°，东伪偏移 500km。

7.2.2.3　数据格式与计量单位

数据格式为 ArcGIS File Geodatabase 数据库。

采用法定计量单位。其中，图斑面积单位采用平方米（m^2），保留 2 位小数；长度单位用米（m），保留 2 位小数；汇总面积单位采用平方千米（km^2），保留 2 位小数。

7.2.2.4　耕地坡度分级

耕地坡度分为≤2°、2°～6°、6°～15°、15°～25°、>25°五个坡度级（上含下不含）。其中≤2°的视为水田或水浇地，其他坡度级均为旱地。

7.2.2.5　最小上图标准

各地类最小上图标准见表 7-2。

表 7-2　各地类最小上图标准

比例尺	城镇村及工矿用地		耕地、园地、坑塘		林地、牧草地、未利用地	
	图上面积	实地面积	图上面积	实地面积	图上面积	实地面积
1∶1 万	$4mm^2$	0.60 亩	$6mm^2$	0.90 亩	$15mm^2$	2.30 亩

注：1 亩≈$666.67m^2$

7.2.2.6 容许误差规定

在建立土地利用图斑时，与遥感影像面积误差小于 20m×20m，图斑边线位置与遥感影像偏差不超过 20m。若不能准确估计，可采用测量 Measure 工具量算，见图 7-3。

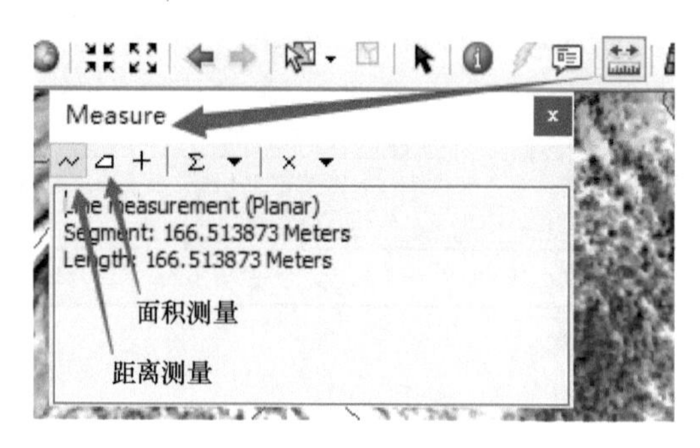

图 7-3 测量工具示例图

7.2.2.7 解译工具

1）专业软件：ArcMap 10.2。

2）操作系统：Windows7 64 位。

3）主要硬件要求：CPU 为 Intel Core i5 或以上；内存为 8G 或以上；显存 2G 或以上。

7.2.2.8 软件操作基本术语

对软件操作中出现的常见 ArcGIS 术语进行简要说明，具体如下。

1）地图文档（.mxd）：ArcGIS 的地图文档是 ArcGIS 组织和共享数据的重要方式，也是地图服务发布的一种源数据，每个地图文档都包含了 GIS 地图的所有属性，如地图图层、数据源信息、地理数据的符号化、标注和可视化方式，以及地图比例、工具规范、地理数据的属性信息等。

2）图层（.lyr）：地图文档中的关键信息之一就是地图图层，在 ArcGIS 中可以将地图文档中的图层信息以独立的图层文件或图层包的形式共享和封装图层信息。

3）Shapefile：ArcGIS 用于存储地理要素的非拓扑简单格式。该格式是存储在同一项目工作空间且使用特定文件扩展名的三个或更多文件中地理引用要素的几何属性，这些文件包括.shp、.shx、.dbf、.sbn、.prj 和.xml 等。

4）要素类：具有相同空间可视化方法（如点、线、多边形）和一组属性列的常用要素的同类集合。存储于地理数据库中最常见的 4 种要素类分别是点、线、多边形和注记。

5）要素数据集：是共用一个通用坐标系的相关要素类的集合，用于按空间或专题整合相关要素类。

6）拓扑：对要素共享几何方式进行建模，是点、线、多边形要素共享几何方式的排列布置。

7）节点（Vertex）：组成线的最小坐标点对，也可理解为拐点。

8）端点（End）：线与线的联结点。

7.2.3　解译方法与流程

7.2.3.1　基本操作工具

ArcMap 软件界面及主要板块布局见图 7-4。

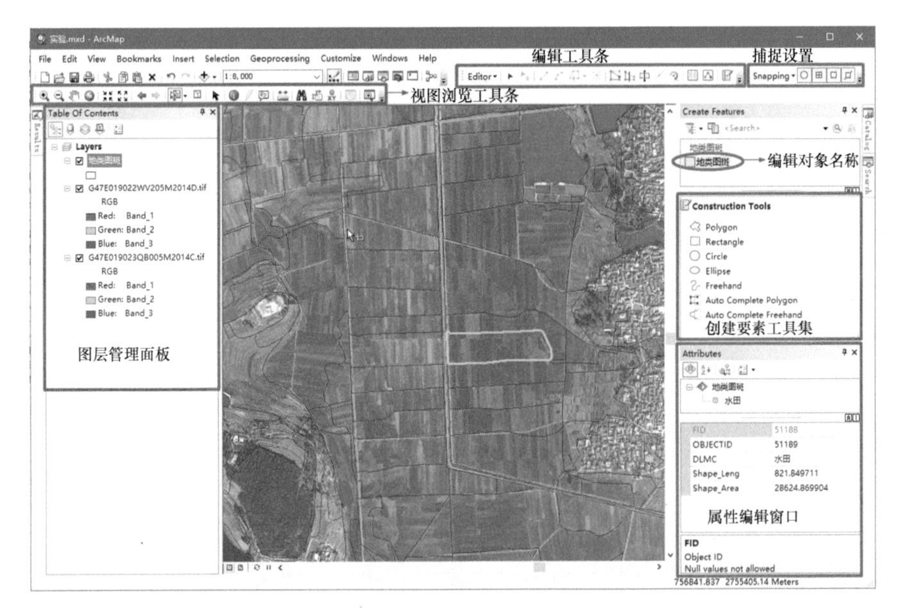

图 7-4　ArcMap 软件主体界面布局图

（1）地图文档（.mxd）新建、打开、保存及图层加载工具

详见见图 7-5。

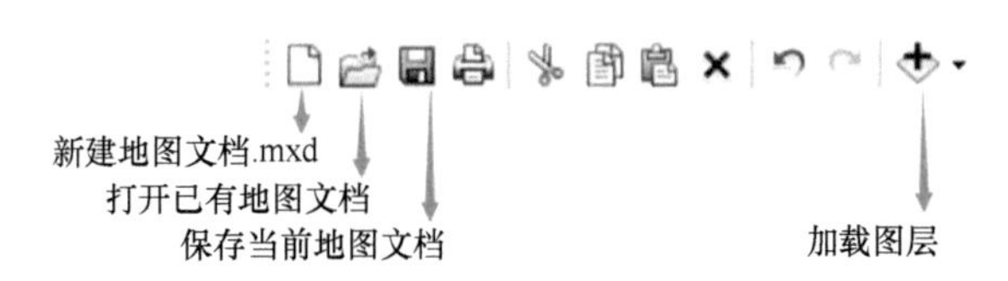

图 7-5　ArcMap 文档标准工具条

（2）图层浏览工具条

包含放大、缩小、漫游、显示全图、要素单选、要素框选等工具，见图 7-6。

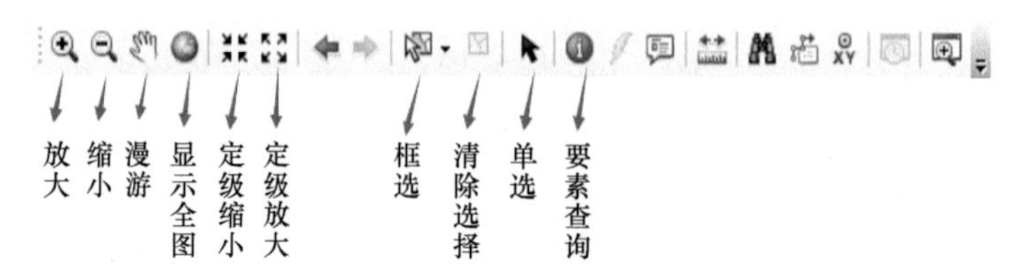

图 7-6　视图浏览工具条

（3）编辑工具条

在工具栏空白处单击右键，弹出下拉菜单，单击 Editor，即可打开该工具条。同理，ArcMap 中其他工具条也可依此方法打开，见图 7-7。

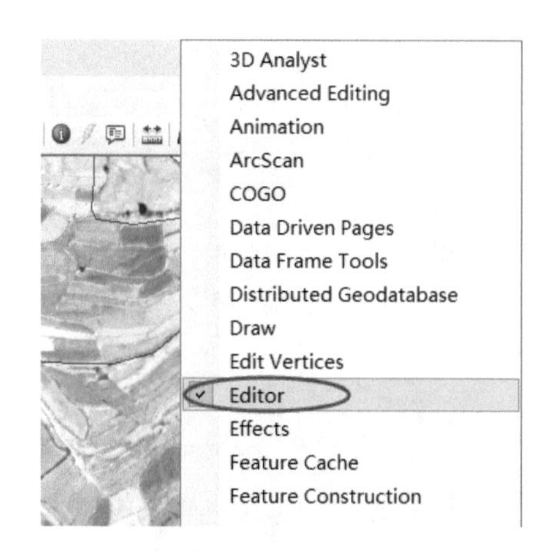

图 7-7　打开 Editor 工具条

（4）图斑空间要素编辑

该操作涉及的工具主要分为两类：创建和修改，见图 7-8。

1）加载编辑工具条后，点击 Editor 菜单，开始编辑（Start Editing），即自动弹出 Create Features 面板；然后选择要编辑的图层名称，软件会根据该图层的要素类型（点、线、面）弹出相应的“创建要素”（Construction Tools）工具，并且工具条上相关的要素修改工具也被激活（灰色变为黑色）。

2）创建要素工具，针对面状要素，重点涉及两个操作：Polygon（创建多边形）和 Auto Complete Polygon（自动完成多边形）。①Polygon（创建多边形）：选择此工具后，即可勾画任意多边形，双击后完成。②Auto Complete Polygon（自动完成多边形）：用于创建一个和已有多边形共享边界的新多边形，但要先选中已有的多边形，如图 7-9 所示。

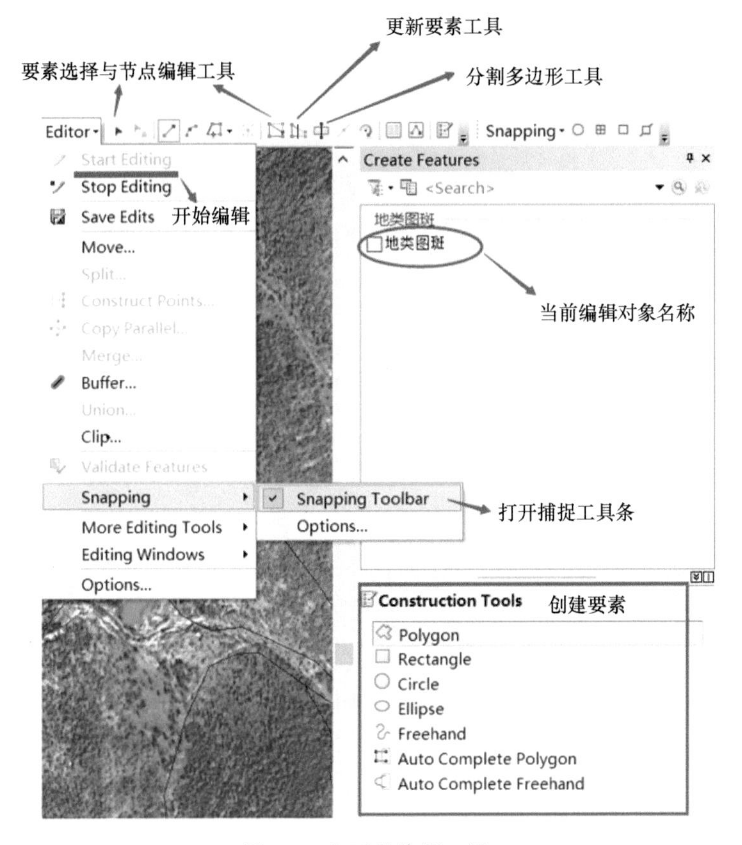

图 7-8　主要的编辑工具

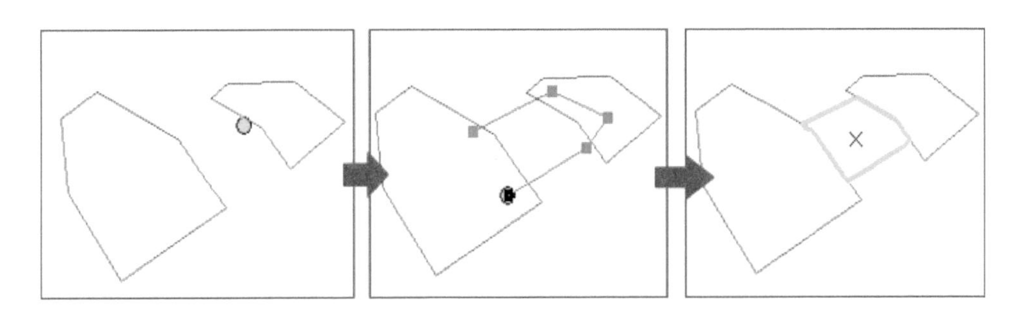

图 7-9　Auto Complete Polygon 工具操作示意图

3）要素的修改操作工具：需要注意的是，该类型的操作必须选定操作对象才可使用。最常使用的几个工具如下。

要素选择工具 ▶：使用该工具可以单击选择要素（按下 shift 可多选），选中要素后可以移动要素；双击要素，进入节点编辑状态，弹出 Edit Vertices 工具条，可以进行节点删除、增加等操作，如图 7-10 所示。

图 7-10　节点编辑工具

节点编辑工具：功能与上述选择工具对要素双击后的情况一致。

更新要素工具（Reshape Feature Tools）：先选中要编辑的要素，然后使用工具用多边形要素画出新的边界。如果该工具画线的两端点在现有多边形内，则外扩，见图 7-11 左；反之则内缩，见图 7-11 右。注意画的线必须要与现有图斑能形成至少一个闭合区间。

图 7-11　更新要素工具使用方法示意图

切割多边形工具：可以将现有的多边形要素分割为两个要素，并继承原要素的属性值。注意，需要先选中被切割的多边形，然后使用该工具画线穿过，双击完成，如图 7-12 所示。

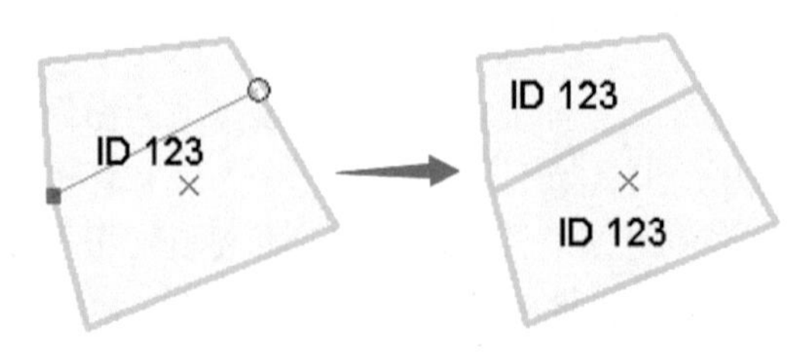

图 7-12　切割多边形工具使用方法示意图

合并要素工具 Merge：可将同一个图层中的要素合并为一个。选中两个以上的要素后，点击 Editor 下拉菜单，选择 Merge，即弹出对话框询问合并后属性值继承哪个要素；单击对话框中的各要素，会在地图视图中闪烁显示，如图 7-13 所示。

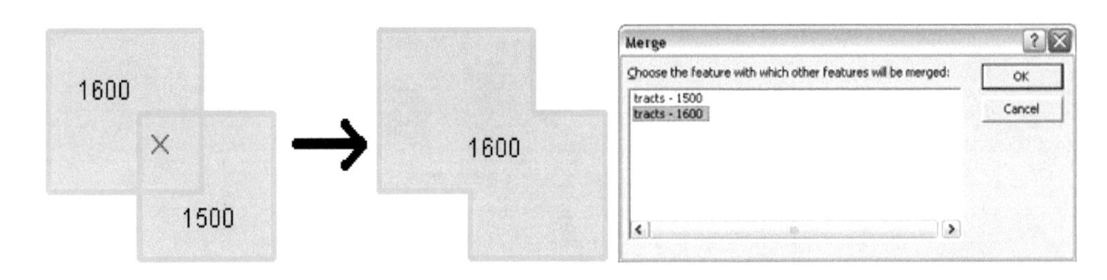

图 7-13　要素合并（Merge）操作示意图

常规操作：在同一图层内，选中要素后可进行常规的删除（Delete）、复制（Ctrl +C）、粘贴（Ctrl+V）操作。

4）捕捉功能：捕捉功能可以在创建或修改要素时更准确地连接要素的几何位置（如端点、节点等），减少拓扑错误。点击 Editor 下拉菜单中 Snapping\Snapping Toolbar，即弹出捕捉设置工具条，如图 7-14 所示。打开捕捉功能后，鼠标移动到捕捉点附近时，鼠标会有提示。

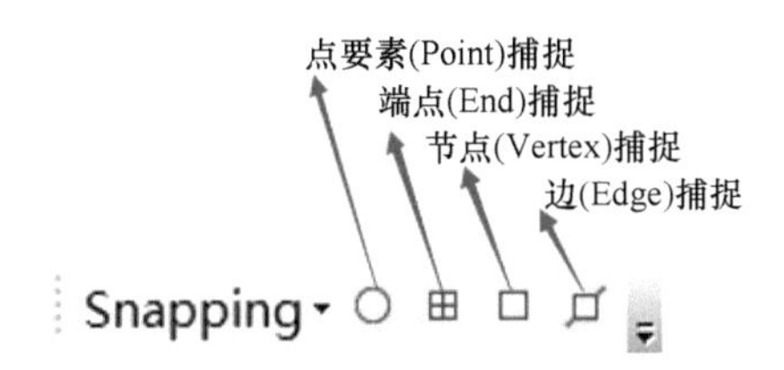

图 7-14　捕捉设置工具条

（5）图斑属性信息数据修改操作

1）属性值编辑：编辑图斑属性数据时，如增加、删除、更新属性值操作时，可以通过两种方式实现。第一种方式为：①在图层名上单击右键，下拉菜单\Open Attribute Table 即可在完整属性表中进行编辑操作；②在 Editor Toolbar 上点击 ▤ 打开要素属性编辑窗口，然后选中视图中某一个要素，即可看见该要素的属性值，并可进行修改，如图 7-15 所示。第二种方式为：直接可对当前编辑的要素进行属性修改，较为方便快捷，在本次工作中主要采用这种方式。

2）增加、删除字段：增加或删除字段时，需要在停止编辑状态下进行。打开属性表，在图层管理面板（Table of Contents）中找到要操作的图层，单击右键\Open Attribute Table，即打开图层完整的属性表。①添加字段时，在属性表最左侧的下拉菜单中选择 Add Field，弹出的对话框中可以设置字段的相关属性（文本 Text

型字段，可以设置：是否为空、默认值、域名称、字段长度），如图 7-16 所示。②删除字段时，单击左键选中字段，然后单击右键弹出下拉菜单，选择 Delete Field 即可，如图 7-17 所示。

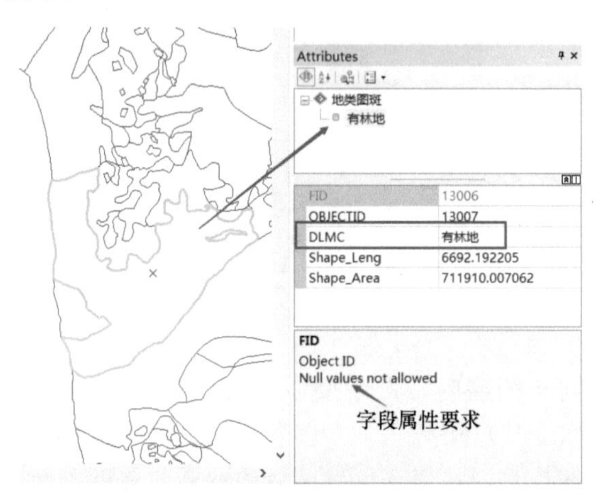

图 7-15　要素属性编辑窗口

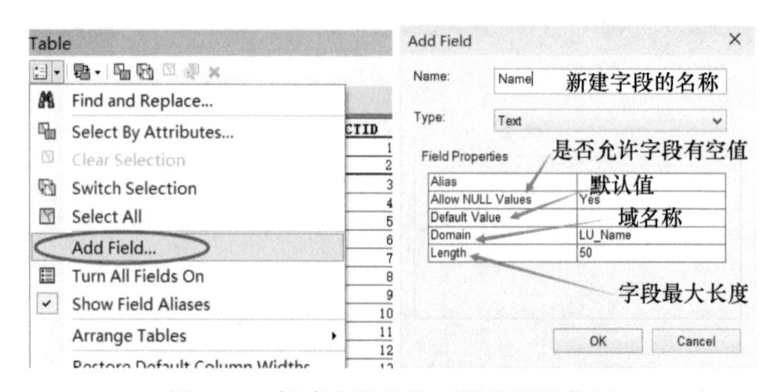

图 7-16　新建字段及其属性设置操作图

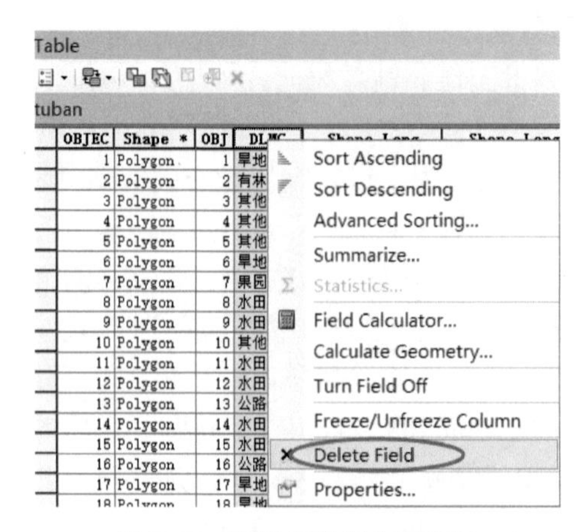

图 7-17　删除字段操作示意图

7.2.3.2　拓扑检查

拓扑，简单地说是指空间数据的位置关系。对于大数量的矢量数据来说，拓扑对于数据质量的维护效率至关重要。拓扑关系主要有三种：相邻，是指对象之间是否具有某一共有边界；重合，是指确认对象之间是否在某一局部互相覆盖；连通，是指各个位置是否通达。

ArcGIS 中的拓扑检查都是基于 Geodatabase（mdb、gdb、sde）建立的，shp 文件不能进行拓扑检查。拓扑分为两种：一是图层自身拓扑，操作要素类型一致，全是点或者全是线、面要素；二是图层之间的拓扑，要素类型可能不同，有点点、点线、点面、线面、线线 5 种，前提是都要位于同一 Feature Dataset 下，数据基础要一致（投影、坐标系统等）。

（1）拓扑的建立

打开 Catalog（ArcMap 右边栏），在操作图层所在的 Feature Dataset 上单击右键，选 New\Topology，即弹出拓扑建立向导对话框，如图 7-18 所示。注意，图中只针对本次工作需要列了两种拓扑规则（图 7-19），事实上还有其他多种情况，此处不再详述。

（2）拓扑检查与修改

1）建立好拓扑后，即可在 Feature Dataset 中看到相应的拓扑图层（如 LandUse_Topology），见图 7-20。右键单击该拓扑图层，点击 Validate，弹出对话框

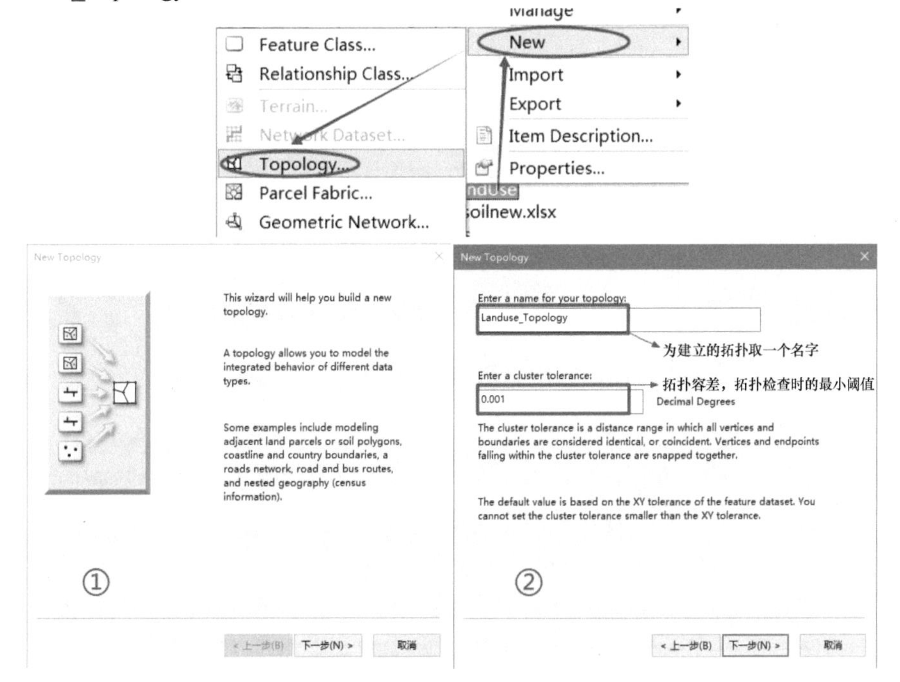

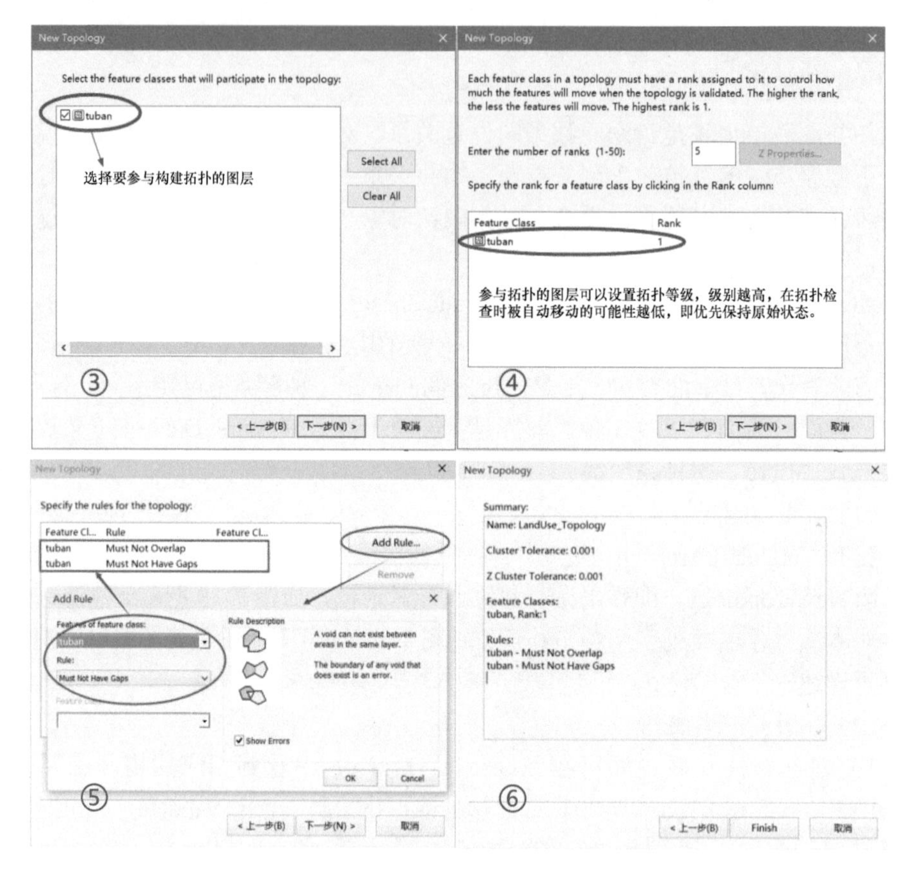

图 7-18　拓扑建立过程示意图

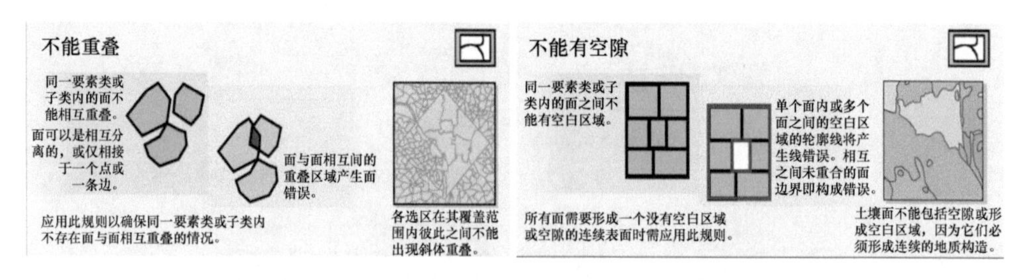

图 7-19　面要素图层主要的自身拓扑关系：重叠与空隙

开始拓扑检查（所需时间视数据量大小）。当然在后面激活的 Topology 工具栏中可进行局部检查、针对当前显示范围检查（注意，在图层之间拓扑检查时，数据将会自动有所改变，因此最好提前备份数据）。

2）将拓扑层加入视图中，此时加载 Topology 工具栏，点击最左侧的拓扑选择按钮，选择 Geodatabase Topology，点击 OK 后整个 Topology 工具栏大部分按钮激活（注意，要在编辑状态下，拓扑工具条才会被激活），如图 7-21 所示。

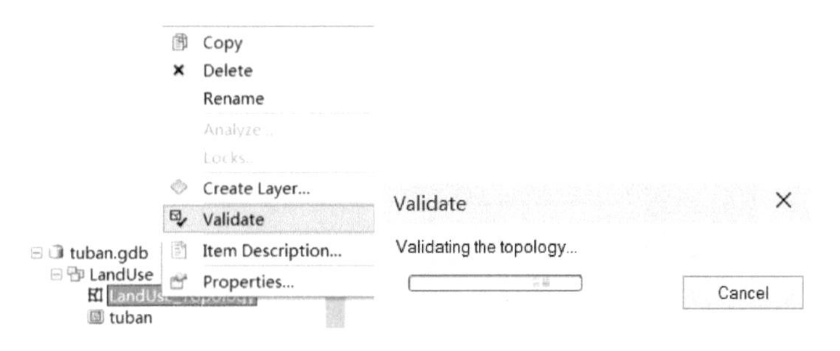

图 7-20　拓扑全局检查操作示意图

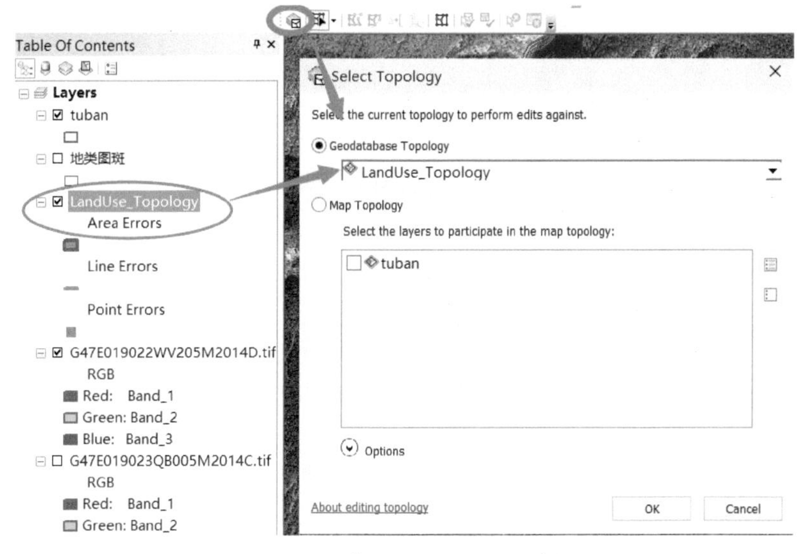

图 7-21　激活 Topology 工具栏

3）拓扑错误的修改：这里介绍拓扑修改工具栏（图 7-22）中较为常用的几个工具。

图 7-22　拓扑修改工具栏

①Select Topology ：为当前编辑图层设置/选择拓扑。

②Topology Edit ：用来选中拓扑中的“边”（Edge）且可以移动、编辑；可以点击选择，也可以拖拽一个框进行选择；双击可以进入节点编辑模式。

③Align Edge ：当两个多边形要素之间存在缝隙时，可以使用这个工具快速地将一条边对齐到另一条边，使两个多边形邻接起来。选择这个工具后，先单击要对齐的边（被修改的边），再单击想要对齐到的边（目标边），即可自动完成，如图 7-23 所示。

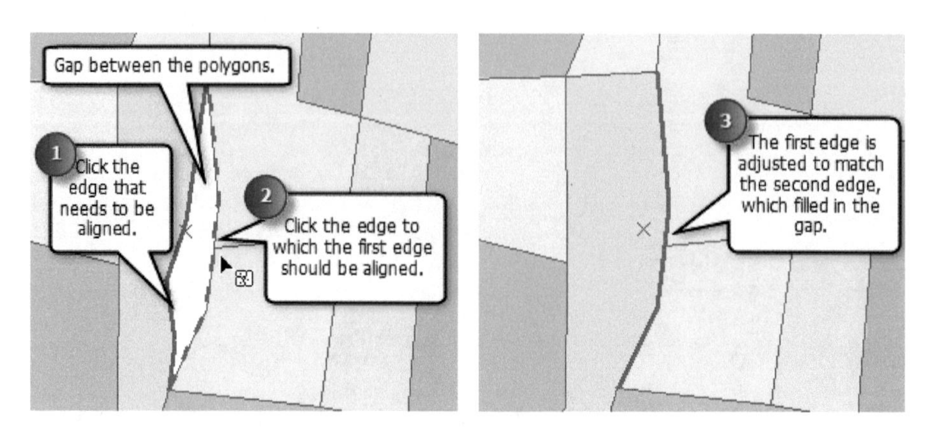

图 7-23 Align Edge 工具的用法示意图

④Validate Topology in Specific Area：用于检查指定区域的拓扑，选中该工具后可以拖拽框选区域。当需要全局检查拓扑时，由于耗时太长，可以使用这个工具逐区域进行。

⑤Validate Topology in Current Extent：与上类似，用于检查当前范围内的拓扑。

⑥Fix Topology Error Tool：用于修改拓扑错误。使用该工具选中某个拓扑错误，该错误部分将会显示黑色轮廓，然后单击右键即可选择修改方式。

针对 Must Not Overlap 规则，可以采用 Subtract、Merge、Create Feature 三种方式来处理：Subtract 直接将重叠部分减去，形成一个缝隙或空洞；Merge 则是将重叠区域合并到某一个要素，会有对话框询问选择；Create Feature 则将重叠区域生成一个新的要素，如图 7-24 所示。针对 Must Not Have Gaps 规则，只有 Create Feature 操作可选，操作意义同上。

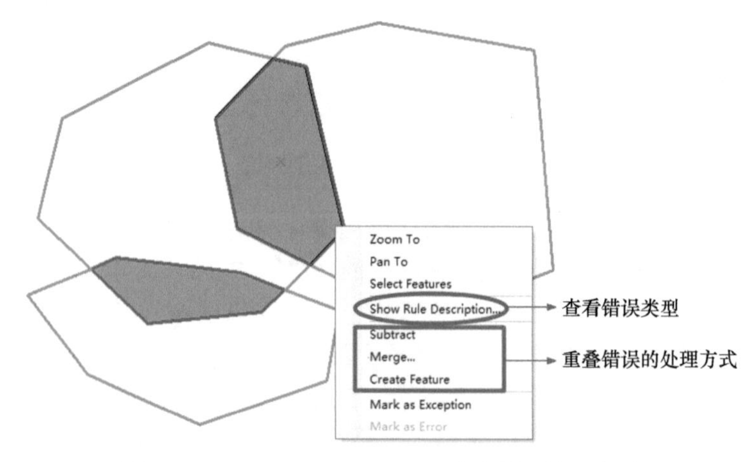

图 7-24 Fix Topology Error Tool 的使用方法示意图

⑦Error Inspector：用于打开检查到的拓扑错误列表，单击每个错误，视图中会以黑色轮廓显示。要注意的是，进行错误修改后，点击 Search Now 进行刷新，如图 7-25 所示。

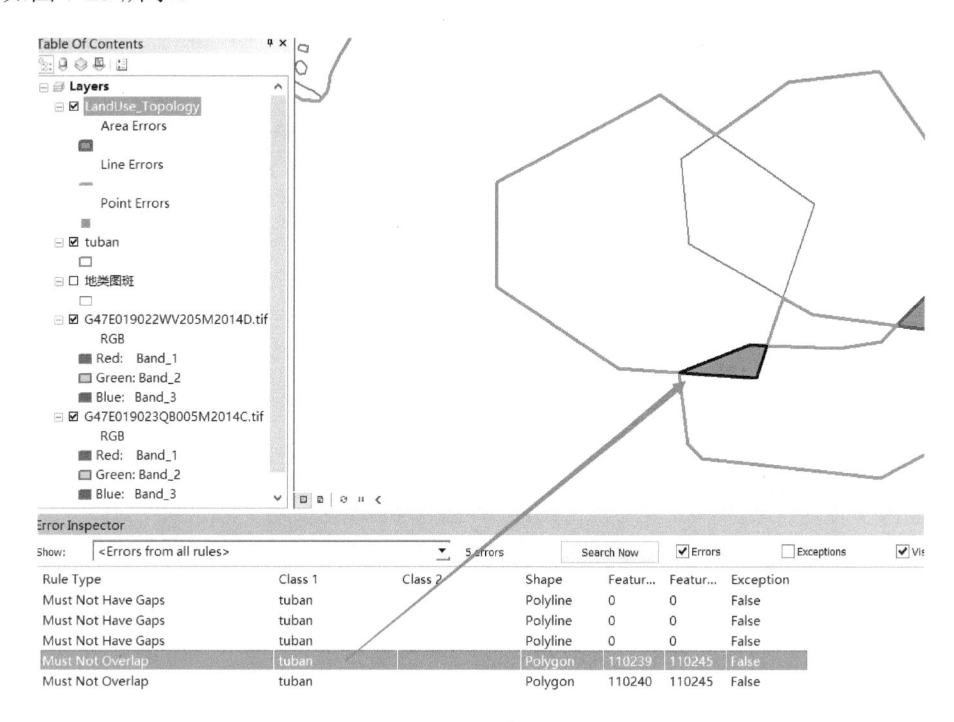

图 7-25　拓扑错误列表窗口

7.2.3.3　建立解译标志

建立土地利用遥感影像解译标志，是为了直接反映判别地物信息的影像特征，解译者利用这些标志在图像上识别地类、地物或现象的性质、类型或状况，对遥感信息做出正确判断和勾绘。建立解译标志的步骤如下。

（1）内业工作

检查全省范围内的遥感影像，对土地利用类型在遥感影像上显示有疑问的区域进行标注，并记下其坐标，作为野外建立解译标志的重点，同时在该区域选取具有代表性的各类土地利用类型，并记下其坐标。

（2）野外调查步骤

1）行车路线确定：根据内业确定的坐标点，确定行车路线，结合外业实际情况，对具有代表性的地类可适当调整增加或减少标志点。

2）标志点判读：根据现场情况，结合“土地利用类型分类表”对实地地类做出准确判断。

3）拍照：对所有标志点拍近景和远景照片各一张，记录拍照位置的坐标及方向。远景照片需要反映标志点的地形地貌特征，同时要基本反映土地利用类型；近景照片需明确反映出土地利用类型特征。

4）记录：记录标志点的坐标、行政区划（要求到县、乡、村）、土地利用类型，以及照片拍摄情况等信息，记录表格式见表 7-3，部分解译标志见附录 2。

表 7-3 土地利用解译标志建立信息登记表

标志点编号	土地利用类型	工程措施类型	坐标（经纬度）	海拔（m）	行政区划	地形坡度（°）	作物盖度（%）	植被盖度（%）	照片编号	照片拍摄位置（经纬度）	照片拍摄方向	调查时间	调查人

7.2.3.4 解译流程

（1）建立文件夹系统

为了提高后期处理效率，对文件命名统一规范。

首先建立以州（市）中文名命名的一级文件夹，在州（市）名文件夹下分别新建“遥感数据”及“县（市、区）中文名”的文件夹，这两个文件夹分别用于存储该县范围内的遥感影像数据及解译修正的土地利用成果。在“县（市、区）名”文件夹下再新建命名为“县名拼音首字母+县代码”的文件夹，该文件夹应包括一个.gdb 文件（最终成果矢量数据）、一个.mxd 文件（软件操作界面、总体设置布局文档），在.gdb 文件里面包括一个 Feature Dataset，命名为 landuse，landuse 里面又包含一个 Feature Class，命名为“县名拼音首字母+县代码”，.gdb 文件的建立过程详见后面介绍。以楚雄州/楚雄市为例建立的文件夹系统见图 7-26。

图 7-26 文件组织结构及命名方式示例图

（2）拷贝基础数据

以县为单位，分别将目标县的遥感影像数据拷入“遥感数据”文件夹中。

（3）新建 Geodatabase（.gdb）

在标准工具栏上点击，即可打开 Catalog（打开方式有好几种，这里只介绍最便捷的一种），Catalog 默认停靠在 ArcMap 右边栏。

点击 Folder Connections，定位到保存的路径文件夹（若想要保存到的磁盘不在，则右键单击 Folder Connections\Connected To Folder，在弹出的对话框中选择目标文件夹）。然后选择 New\File Geodatabase，即会生成一个新的文件，修改文件名即可（CX532301.gdb）。

在 CX532301.gdb 文件中要先新建一个 Feature Dataset（命名为 landuse），如图 7-27 所示，点击 Feature Dataset 后弹出数据模板设置窗口，按照提示操作即可。

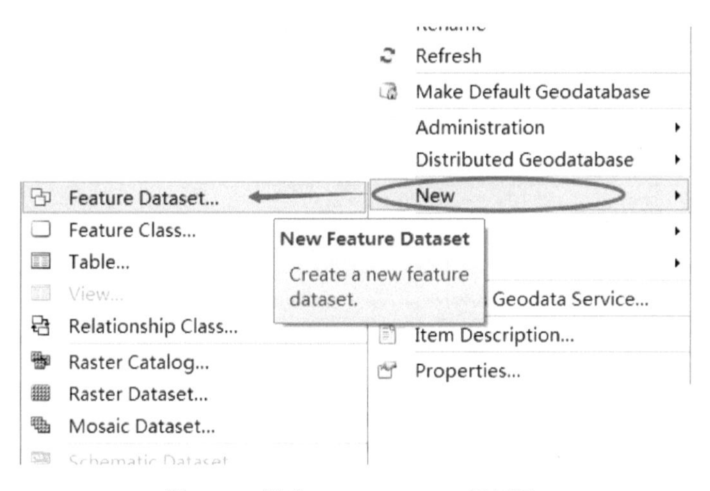

图 7-27　新建 Feature Dataset 示例图

（4）在 Feature Dataset 下新建土地利用解译图层

在 Feature Dataset 下新建土地利用解译图层，将图层存储到上述建立的 landuse 数据集下，见图 7-28，并将该图层命名为“县名拼音首字母+县代码”，以下统一称为目标图层。

（5）设置目标图层属性字段的域（Domain）

设置字段的域，可以减少属性输入错误，提高属性编辑效率。只有在 Geodatabase 格式文件中可以设置属性域。在.gdb 文件上点击右键\Properties，弹出数据库属性设置窗口，如图 7-29 所示。Domain Name 设置为“DLMC”，Field Type 设置为“Text”，Domain Type 设置为“Coded Values”，在 Coded Values 中建立 24 个二级地类选项：水田、水浇地、旱地、果园、茶园、其他园地、有林地、灌木林地、其他林地、天然牧草地、人工牧草地、其他草地、城镇居民点、农村居民点、独立工矿用地、商服及公共用地、交通运输用地、水域及水利设施用地、盐碱地、沙地、沼泽地、裸地、冰川与永久积雪、高寒裸岩。

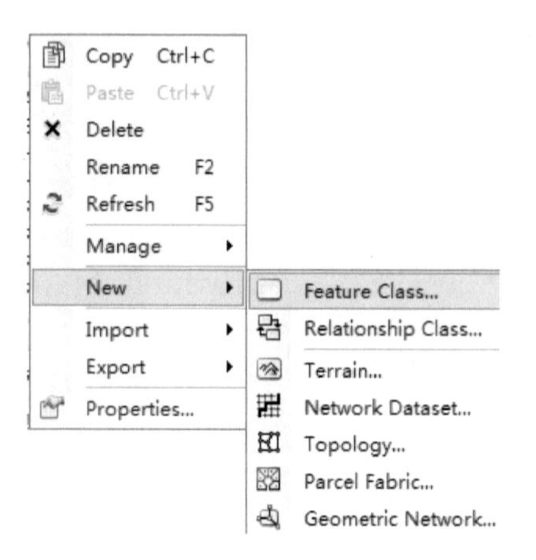

图 7-28 新建土地利用解译图层

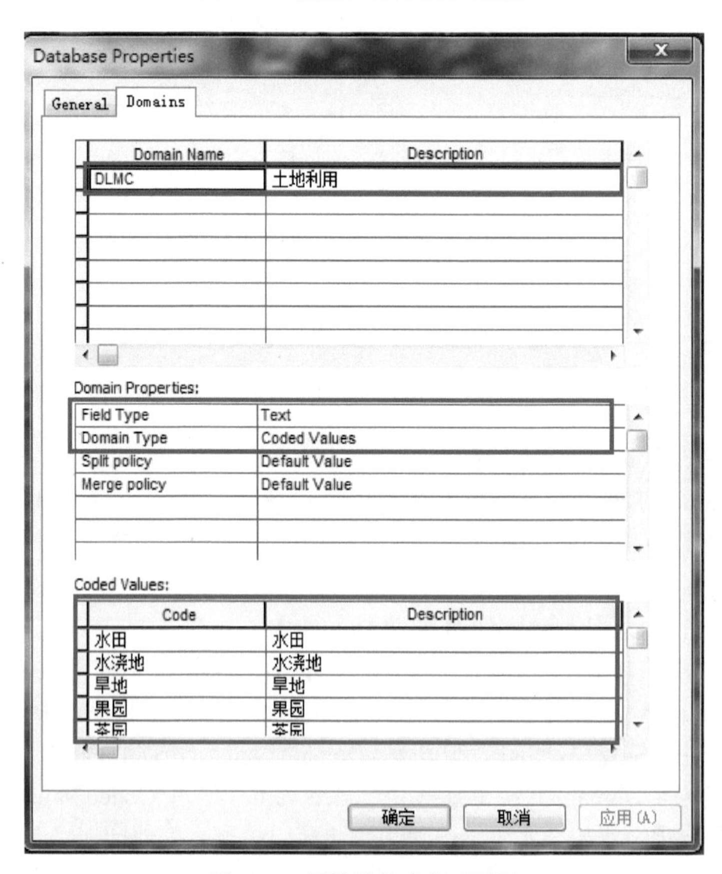

图 7-29 属性域的建立示例图

（6）给目标图层添加土地利用字段

1）打开属性表：在图层管理面板（Table Of Contents）中找到要操作的图层，单击右键\Open Attribute Table，即打开图层完整的属性表。

2）添加字段，在属性表最左侧的下拉菜单中选择 Add Field，见图 7-30 左。

3）在弹出的对话框中设置字段的相关属性（Name：土地利用；Type：Text；Domain：DLMC；其他采用默认值）。注意 Domain 选用之前设置好的属性域，见图 7-30 右。

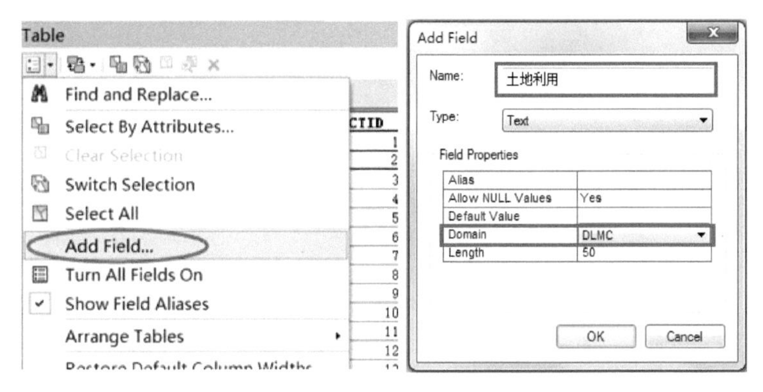

图 7-30　新建字段及其属性设置示例图

4）属性域用法：在编辑状态下，选中某个要素，属性修改面板中会显示出该要素的属性值，单击“土地利用”字段，即显示出定义好的属性值，选择即可，见图 7-31。

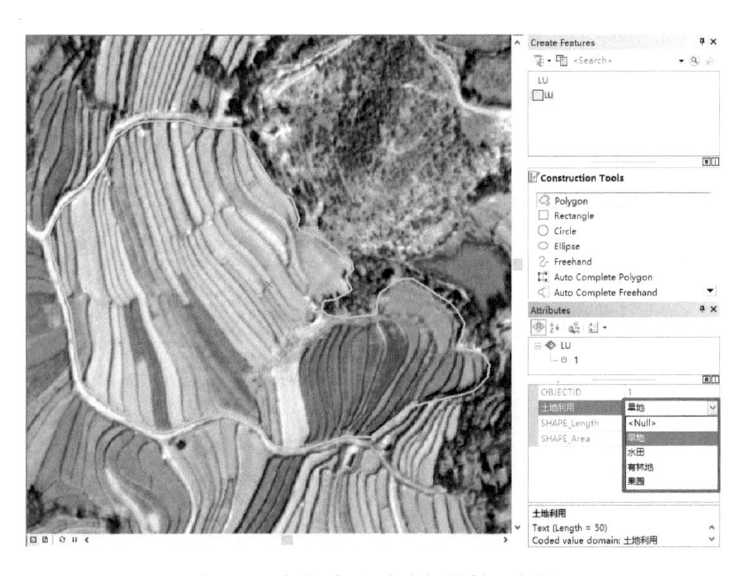

图 7-31　根据字段域选择属性示例图

（7）定义遥感影像数据投影

1）将需要使用的遥感影像加载到视图中，点击工具栏中 打开 ArcToolBox。

2）在 ArcToolBox 中，点击打开 Data Management Tools\Projections and Transformations\Define Projection。

3）在 Define Projection 窗口中，进行如图 7-32 的设置后，点击 OK。注意：根据遥感数据的文件名判断选择投影定义，如遥感数据以 G47 开头，投影应选择 CGCS2000_GK_CM_99E；遥感数据以 G48 开头，投影应选择 CGCS2000_GK_CM_105E。

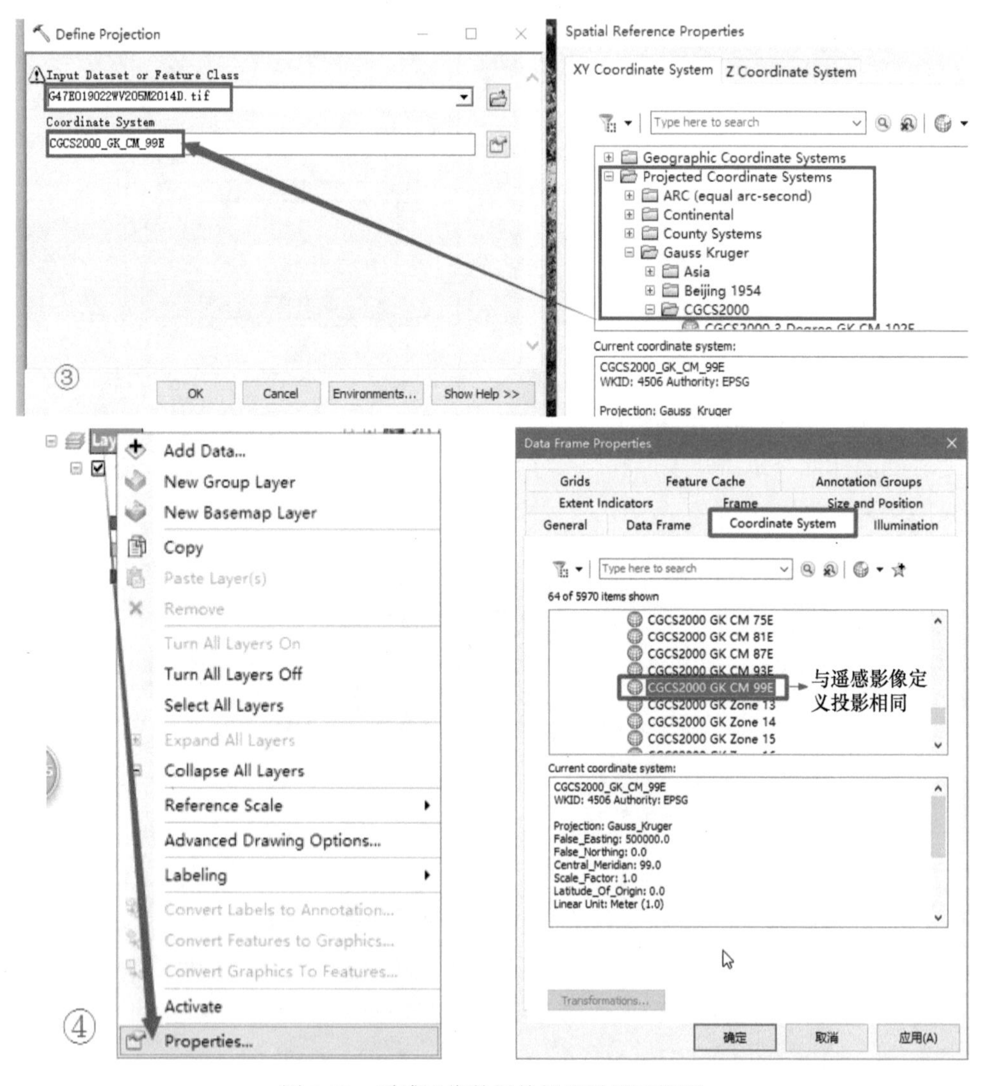

图 7-32 遥感影像数据的投影设置示例图

4）定义完投影后，如果遥感影像仍然不能与土地利用数据叠合，则需要设置 Data Frame 的投影：在 Layers 点击右键，点击 Properties 打开 Data Frame Properties，找到 Coordinate System，将投影设置为与遥感影像相同的投影，即可看到数据叠合。

（8）加载图层、调整软件布局

1）常规图层包括要操作的遥感影像图层，以及要修改编辑的目标矢量图层（CX532301.gdb\landuse\CX532301）。

2）加载相关工具条，创建要素面板、属性修改面板，见图 7-33。

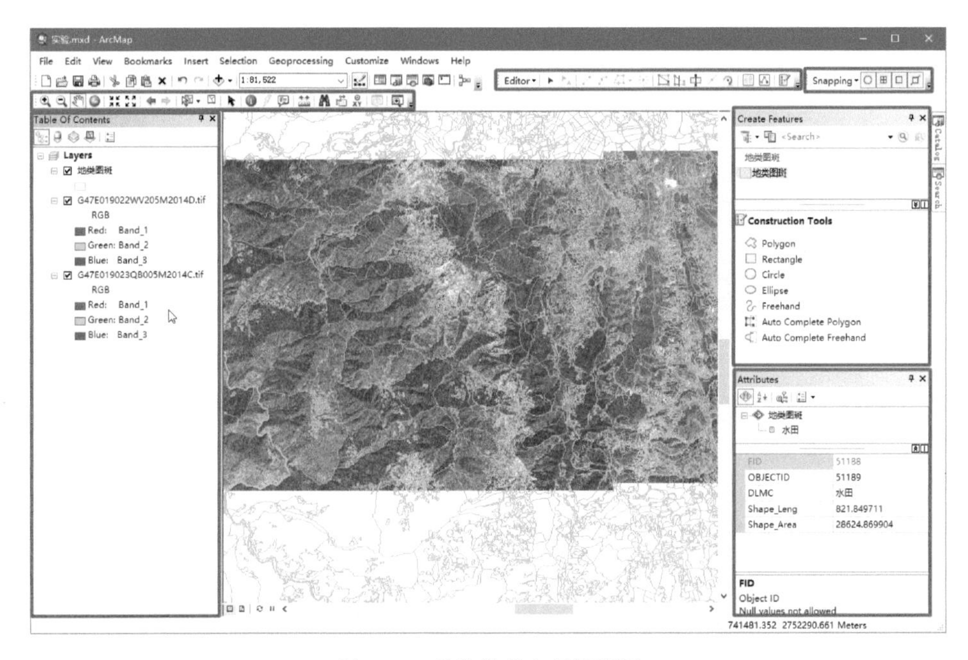

图 7-33　软件整体布局设置图

（9）设置标注，保存.mxd 文件

1）在要修改的矢量图层（如 CX532301.gdb\landuse\CX532301）上点击右键，选择 Properties，选择 Labels 选项卡进行标注设置：如标注字段（按照土地利用类型 DLMC 字段）、标注显示位置、标注字体等，见图 7-34 左。

2）在目标图层上点击右键，选择 Label Features，即应用标注，见图 7-34 右。

3）点击 Save 按钮，保存一个以“县名拼音首字母+县代码”为命名的.mxd 文件，保存到“县名拼音首字母+县代码”文件夹下。每次工作结束后都要保存一次该文件，重新开始编辑时直接打开该文件即可，不用重复上述（9）以前的步骤。

（10）设置捕捉

在 Editor 工具条下拉菜单选择 Snapping\Snapping Toolbar，设置捕捉。本工作中一般设置节点捕捉（Vertex Snapping）和端点捕捉（End Snapping）两种捕捉方式。

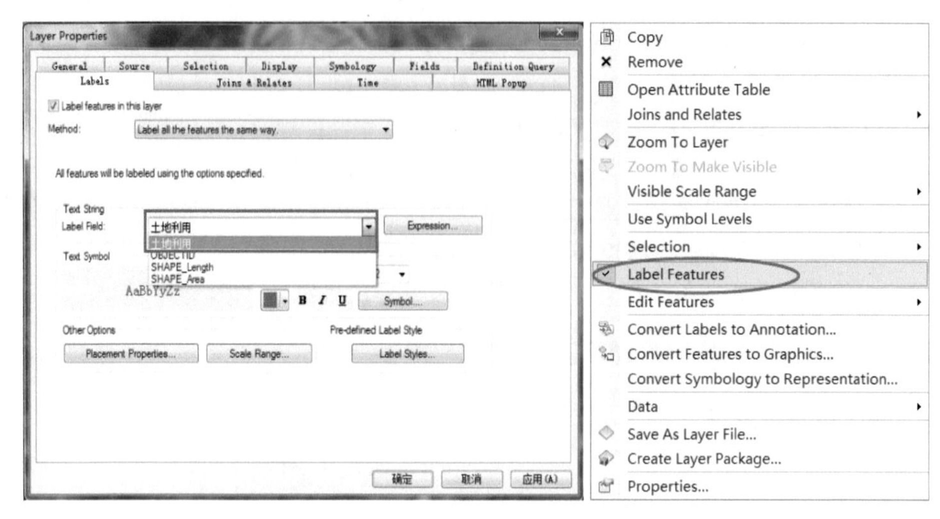

图 7-34　要素标注设置图

（11）解译提取土地利用类型

以遥感影像为依据，以土地利用信息的目标矢量图层为工作对象，对目标县内所有土地类型进行判读修正。如果影像与土地利用信息相符，不用改动，不符的则利用编辑工具沿土地类型边界建立新图斑，参考附录 4“云南省土地利用类型实景图及遥感影像典型解译样例”判读土地利用类型，并对属性值“DLMC”赋值，同时修正与新图斑相接的周边图斑边界。解译过程中对土地利用类型的判断不确定时，需进行讨论确定。具体编辑方法示例如下。

利用 Construction Tools 工具创建各类土地利用图斑边界（工具使用方法如前所述），如图 7-35 所示。

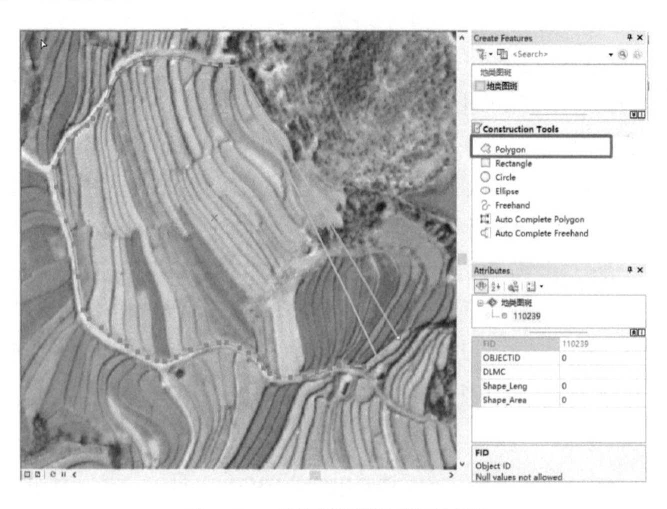

图 7-35　空间要素编辑示例图

图斑边界勾绘完后，接下来给图斑“土地利用”属性赋值，如水田、水浇地、旱地和果园等，见图 7-31。其他类型编辑操作不再赘述，参见前文工具介绍。

（12）保存编辑

在编辑过程中，注意经常保存已做的修改，防止非主观因素导致软件关闭造成工作损失。在 Editor 工具条中选择 Save Edits，即可保存已有编辑。

（13）停止编辑

当工作一个阶段需要结束时，可以停止编辑模式。在 Editor 工具条中选择 Stop Editing，弹出保存编辑对话框，点击保存，即可退出当前图层的编辑状态。

（14）解译成果复查

完成一个县的解译修正工作后，需要自检解译成果，包括：首先检查文件夹系统结构是否正确，文件存储路径是否正确、文件是否完整；检查是否有漏勾地块，方法为依次添加全县范围的所有遥感影像，添加解译成果矢量数据，利用标注工具将已经完成解译的地块全部显示，在大范围上看是否有漏勾土地利用的地块；再次复核每幅遥感影像，看各地块边界是否正确，土地利用类型判读是否准确。

同时，负责成果质量审核的人员需对解译成果进行质量复核，除复核上述自查内容外，需要抽查县内至少 15%的遥感影像解译成果，抽查内容包括文件夹系统、文件命名、地块边界、土地利用类型判读等。

7.2.3.5　解译数据汇总

（1）矢量数据拼接

工作开展后，以县为单位进行操作，完成后汇总各县矢量图层，进行拼接。

1）针对要拼接的图层，在 Editor 工具条上，开始编辑\框选中所有要素\复制\停止编辑。

2）激活目标图层，开始编辑\粘贴。

3）对照遥感底图，检查接缝区域的图斑，进行补充遗漏、修改错误。

（2）拓扑错误修改

当每个县空间数据编辑完成后，及时进行拓扑检查，如果其中有拓扑错误，即按照上文介绍的拓扑修改工具操作。数据拼接时需再次进行拓扑检查。

7.2.4　质量控制

7.2.4.1　基础资料质量控制

遥感影像资料的质量控制主要包含以下 5 方面内容。

1）25 万分幅覆盖全省，现势性为 2011～2014 年。

2）分辨率为 0.5m。

3）云层遮盖度小于 5%。

4）GeoTIFF 格式，CGCS2000 坐标。

5）经过几何精校正和大气校正。

7.2.4.2 成果数据质量控制

1）文件夹构建完整，命名正确。具体为：州（市）文件夹下分别包含“遥感数据”和“县（市、区）中文名”的文件夹，“县（市、区）中文名”文件夹下包含“县名拼音首字母+县代码”的文件夹。

2）文件类型和文件数量正确。具体为：“县名拼音首字母+县代码”的文件夹包括一个.gdb 文件、一个.mxd 文件，均命名为“县名拼音首字母+县代码”，在.gdb 文件里面包括一个命名为 landuse 的 Feature Dataset，landuse 里面又包含一个 Feature Class，命名为“县名拼音首字母+县代码”，正确率 100%。

3）遥感影像投影格式定义和转换正确。具体为：遥感影像统一定义为 CGCS2000，若遥感数据以 G47 开头，投影选择 CGCS2000_GK_CM_99E，若遥感数据以 G48 开头，投影选择 CGCS2000_GK_CM_105E，正确率 100%。

4）土地利用字段建立及属性域赋值正确。具体为：在 landuse 图层里建立名为土地利用的字段，并通过添加属性域的方法设置 24 种土地利用二级分类。

5）勾绘地块边界准确，按照最小上图标准要求勾绘，小于 20m×20m（40×40 个像元）的地块不勾绘边界，并入附近面积最大的地块，勾绘的地块边界位置与遥感影像边界位置偏差小于 20m，勾绘的地块面积与实际地块面积误差小于 20%，按地块个数计，边界或面积勾绘错误的地块数量小于 20%。

6）土地利用类型赋值正确：根据遥感影像判读信息，准确添加土地利用类型，误判率低于 10%。

7）野外复核：重点抽查复核林地、草地、园地等地类和城市周边区域。

7.2.5 土地利用解译修正成果

经统计，共解译修正土地利用图斑数量 7 871 681 个。其中耕地面积 82 012.93km^2，占全省土地总面积的 21.40%，主要分布在昭通市、曲靖市、文山州等地；园地总面积 16 768.37km^2，占全省土地总面积的 4.38%，主要分布在西双版纳州、普洱市和临沧市等地；林地总面积 237 072.12km^2，占全省土地总面积的 61.86%，主要分布在迪庆州、丽江市、德宏州、普洱市和西双版纳州等地；草地总面积 29 616.71km^2，占全省土地总面积的 7.73%，主要分布在迪庆州、丽江市、昭通市和红河州等地。云南省土地利用类型统计见表 7-4。

表 7-4　云南省土地利用类型统计表

一级代码	二级代码	一级分类	二级分类	面积（km²）		占全省土地面积（%）	
				二级分类	一级分类	二级分类	一级分类
1	11	耕地	水田	15 261.21	82 012.93	3.98	21.40
	12		水浇地	633.04		0.17	
	13		旱地	66 118.68		17.25	
2	21	园地	果园	3 062.53	16 768.37	0.80	4.38
	22		茶园	4 282.59		1.12	
	23		其他园地	9 423.25		2.46	
3	31	林地	有林地	186 189.74	237 072.12	48.59	61.86
	32		灌木林地	33 587.70		8.76	
	33		其他林地	17 294.68		4.51	
4	41	草地	天然牧草地	1 414.43	29 616.71	0.37	7.73
	42		人工牧草地	78.89		0.02	
	43		其他草地	28 123.39		7.34	
5	51	城镇村及工矿用地	城镇居民点	1 418.11	7 701.10	0.37	2.01
	52		农村居民点	5 151.54		1.34	
	53		独立工矿用地	912.23		0.24	
	54		商服及公共用地	219.22		0.06	
6	60	交通运输用地		334.61	334.61	0.09	0.09
7	70	水域及水利设施用地		4 270.20	4 270.20	1.11	1.11
8	81	其他土地	盐碱地	0.01	5 433.98	0.00	1.42
	82		沙地	1.12		0.00	
	83		沼泽地	30.30		0.01	
	84		裸地	1 483.52		0.39	
	86		冰川与永久积雪	1 193.58		0.31	
	89		高寒裸岩	2 725.45		0.71	
	合计			383 210.02	383 210.02	100	100

7.3　工程措施因子解译与赋值

云南省常见的分布较广的水土保持工程措施主要有如下 4 种。

水平梯田：坡地修成台阶状，田坎由土（石）组成，田面水平，陡坡地田面一般宽 5～15m，缓坡地田面一般宽 20～40m。

坡式梯田：与水平梯田类似，田坎比水平梯田低，田面一般比水平梯田宽，田面坡度比原来坡度小，但没有达到水平，仍有坡度。

水平阶：坡面修成台阶状，阶面宽 1.0～1.5m，具有 3°～5°反坡，也称反坡梯田。

隔坡梯田：坡面上修建的每一台水平梯田，其上方都留出一定面积的原坡面不修，是平、坡相间的复式梯田。

工程措施因子解译与赋值是在土地利用的基础上，利用高分辨率遥感影像，在 ArcMap 10.2 软件中将耕地和园地中存在以上 4 种工程措施之一的地块解译出来，获得其空间分布数据，然后查表赋值。

7.3.1 工程措施因子解译

7.3.1.1 解译工具和解译标准

工程措施解译使用的系统、软硬件要求、操作工具、解译的坐标系、高程基准及投影、数据格式与计量单位、最小上图标准、容许误差等解译标准均与土地利用解译修正相同，如前所述。

7.3.1.2 建立解译标志

工程措施因子的解译标志与土地利用解译修正同步建立，具体方法和步骤参见前述土地利用数据的解译修正中 7.2.3.3 节部分，其中在标志点判读时，根据现场情况，对存在水土保持工程措施的地块，需要判断出工程措施类型，填入表 7-5，同时调查耕地的轮作制度，以供耕作措施因子的计算使用。部分解译标志见附录 3。

7.3.1.3 解译方法与流程

工程措施因子解译基于土地利用现状，与土地利用解译修正在 ArcGIS 软件中同步开展，解译的重点是判断地块上是否有水土保持工程措施（水平梯田、坡式梯田、隔坡梯田及水平阶等），如果有工程措施，需勾绘出工程措施的边界，并添加工程措施字段。解译流程如下。

（1）设置目标图层属性字段的域（Domain）

设置字段的域，可以减少属性输入错误，提高属性编辑效率。只有在 Geodatabase 格式文件中可以设置属性域。在.gdb 文件上点击右键\Properties，弹出数据库属性设置窗口，见图 7-36。Domain Name 设置为“GCCS”，Field Type 设置为“Text”，Domain Type 设置为“Coded Values”，Coded Values 中建立选项“水平梯田”“水平阶”“坡式梯田”“隔坡梯田”及“无”。

（2）给目标图层添加工程措施字段

1）打开属性表：在图层管理面板（Table of Contents）中找到要操作的图层，单击右键\Open Attribute Table，即打开图层完整的属性表。

2）添加字段，在属性表最左侧的下拉菜单中选择 Add Field。

3）弹出的对话框中可以设置字段的相关属性（Name：工程措施；Type：Text；

Domain：GCCS；其他采用默认值)。注意：Domain 选用之前设置好的属性域，见图 7-37。

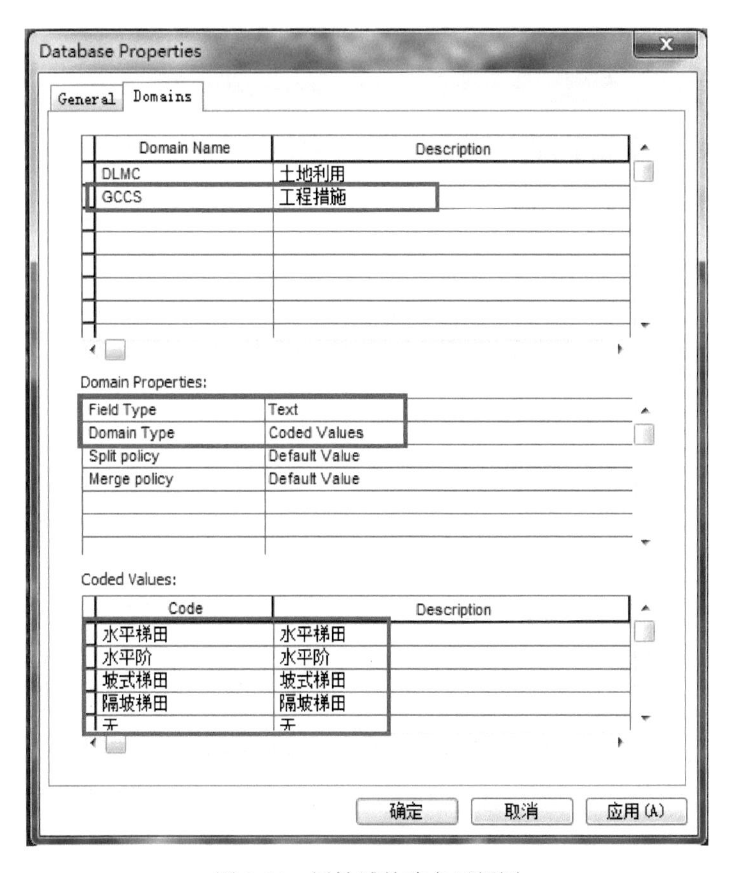

图 7-36　属性域的建立示例图

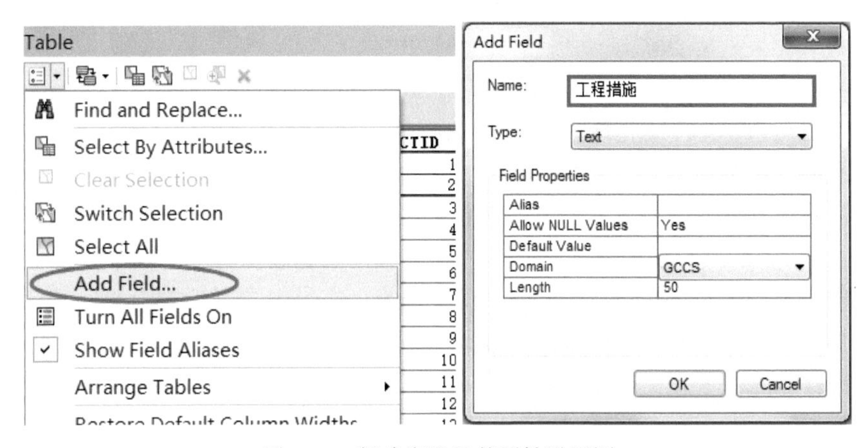

图 7-37　新建字段及其属性设置图

4）属性域用法：在编辑状态下，选中某个要素，属性修改面板中会显示出该要素的属性值，单击“工程措施”字段，即显示出定义好的属性值，选择即可，见图 7-38。

图 7-38　根据字段域选择属性示例图

（3）解译提取工程措施图斑

以遥感影像为依据，对全省范围内所有耕地和园地地块逐个判读工程措施类型。结合土地利用图斑边界，判读工程措施地块，并勾绘出工程措施地块图斑边界，同时在“工程措施”字段下选择赋值工程措施类型。编辑方法如下。

利用 Construction Tools 工具创建各类具有工程措施的图斑边界（具体工具使用方法如前所述），见图 7-35。

图斑边界勾绘完后，接下来给图斑“工程措施”属性赋值，如水平梯田、坡式梯田、隔坡梯田及水平阶等，见图 7-39。其他类型编辑操作不再赘述，参见前文介绍。

（4）提取工程措施图层，输出到 Feature Dataset

工程措施图斑解译完成后，需要从解译成果中提取工程措施图层，并输出到.gdb\Feature Dataset 中。

1）新建 Geodatabase（.gdb）：在标准工具栏上点击，打开 Catalog。点击 Folder Connections，定位到保存的路径文件夹（若想要保存到的磁盘不在，则右键单击 Folder Connections\Connected To Folder，在弹出的对话框中选择目标文件夹）。然后选择 New\File Geodatabase，即会生成一个新的文件，修改文件名为 CX532301.gdb。在 CX532301.gdb 文件中先新建一个 Feature Dataset（命名为 GCCS），点击 Feature Dataset 后弹出数据模板设置窗口，按照提示操作即可。

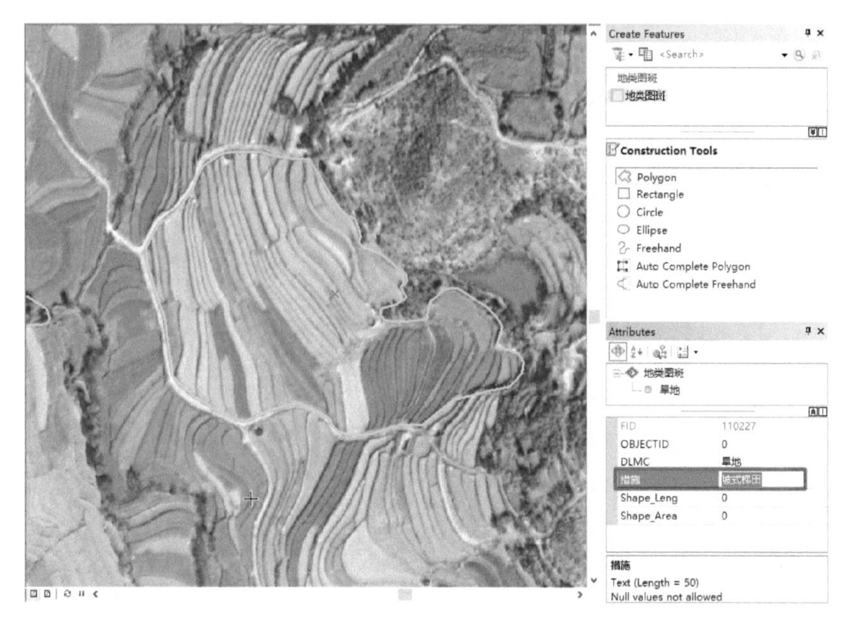

图 7-39 属性数据编辑示例图

在 Feature Dataset 下新建工程措施存储图层，将图层存储到上述建立的 GCCS 数据集下，并将该图层命名为“县名拼音首字母+县代码”，以下统一称为目标图层，详细操作见土地利用解译流程部分。

2）将解译完成的工程措施成果数据加载到视图当中，在图层名上点击右键，在弹出的下拉菜单中选择 Open Attribute Table，打开属性表。

3）点击属性表左上角下拉菜单，选择 Select By Attributes…，打开属性检索对话框。

4）在属性检索对话框中，先单击选择“工程措施”，点击 Get Unique Value 按钮，然后通过双击字段名“工程措施”、运算符号、字段值，构建检索式。构建好检索式后，点击 Apply，即可看到选中的要素高亮显示。

5）再次在“工程措施”图层上点击右键，选择 Data\Export Data，弹出输出数据对话框。

6）将该图层存储到上述建立的 GCCS 数据集下，见图 7-40，并将该输出图层命名为“县名拼音首字母+县代码”，点击 OK，等待片刻即可完成数据输出。该输出图层即工程措施数据图层。

7.3.1.4 解译数据拼接

工程措施解译以县为单位进行操作，得到以县为单位的矢量图层，对其进行汇总、拼接，得到州（市）、省的工程措施矢量图层。

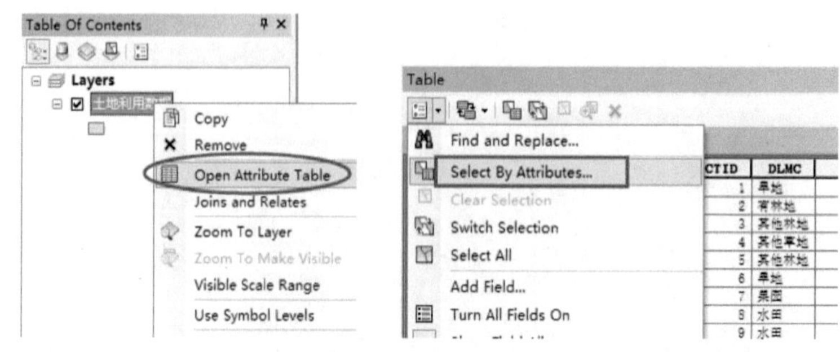
Table Of Contents
Layers
土地利用
Copy
Remove
Open Attribute Table
Joins and Relates
Zoom To Layer
Zoom To Make Visible
Visible Scale Range
Use Symbol Levels
Table
Find and Replace...
Select By Attributes...
Clear Selection
Switch Selection
Select All
Add Field...
Turn All Fields On
CTID
DLMC
旱地
有林地
其他林地
其他草地
其他林地
旱地
果园
水田
水田

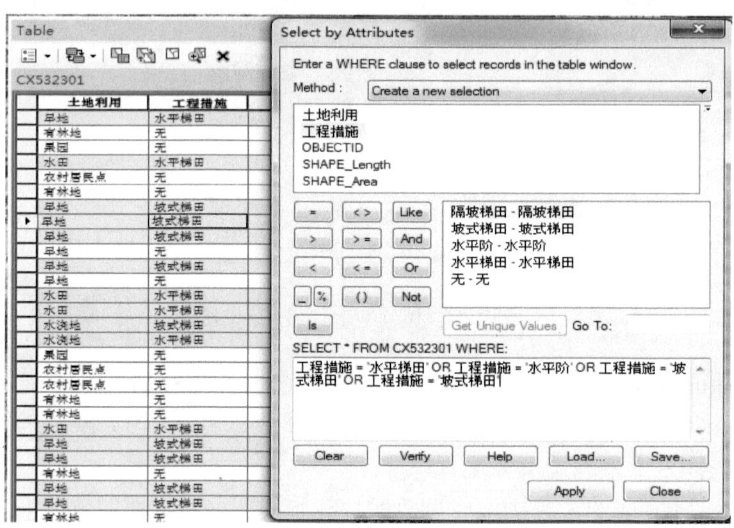
Table
CX532301
土地利用
工程措施
Select by Attributes
Enter a WHERE clause to select records in the table window.
Method :
Create a new selection
土地利用
工程措施
OBJECTID
SHAPE_Length
SHAPE_Area
=
<>
Like
>
>=
And
<
<=
Or
_
%
()
Not
Is
隔坡梯田 - 隔坡梯田
坡式梯田 - 坡式梯田
水平阶 - 水平阶
水平梯田 - 水平梯田
无 - 无
Get Unique Values
Go To:
SELECT * FROM CX532301 WHERE:
工程措施 = '水平梯田' OR 工程措施 = '水平阶' OR 工程措施 = '坡式梯田' OR 工程措施 = '坡式梯田'
Clear
Verify
Help
Load...
Save...
Apply
Close

Layers
土地利用
Copy
Remove
Open Attribute Table
Joins and Relates
Zoom To Layer
Zoom To Make Visible
Visible Scale Range
Use Symbol Levels
Selection
Label Features
Edit Features
Convert Labels to Annotation...
Convert Features to Graphics...
Convert Symbology to Representation...
Data
Save As Layer File...
Create Layer Package...
Properties...
Repair Data Source...
Export Data...
Export To CAD...
Make Permanent
View Item Description...
Review/Rematch Addresses...

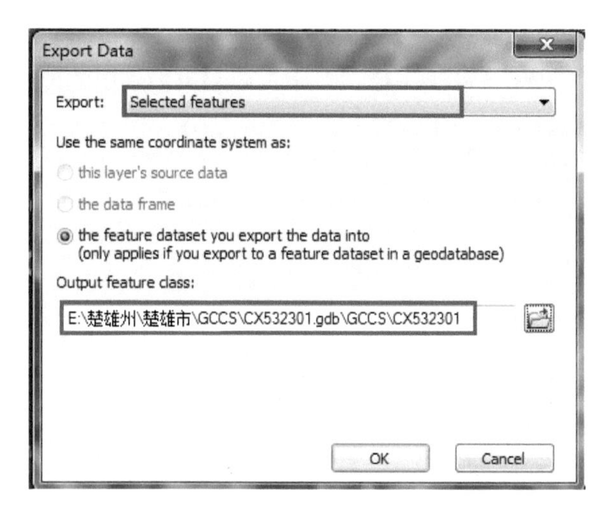

图 7-40　属性筛选与数据导出示例图

1）针对要拼接的图层，在 Editor 工具条上，开始编辑\框选所有要素\复制\停止编辑。

2）激活目标图层，开始编辑\粘贴。

3）对照遥感影像底图，检查接缝区域的图斑，进行补充遗漏、修改错误。

7.3.1.5　拓扑错误修改

当空间数据编辑告一段落后，要对已有编辑成果进行拓扑检查，如果其中有拓扑错误，即按照 7.2.3.2 节介绍的拓扑修改工具操作。

不必每次编辑完都进行拓扑检查，只需在数据汇总拼接时进行操作后提交。

7.3.2　工程措施因子赋值

工程措施因子值的获得主要通过三种途径：一是参考水利普查成果；二是收集公开发表成果；三是收集云南省水土保持监测站点监测数据，计算获得不同工程措施因子值。经过遴选并修正后采用的工程措施因子值数据见表 7-5。

表 7-5　云南省工程措施类型及其赋值表

工程措施序号	工程措施名称	E 值
1	水平梯田	0.01
2	坡式梯田	0.252
3	隔坡梯田	0.343
4	水平阶	0.114

利用“云南省工程措施类型及其赋值表”确定各地块的工程措施因子 E 值，在 ArcGIS 中对工程措施赋因子值。对于土地利用为水田的地块，其工程措施考虑原则为：优先考虑工程措施解译结果，若地块有工程措施，则 E 根据工程措施取值，否则统一取值 0.01。

7.3.3 质量控制

7.3.3.1 影像资料质量控制

1）25 万分幅覆盖全省，现势性为 2011～2014 年。

2）分辨率为 0.5m。

3）云层遮盖度小于 5%。

4）GeoTIFF 格式，CGCS2000 坐标。

5）经过几何精校正和大气校正。

7.3.3.2 解译质量控制

1）文件夹构建完整，命名正确：州（市）文件夹下包含“遥感数据”和“县（市、区）中文名”的文件夹，“县（市、区）中文名”文件夹下包含“CGCS”文件夹。

2）文件类型和文件数量正确：“CGCS”文件夹中包括一个.gdb 文件、一个.mxd 文件，均命名为“县名拼音首字母+县代码”，在.gdb 文件里面包括一个 Feature Dataset，命名为 CGCS，CGCS 里面又包含一个 Feature Class，命名为“县名拼音首字母+县代码”，正确率 100%。

3）遥感影像投影格式定义和转换正确：遥感影像统一定义为 CGCS2000，若遥感数据以 G47 开头，投影选择 CGCS2000_GK_CM_99E；若遥感数据以 G48 开头，投影选择 CGCS2000_GK_CM_105E，正确率 100%。

4）工程措施字段建立及属性域赋值正确：在 landuse 图层里建立名为“工程措施”的字段，并通过添加属性域的方法设置“水平梯田”“坡式梯田”“水平阶”“隔坡梯田”及“无”5 个属性。

5）勾绘地块边界合理：小于 20m×20m（400 个像元）的地块不勾绘边界，并入附近面积最大的地块，勾绘的地块边界位置与实际地块边界位置偏差小于 20m，勾绘的地块面积与实际地块面积误差小于 20%，按地块个数计，边界或面积勾绘错误的地块数量小于 20%。

6）工程措施属性赋值正确：根据遥感影像判读信息，准确添加“水平梯田”“坡式梯田”“水平阶”等措施，误判率低于 10%。

7）跨县地块勾绘合理：对于有措施并跨县的地块，地块外边界以县边界为准闭合或超出县边界 10m 左右闭合。

8）整理工程措施数据表：解译完一个县后，统计该县的工程措施数据，填写工程措施统计表，准确率≥90%。

9）野外复核：在全省范围内抽取典型县进行工程措施野外实地复核，复核内容包括工程措施的判断是否准确、地块边界勾绘是否合理、地块面积是否与实际相符等。

7.3.3.3 工程措施因子值质量控制

1）成果按县存储，以县代码建立目录，在该目录下，数据格式为 GeoTIFF（边界向外扩展 600m），分辨率为 10m，文件命名为 E.tif。

2）分析成果数据取值的合理性。

3）将土地利用图与工程措施因子图叠加，检验二者的一致性。

4）检查全省工程措施矢量图和工程措施因子图的坐标与投影。

7.3.4 工程措施因子调查解译结果

解译形成了分辨率为 10m×10m 的全省工程措施空间分布成果，经统计，共解译 4 种主要的水土保持工程措施图斑 1 416 646 个，总面积 65 409.48km^2，分布在全省各地的耕地和园地两种地类上。云南省的耕地和园地总面积 98 781.30km^2，具备这 4 种工程措施的面积占近三分之二，即 66.22%，说明还有三分之一面积的耕地和园地不具备水土保持工程措施，保水保土能力弱，容易产生土壤侵蚀。

4 种工程措施中，坡式梯田面积最大，为 35 212.29km^2，占全省土地面积的 9.19%，主要分布在曲靖市、昭通市、昆明市、文山州等地；水平梯田面积次之，为 21 008.30km^2，占全省土地面积的 5.48%，分布较为分散，全省均有分布，迪庆州和怒江州两地分布较少；隔坡梯田面积 5529.39km^2，占全省土地面积的 1.44%，主要为西双版纳州等地的橡胶林；水平阶面积最小，仅占全省土地面积的 0.96%，主要为普洱市、临沧市、西双版纳州等地的茶园。工程措施分类及占土地面积比例见表 7-6 和图 7-41。

表 7-6 工程措施分类及占土地面积比例表

序号	名称	面积（km^2）	占土地面积百分比（%）
1	水平梯田	21 008.30	5.48
2	坡式梯田	35 212.29	9.19
3	隔坡梯田	5 529.39	1.44
4	水平阶	3 659.50	0.96
5	无措施	317 800.54	82.93

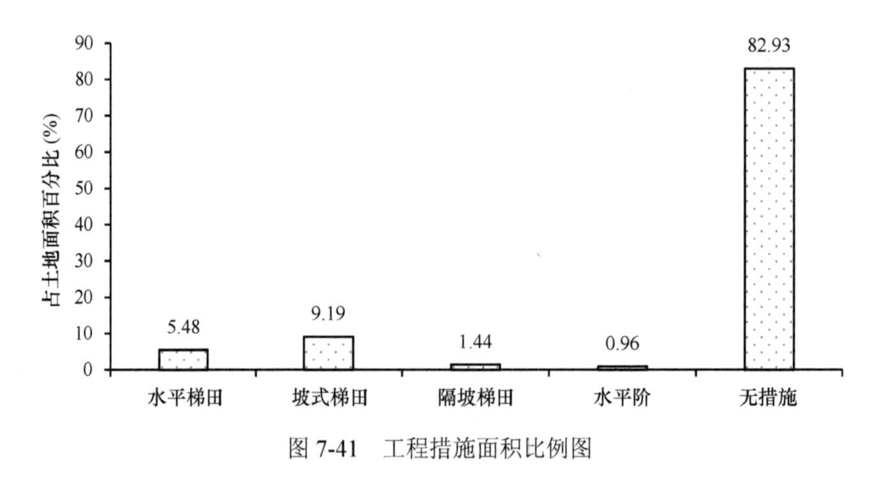

图 7-41 工程措施面积比例图

从州（市）来看，具备水土保持工程措施总面积最大的是曲靖市，为 8650.80km^2，主要的工程措施类型是坡式梯田，其次是红河州（6569.00km^2），主要为水平梯田和坡式梯田；工程措施面积最小的是怒江州，仅有 378.59km^2，措施类型主要是坡式梯田，其次是迪庆州，仅有 438.83km^2，措施类型也主要为坡式梯田。水平梯田措施面积最大的是红河州，为 2956.78km^2，其次是曲靖市（2180.01km^2），最小的是怒江州，仅有 97.97km^2，其次是迪庆州，150.05km^2；坡式梯田措施面积最大的是曲靖市，有 6446.15km^2，其次是昭通市，4539.30km^2，最小的是西双版纳州，仅有 84.73km^2，其次是怒江州（279.19km^2）；隔坡梯田措施分布在少数几个州（市），以有分布的州（市）来说，西双版纳州面积最大，有 4510.64km^2，玉溪市面积最小，仅 0.03km^2；水平阶措施面积最大的是普洱市，为 1124.09km^2，其次是红河州（742.60km^2），面积最小的是迪庆州，仅有 0.24km^2，其次是怒江州（1.43km^2）。

以县级行政区域来看，水土保持工程措施总面积最大的是西双版纳州景洪市，为 2715.60km^2，主要的工程措施类型是隔坡梯田，其次是同属西双版纳州的勐腊县，共有 2325.07km^2，主要的工程措施也是隔坡梯田；工程措施面积最小的是怒江州贡山县，仅有 8.39km^2，工程措施类型主要是坡式梯田，其次是昆明市盘龙区，面积仅有 25.76km^2，工程措施类型也主要为坡式梯田。水平梯田措施面积最大的是保山市腾冲市，有 611.87km^2，其次是普洱市澜沧县（560.60km^2），最小的是昆明市盘龙区和怒江州贡山县，分别仅有 1.58km^2 和 1.65km^2；坡式梯田措施面积最大的是曲靖市宣威市，有 1693.29km^2，其次是曲靖市会泽县（1271.49km^2），最小的是西双版纳州勐腊县，仅有 1.26km^2，其次是怒江州贡山县 6.74km^2）；隔坡梯田措施分布在少数的县级行政区，以有分布的地方来说，西双版纳州景洪市和勐腊县最多，面积分别为 2149.34km^2 和 2055.46km^2，最少的是玉溪市元江县和德宏州陇川县，面积分别只有 0.03km^2 和 0.87km^2；以有水平阶分布的区域来说，措施面积最大的是普洱市思茅区，有 350.00km^2，其次是红河州金平县（295.86km^2），面积最小的是昭通市水富市，仅有 0.01km^2，其次是昆明市西山区和盘龙区，均只有 0.03km^2。

各州（市）工程措施统计情况见表 7-7 和图 7-42。

表 7-7　云南省各州（市）工程措施面积统计表　（单位：km^2）

州（市）	水平梯田	坡式梯田	隔坡梯田	水平阶	合计
昆明市	1208.20	3469.88		7.80	4685.88
曲靖市	2180.01	6446.15		24.64	8650.80
玉溪市	1010.12	1563.50	0.03	33.17	2606.82
保山市	1541.53	1551.36		208.94	3301.83
昭通市	582.83	4539.30		8.26	5130.39
丽江市	599.48	971.26		4.30	1575.04
普洱市	2032.77	2437.13	754.11	1124.09	6348.10
临沧市	1353.88	2684.18	63.69	737.84	4839.59
楚雄市	1608.51	2349.35		84.10	4041.96
红河州	2956.78	2805.61	64.01	742.60	6569.00
文山州	1497.24	3431.85		173.59	5102.68
西双版纳州	1086.12	84.73	4510.64	358.15	6039.64
大理州	1768.16	2006.44		70.24	3844.84
德宏州	1334.65	303.82	136.91	80.11	1855.49
怒江州	97.97	279.19		1.43	378.59
迪庆州	150.05	288.54		0.24	438.83

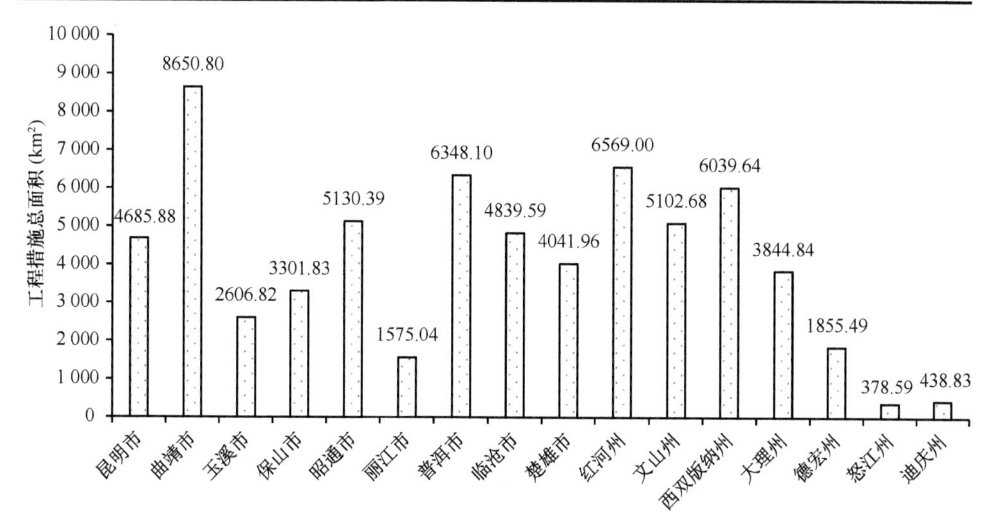

图 7-42　云南省各州（市）水土保持工程措施总面积图

7.4 耕作措施因子调查与计算方法

7.4.1 耕作措施因子调查

根据收集到的资料分析，云南省的耕作措施对土壤侵蚀影响较大的是轮作制度。轮作是指在同一块田地上，有顺序地在季节间或年间轮换种植不同的作物或复种组合的一种种植方式，是一种重要的水土保持耕作措施，它的不同会影响作物盖度的年内（年际）变化，按照中国水土流失方程的原理，耕地的耕作措施因子值按其轮作方式确定，因此耕作措施的调查主要针对轮作制度来进行。

由于轮作制度难于利用遥感影像图解译获取，并且不同土地利用方式及不同农作物对土壤侵蚀的影响有明显差异，因此通过实地调研的方式获取：以县为单位，通过查询资料和实地调查等方式确定该县主要农作物和经济作物的轮作制度，填写表 7-8，从而确定轮作制度的空间分布。

表 7-8 轮作制度调查示例表

云南省 2015 年土壤侵蚀调查		**轮作制度调查表**	
1. 行政区：1.1 名称：玉溪　市（州）　新平　县（市、区）		1.2 代码：530427	1.3 所属轮作分区：Ⅶ4
2	3	4	5
序号	作物类型	轮作制度	备注
1	玉米、小麦	春玉米—冬小麦/蚕豆	干旱年份冬季不种小春作物
2	烤烟	春玉米—冬小麦/蚕豆	干旱年份冬季不种小春作物
3	甘蔗	甘蔗→甘蔗→甘蔗→甘蔗→其他作物	甘蔗一般四年一换茬

轮作制度调查表填写说明：“县代码”填写县行政代码；“所属轮作分区”参考“中国轮作制度分区表”中涉及云南省的 4 个一级区来选取（表 7-9），填写到二级区；“序号”从 1 开始编序，按主要农作物类型和经济作物类型分别填写；填写目标作物类型的年际年内轮作方式，用“—”表示年内轮作、用“→”表示年际轮作；用“/”表示“或”、用“||”表示间作与套种；“备注”填写需要说明的问题。

7.4.2 耕作措施因子赋值

基于中国轮作制度区划图、中国轮作制度分区表涉及云南省轮作制度的 4 个一级区、5 个二级区见表 7-9，二级区分述如下。

表 7-9　云南省轮作分区与因子值表

一级区序号	一级区名	二级区序号	二级区名	代码	轮作制度	因子值
I	青藏高原喜凉作物一熟轮歇区	I1	藏东南川西河谷地喜凉一熟区	031401A	春小麦→春小麦→春小麦→休闲或撂荒	0.423
Ⅶ	西南中高原山地旱地二熟一熟水田二熟区	Ⅶ4	云南高原水田旱地二熟一熟区	031426A	小麦—玉米	0.353
				031426B	冬闲—春玉米‖豆	0.409
				031426C	冬闲—夏玉米‖豆	0.417
		Ⅶ5	滇黔边境高原山地河谷旱地一熟二熟水田二熟区	031427A	马铃薯/玉米两熟	0.421
				031427C	小麦/玉米	0.359
Ⅺ	东南丘陵山地水田旱地二熟三熟区	Ⅺ3	滇南山地旱地水田二熟兼三熟区	031436A	低山玉米‖豆一年一熟	0.417
Ⅻ	华南丘陵沿海平原晚三熟热三熟区	Ⅻ2	华南沿海西双版纳台南二熟三熟与热作区	031438A	玉米—甘薯	0.456

I1 区：藏东南川西河谷地喜凉一熟区，轮作代码为 031401A，轮作制度为春小麦连种三年后休闲或撂荒，主要分布在滇西北迪庆州的香格里拉市和德钦县。

Ⅶ4 区：云南高原水田旱地二熟一熟区，分为三种轮作制度，轮作代码分别为 031426A、031426B 和 031426C，轮作制度分别为小麦和玉米年内轮作、春玉米和豆间作后冬闲、夏玉米和豆间作后冬闲，主要分布在滇中部的曲靖市、昆明市、楚雄州、大理州及玉溪市、文山州和保山市的部分区域。

Ⅶ5 区：滇黔边境高原山地河谷旱地一熟二熟水田二熟区，同样分为三种轮作制度，轮作代码分别为 031427A、031427B 和 031427C，涉及云南的为 031427A 和 031427C 两种，轮作制度分别为马铃薯或玉米年内两熟轮作和小麦或玉米年内轮作，主要分布在滇东北的昭通市、曲靖市部分区域和滇西北的丽江市及怒江州。

Ⅺ3 区：滇南山地旱地水田二熟兼三熟区，轮作代码为 031436A，轮作制度为玉米和豆间作，主要分布在滇南的文山州、红河州、普洱市、临沧市和保山市的部分区域。

Ⅻ2 区：华南沿海西双版纳台南二熟三熟与热作区，轮作代码为 031438A，轮作制度为玉米和甘薯年内轮作，主要分布在滇南、滇西南的西双版纳州和德宏州及红河州、普洱市和临沧市的部分区域。

结合 2010 年第一次水利普查云南省 2811 个调查单元的耕作措施成果，确定云南省耕作措施的空间分布，通过两种途径获得耕作措施因子值：一是参考水利普查成果；二是收集公开发表成果。经过遴选后采用的耕作措施因子值数据见表 7-9，以县为单位对耕作措施空间分布矢量数据进行耕作措施因子赋值后，得到全省的耕作措施因子图层。

7.4.3 质量控制

1）耕作措施数据按县存储，以县代码建立目录，数据格式为 GeoTIFF（边界向外扩展 600m），分辨率 10m，文件命名为 T.tif。

2）将轮作制度分区图与土地利用图叠加，选择耕地面积占比较大的典型县，调查分析轮作制度的合理性。

3）将耕作措施因子图与土地利用图叠加，分析耕作措施因子值变化范围及空间分布状况，与水利普查成果对比，分析合理性，确定取值。

4）检查全省耕地轮作制度矢量图和耕作措施因子图的坐标与投影。

7.4.4 耕作措施因子调查结果

调查形成了分辨率为 10m×10m、以县为单位的全省耕作措施空间分布成果。经统计，全省耕作措施因子值分为 7 个，见表 7-9，最低值为 0.353，最高值为 0.456，无耕作措施地区（非耕地）的因子值为 1。耕作措施因子值较低区域主要为昆明市、大理州、楚雄州和玉溪市等地，属于云南高原水田旱地二熟一熟区，因子值为 0.353，这些区域社会经济发展程度普遍相对较高，耕种方式相对科学合理。耕作措施因子值较高区域主要为西双版纳州、德宏州、普洱市和红河州等地，属于华南沿海西双版纳台南二熟三熟与热作区，因子值为 0.456，这些区域气候和光热条件优越，耕地利用程度较高，但耕作措施相对传统落后，因此耕地上相对更易产生土壤侵蚀。

耕作措施因子分级及面积百分比见表 7-10 和图 7-43。

表 7-10 耕作措施因子分级及占土地面积比例表

序号	耕作措施因子 T 值分级	面积（km^2）	占土地面积百分比（%）
1	0～0.355	22 497.64	5.87
2	0.355～0.41	10 875.22	2.84
3	0.41～0.42	34 234.83	8.93
4	0.42～0.46	15 892.35	4.15
5	0.46～1	299 709.98	78.21

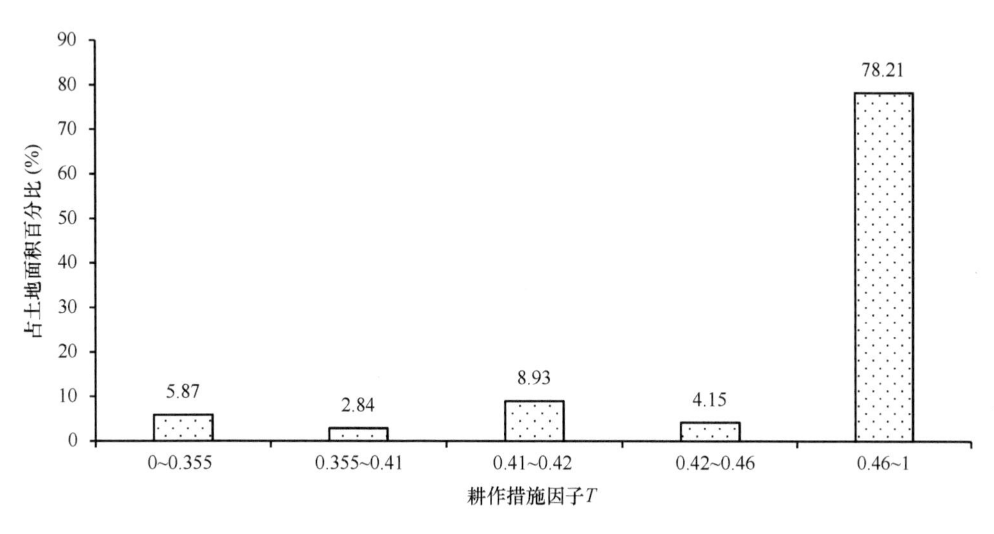

图 7-43　耕作措施因子各分级占土地面积比例图

第 8 章　土壤侵蚀调查成果与分析评价

8.1　土壤侵蚀调查成果

8.1.1　全省土壤侵蚀总体情况

由前面第 3～7 章介绍的内容调查计算，得到影响土壤侵蚀 7 个因子的 10m 分辨率栅格数据成果，根据水利部《土壤侵蚀分类分级标准》(SL 190—2007）中相关条款，在地理信息系统的支持下，用 CSLE 模型叠加计算统计得出，案例区云南省土壤侵蚀总面积 104 727.74km^2，占土地总面积的 27.33%。其中轻度侵蚀面积 63 078.39km^2，占云南省土壤侵蚀面积的 60.23%，广泛分布于缓坡无措施旱地、陡坡有措施旱地及盖度稍低的园地和林草地上，在城镇居民点、工矿用地及裸地等土地上也有分布；中度侵蚀面积 17 617.13km^2，占云南省土壤侵蚀面积的 16.82%，普遍分布于中等坡度无措施旱地、陡坡有措施旱地及低盖度园地和林草地上，农村居民点、工矿用地及裸地等其他土地上也有分布；强烈侵蚀面积 11 422.68km^2，占云南省土壤侵蚀面积的 10.91%，主要分布在人类活动比较频繁的地区，如 15°～25°的无措施陡坡旱地、25°～35°的有工程措施但措施质量不高或受损的陡坡旱地，以及工矿用地及裸地等其他土地上；极强烈侵蚀面积 8056.56km^2，占云南省土壤侵蚀面积的 7.69%，多分布于 20°～30°的陡坡无措施旱地、工矿用地及裸地等其他土地上；剧烈侵蚀面积 4552.98km^2，占土壤侵蚀面积的 4.35%，主要分布在 30°以上的陡坡无措施旱地、工矿用地及破碎程度较高的裸土地区。

各强度级别侵蚀面积占全省土地面积比例情况见图 8-1。

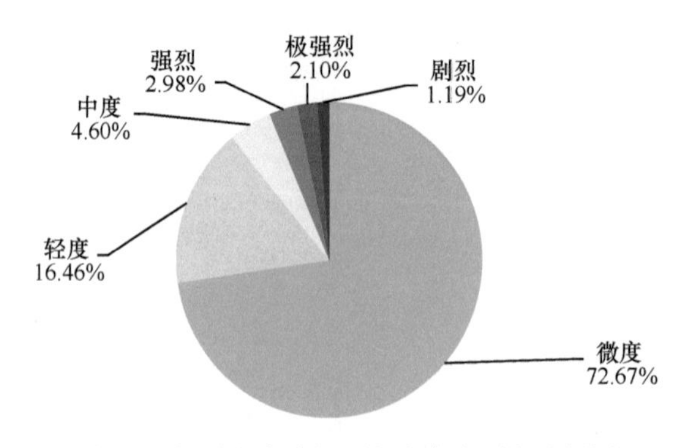

图 8-1　侵蚀强度分级面积占全省面积比例图

8.1.2　六大流域土壤侵蚀现状

云南省分为金沙江、珠江、元江、澜沧江、怒江、伊洛瓦底江六大流域，经统计，金沙江流域土壤侵蚀面积 32 133.61km^2，占流域面积的 29.29%，占全省土壤侵蚀面积的 30.68%；珠江流域土壤侵蚀面积 18 160.03km^2，占流域面积的 30.97%，占全省土壤侵蚀面积的 17.34%；元江流域土壤侵蚀面积 22 761.33km^2，占流域面积的 30.74%，占全省土壤侵蚀面积的 21.73%；澜沧江流域土壤侵蚀面积 19 308.58km^2，占流域面积的 21.83%，占全省土壤侵蚀面积的 18.44%；怒江流域土壤侵蚀面积 8646.46km^2，占流域面积的 25.90%，占全省土壤侵蚀面积的 8.26%；伊洛瓦底江流域土壤侵蚀面积 3717.73km^2，占流域面积的 19.58%，占全省土壤侵蚀面积的 3.55%。

六大流域土壤侵蚀面积占全省侵蚀面积比例见图 8-2。

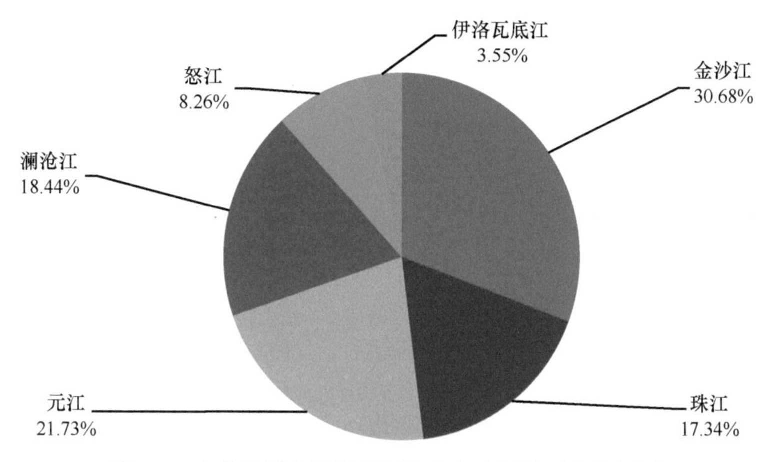

图 8-2　六大流域土壤侵蚀面积占全省侵蚀面积比例图

从空间分布上看，土壤侵蚀严重区域仍然主要分布在金沙江、元江、澜沧江、怒江的中下游及珠江全流域这些人类活动影响较大、社会经济较为发达的地区。从侵蚀强度分级面积情况来看，六大流域侵蚀面积均呈微度>轻度>中度>强烈>极强烈>剧烈的分布状况，并且均以轻度侵蚀为主，轻度侵蚀面积占各自流域侵蚀面积比均在 50%以上，占比最高的是伊洛瓦底江，占比 69.39%，最低的是怒江，占比 51.54%；中度侵蚀面积占各自流域侵蚀面积比在 17%左右，最高的是怒江，占比 18.61%，最低的是珠江，占比 15.55%；强烈侵蚀面积占各自流域侵蚀面积比均在 6%以上，最高的是怒江，占比 15.15%，最低的是伊洛瓦底江，占比 6.22%；极强烈侵蚀面积占各自流域侵蚀面积比在 8%左右，最高的是怒江，占比 9.94%，最低的是伊洛瓦底江，占比 5.46%；剧烈侵蚀面积占各自流域侵蚀面积比在 4%左右，最高的是元江，占比 5.82%，最低的是伊洛瓦底江，占比 3.16%。

六大流域土壤侵蚀强度分级面积见表 8-1。

表 8-1　云南省六大流域土壤侵蚀强度分级面积表　（单位：km^2）

流域	微度侵蚀面积	土壤侵蚀面积	土壤侵蚀强度分级				
			轻度	中度	强烈	极强烈	剧烈
云南省	278 482.28	104 727.74	63 078.39	17 617.13	11 422.68	8 056.56	4 552.98
金沙江	77 571.26	32 133.61	19 972.52	5 380.36	2 936.18	2 678.50	1 166.05
珠江	40 486.67	18 160.03	11 768.79	2 823.40	1 921.52	1 020.63	625.69
元江	51 289.65	22 761.33	13 058.71	3 713.83	2 905.36	1 759.70	1 323.73
澜沧江	69 122.67	19 308.58	11 242.34	3 504.57	2 118.23	1 535.75	907.69
怒江	24 738.55	8 646.46	4 456.19	1 608.75	1 310.17	859.03	412.32
伊洛瓦底江	15 273.48	3 717.73	2 579.84	586.22	231.22	202.95	117.50

六大流域土壤侵蚀强度分级面积堆积图见图 8-3。

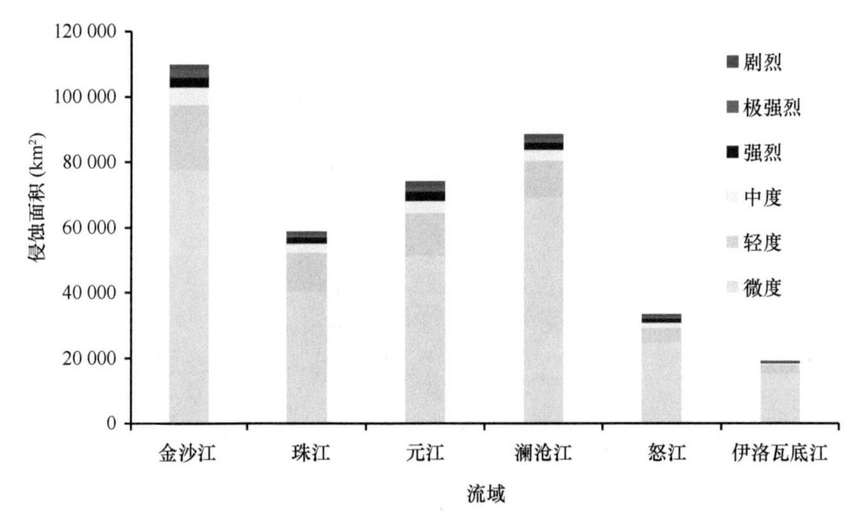

图 8-3　六大流域土壤侵蚀强度分级面积堆积图

六大流域土壤侵蚀强度分级面积见图 8-4。

8.1.3　州（市）土壤侵蚀现状

经统计，全省 16 个州（市）土壤侵蚀面积及侵蚀强度分级情况见表 8-2，侵蚀面积堆积图见图 8-5。总体来看，土壤侵蚀面积最大的是文山州，为 11 404.99km^2，其次为楚雄州（10 114.03km^2），土壤侵蚀面积最小的是德宏州，为 2155.72km^2，次小为怒江州（2938.11km^2）。

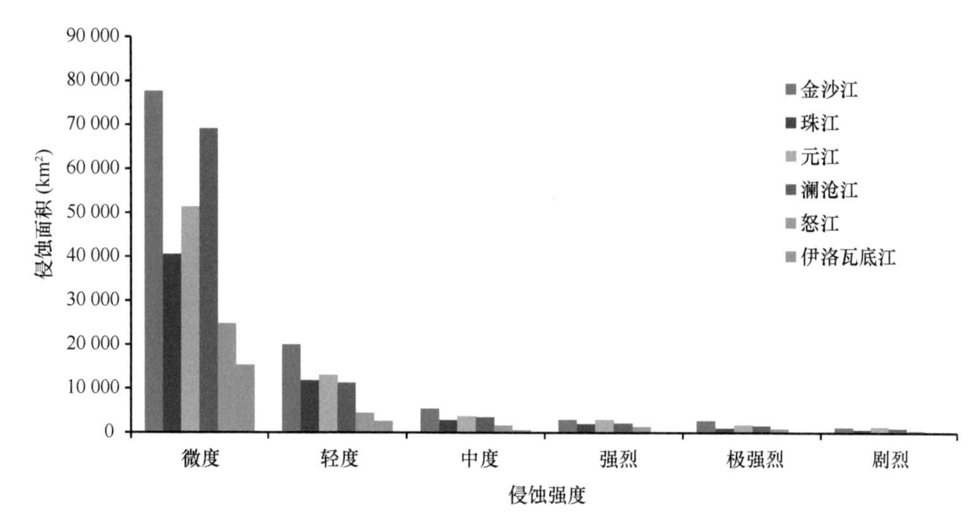

图 8-4　六大流域土壤侵蚀强度分级面积图

表 8-2　云南省各州（市）土壤侵蚀强度分级面积表　（单位：km^2）

州（市）	微度侵蚀面积	土壤侵蚀面积	土壤侵蚀强度分级				
			轻度	中度	强烈	极强烈	剧烈
云南省	278 482.28	104 727.74	63 078.39	17 617.13	11 422.68	8 056.56	4 552.98
昆明市	14 354.72	6 657.44	4 042.22	1 063.45	801.14	595.14	155.49
曲靖市	19 243.58	9 660.53	6 357.44	1 641.89	920.36	542.10	198.74
玉溪市	11 407.74	3 537.62	2 002.73	682.62	366.23	352.76	133.28
保山市	13 751.63	5 314.87	3 275.91	994.72	517.88	410.41	115.95
昭通市	13 672.29	8 757.88	4 481.32	1 496.02	951.03	1261.42	568.09
丽江市	16 243.08	4 305.92	2 937.58	629.92	307.55	296.87	134.00
普洱市	36 018.31	8 328.69	4 344.46	1 266.41	1 126.43	954.07	637.32
临沧市	16 844.71	6 780.60	3 042.42	1 320.45	1 242.11	720.76	454.86
楚雄州	18 334.18	10 114.03	6 894.58	1 706.52	693.35	445.50	374.08
红河州	22 236.64	9 944.48	5 941.12	1 515.37	1 079.47	694.48	714.04
文山州	19 999.78	11 404.99	6 731.72	1 748.54	1 759.81	655.52	509.40
西双版纳州	15 706.14	3 288.37	2 096.79	760.43	147.15	172.53	111.47
大理州	20 646.22	7 655.94	5 268.87	987.03	734.65	400.95	264.44
德宏州	9 018.03	2 155.72	1 416.36	353.59	150.92	129.42	105.43
怒江州	11 659.82	2 938.11	1 661.11	615.20	380.17	232.93	48.70
迪庆州	19 345.41	3 882.55	2 583.76	834.97	244.43	191.70	27.69

按侵蚀面积占全省侵蚀面积比例来看，较高的是文山州、楚雄州和红河州，分别占全省侵蚀面积的 10.89%、9.66%和 9.50%，西双版纳州、怒江州和德宏州的侵蚀面积占比相对较低，分别占全省侵蚀面积的 3.14%、2.81%和 2.06%，见

图 8-6。按侵蚀面积占各自土地面积比例来看，较高的是昭通市、文山州和楚雄州，分别占其土地面积的 39.05%、36.32%和 35.55%，较低的是普洱市、西双版纳州和迪庆州，分别占其土地面积的 18.78%、17.31%和 16.71%。

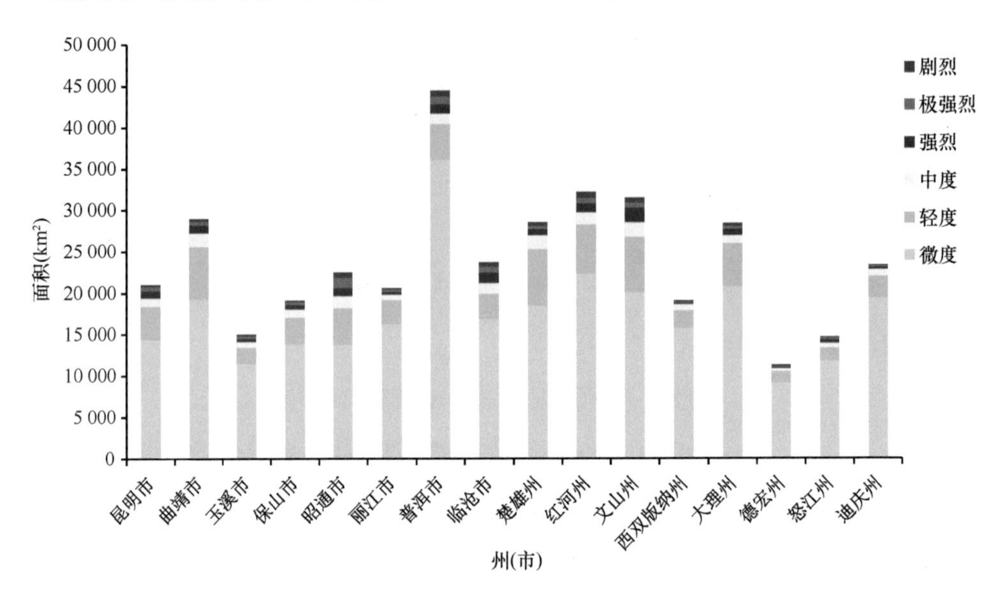

图 8-5 云南省各州（市）土壤侵蚀强度分级面积堆积图

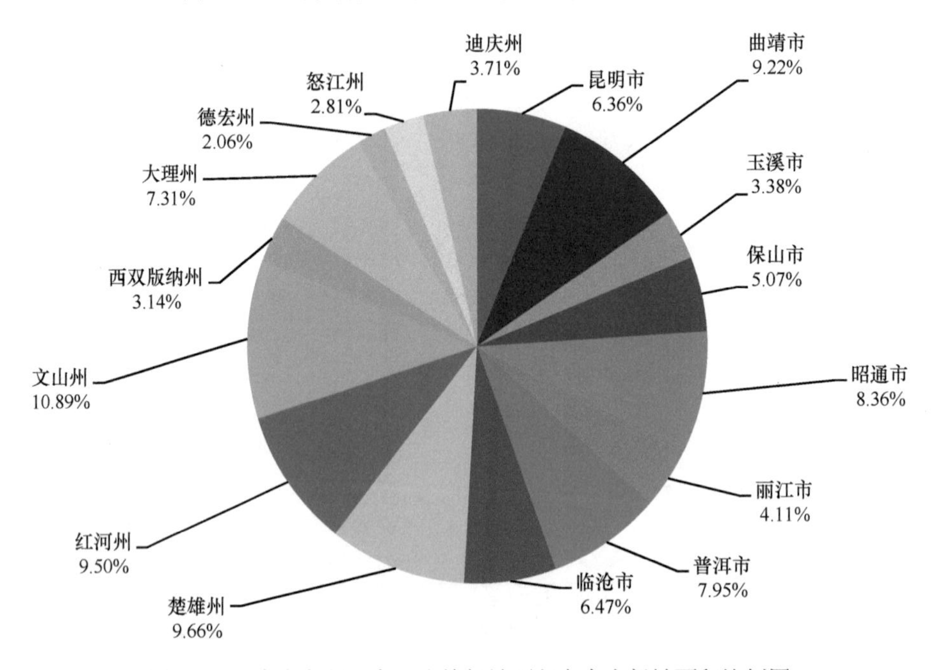

图 8-6 云南省各州（市）土壤侵蚀面积占全省侵蚀面积比例图

侵蚀强度分级的情况如下介绍。

1）轻度侵蚀。侵蚀面积最大的是楚雄州，为 6894.58km^2，其次为文山州（6731.72km^2），最小的是德宏州，为 1416.36km^2，次小为怒江州（1661.11km^2）。按轻度侵蚀面积占全省轻度侵蚀面积比例来看，占比较高的是楚雄州、文山州和曲靖市，分别为 10.93%、10.67%和 10.08%，占比较低的是玉溪市、怒江州和德宏州，分别为 3.17%、2.63%和 2.25%；按轻度侵蚀占各州（市）侵蚀总面积比例来看，占比较高的是大理州、丽江市和楚雄州，分别为 68.82%、68.21%和 68.17%，占比较低的是普洱市、昭通市和临沧市，分别为 52.16%、51.16%和 44.87%。

2）中度侵蚀。侵蚀面积最大的是文山州，为 1748.54km^2，其次为楚雄州（1706.52km^2），最小的是德宏州，为 353.59km^2，次小为怒江州（615.20km^2）。按中度侵蚀面积占全省中度侵蚀面积比例来看，占比较高的是文山州、楚雄州和曲靖市，分别为 9.93%、9.69%和 9.32%，占比较低的是丽江市、怒江州和德宏州，分别为 3.58%、3.49%和 2.01%；按中度侵蚀占各州（市）侵蚀总面积比例来看，占比较高的是西双版纳州、迪庆州和怒江州，分别为 23.12%、21.51%和 20.94%，占比较低的是普洱市、丽江市和大理州，分别为 15.21%、14.63%和 12.88%。

3）强烈侵蚀。侵蚀面积最大的是文山州，为 1759.81km^2，其次为临沧市（1242.11km^2），最小的是西双版纳州，为 147.15km^2，次小为德宏州（150.92km^2）。按强烈侵蚀面积占全省强烈侵蚀面积比例来看，占比较高的是文山州、临沧市和普洱市，分别为 15.41%、10.87%和 9.86%，占比较低的是迪庆州、德宏州和西双版纳州，分别为 2.14%、1.32%和 1.29%；按强烈侵蚀占各州（市）侵蚀总面积比例来看，占比较高的是临沧市、文山州和普洱市，分别为 18.32%、15.43%和 13.52%，占比较低的是楚雄州、迪庆州和西双版纳州，分别为 6.86%、6.30%和 4.47%。

4）极强烈侵蚀。侵蚀面积最大的是昭通市，为 1261.42km^2，其次为普洱市（954.07km^2），最小的是德宏州，为 129.42km^2，次小为西双版纳州（172.53km^2）。按极强烈侵蚀面积占全省极强烈侵蚀面积比例来看，占比较高的是昭通市、普洱市和临沧市，分别为 15.66%、11.84%和 8.95%，较低的是迪庆州、西双版纳州和德宏州，分别为 2.38%、2.14%和 1.61%；按极强烈侵蚀占各州（市）侵蚀总面积比例来看，占比较高的是昭通市、普洱市和临沧市，分别为 14.40%、11.46%和 10.63%，占比较低的是大理州、迪庆州和楚雄州，分别为 5.24%、4.94%和 4.40%。

5）剧烈侵蚀。侵蚀面积最大的是红河州，为 714.04km^2，其次为普洱市（637.32km^2），最小的是迪庆州，为 27.69km^2，次小为怒江州（48.70km^2）。按剧烈侵蚀面积占全省剧烈侵蚀面积比例来看，占比较高的是红河州、普洱市和昭通市，分别为 15.68%、14.00%和 12.48%，占比较低的是德宏州、怒江州和迪庆州，分别为 2.32%、1.07%和 0.61%；按剧烈侵蚀面积占各州（市）侵蚀总面积比例来看，占比较高的是普洱市、红河州和临沧市，分别为 7.65%、7.18%和 6.71%，占比较低的是曲靖市、怒江州和迪庆州，分别为 2.06%、1.66%和 0.71%。总体来看，强烈级别以上的土壤侵蚀主要集中在昭通市、文山州、红河州、临沧市和普洱市等地，德宏州、西双版纳州和迪庆州的侵蚀强度相对较轻。

8.1.4 不同土地利用类型土壤侵蚀情况

经统计，按土地利用一级分类的主要地类侵蚀情况见表 8-3，其中，耕地侵蚀面积为 45 337.34km^2，占耕地总面积的 55.28%，占全省土壤侵蚀面积的 43.29%，在各个侵蚀强度级别上都有分布，且强烈以上侵蚀面积较大；园地侵蚀面积 3736.83km^2，占园地总面积的 22.28%，占全省土壤侵蚀面积的 3.57%；林地侵蚀面积 38 608.39km^2，占林地总面积的 16.29%，占全省土壤侵蚀面积的 36.87%，以轻度侵蚀为主；草地侵蚀面积 13 098.38km^2，占草地总面积的 44.23%，占全省土壤侵蚀面积的 12.51%，以轻度侵蚀为主；其他土地侵蚀面积 3946.80km^2，占其他土地总面积的 22.25%，占全省土壤侵蚀面积的 3.77%。

表 8-3 不同地类土壤侵蚀强度分级面积表 （单位：km^2）

侵蚀强度	耕地	园地	林地	草地	其他土地
微度	36 675.59	13 031.54	198 463.73	16 518.33	13 793.09
轻度	13 043.66	3 194.91	35 349.64	9 804.81	1 685.37
中度	9 920.36	415.78	3 258.75	3 293.57	728.67
强烈	11 023.66	93.27	0	0	305.75
极强烈	7 480.25	29.71	0	0	546.60
剧烈	3 869.41	3.16	0	0	680.41

从地类上看，全省轻度土壤侵蚀主要集中在林地和草地上，中度及中度以上级别的侵蚀面积共 41 649.35km^2，其中耕地就有 32 293.68km^2，占 77.54%，主要集中在坡耕地尤其是陡坡无措施的耕地上。调查表明，全省 25°以下不具备水土保持工程措施的耕地有 2.22 万 km^2，主要分布在文山州、红河州、曲靖市、普洱市和昭通市等地，土壤侵蚀严重，以中度及以上强度侵蚀为主；25°以上的陡坡耕地有 1.95 万 km^2，主要分布在昭通市、普洱市、临沧市、文山州和红河州等地，这些陡坡耕地大多没有水土保持工程措施，土壤侵蚀严重，多属极强烈和剧烈侵蚀，对区域生态环境构成极大威胁。其他土地中的工矿用地和裸地这两种土地利用类型都以强烈及以上强度级别的侵蚀为主，侵蚀面积分别为 619.52km^2 和 1209.80km^2，侵蚀比例分别为其总面积的 67.91%和 81.55%。

8.2　调查方法和成果的分析评价

8.2.1　调查方法评价

本书介绍的土壤侵蚀调查技术，基于 CSLE 模型，使用大量高分辨率、大比例尺、长系列的影像、地形数据、土地利用和气象等各种数据资料，全面考虑并调查计算降雨、土壤、地形、土地利用及水土保持工程措施、生物措施、耕作措施等土壤侵蚀的重要影响因素，应用遥感解译、地理信息系统和模型计算等技术手段，定量计算土壤侵蚀模数，评价土壤侵蚀强度、面积及分布。高精度的数据资料大幅提高了土壤侵蚀强度计算及强度分级的精度和准度，调查方法由以前目视解译的定性判读转变为利用土壤侵蚀模型的定量分析计算，克服了以往调查方法考虑因子不全、无法反映水土保持工程措施状况、不能定量计算、受人为因素影响大等的不足，也弥补了水土保持普查抽样调查代表性的不足，调查方法、技术手段较以往有了较大的改进和创新，为今后开展土壤侵蚀调查提供了参考方法和借鉴经验。

8.2.2　调查成果分析

经调查统计，云南省全省地形坡度以大于 15°为主，占土地总面积的 74.82%，而耕地与土地的坡度组成基本一致，随着坡度的增加，无措施耕地面积占比也随坡度增加而增加，见表 8-4。按照“面蚀（片蚀）分级指标”，中度侵蚀对应的 8°～15°地形坡度范围内，云南省的土地总面积和耕地面积都相对较少，而强烈、极强烈和剧烈对应的 15°～25°、25°～35°陡坡和大于 35°极陡坡，土地面积占比分别高达 27.07%、28.06%和 19.69%，客观反映了坡度对侵蚀强度的影响，符合以坡度为依据的面蚀分级标准。

表 8-4　云南省有、无工程措施耕地面积统计表　　（单位：km^2）

坡度	0～5°	5°～8°	8°～15°	15°～25°	25°～35°	>35°	合计
耕地总面积	18 251.90	6 044.34	15 215.66	23 001.53	14 733.96	4 764.54	82 012.93
有措施耕地	14 689.35	4 271.36	9 421.14	11 906.30	6 065.73	1 281.39	47 635.27
无措施耕地	3 562.55	1 772.98	5 794.52	11 095.23	8 668.23	3 484.15	34 377.66

调查工作中，通过高分辨率遥感影像准确解译出小块陡坡耕地、陡坡无措施耕地等地块，而这些地块正好是强烈以上侵蚀的分布区。从调查统计结果看，强烈以上强度的土壤侵蚀主要集中在 15°以上的陡坡无措施耕地上，并且侵蚀强度的空间分布与 15°以上陡坡无措施耕地的空间分布极为吻合，即主要分布在昭通

市、普洱市、临沧市、文山州及红河州等陡坡无措施耕地分布较多的地区。同时解译出具备水土保持工程措施的地块，这些工程措施广泛分布在不同地形坡度上，从图 8-7 可见，在相同的坡度范围内，有工程措施的耕地土壤侵蚀强度显著低于无措施耕地：15°以上无措施耕地的土壤侵蚀以强烈及以上级别为主，而 15°以上有措施耕地的土壤侵蚀仍以轻度和中度为主，并且随着坡度增加，工程措施的水土保持效应愈加明显，调查结果真实体现了工程措施发挥的水土保持作用。

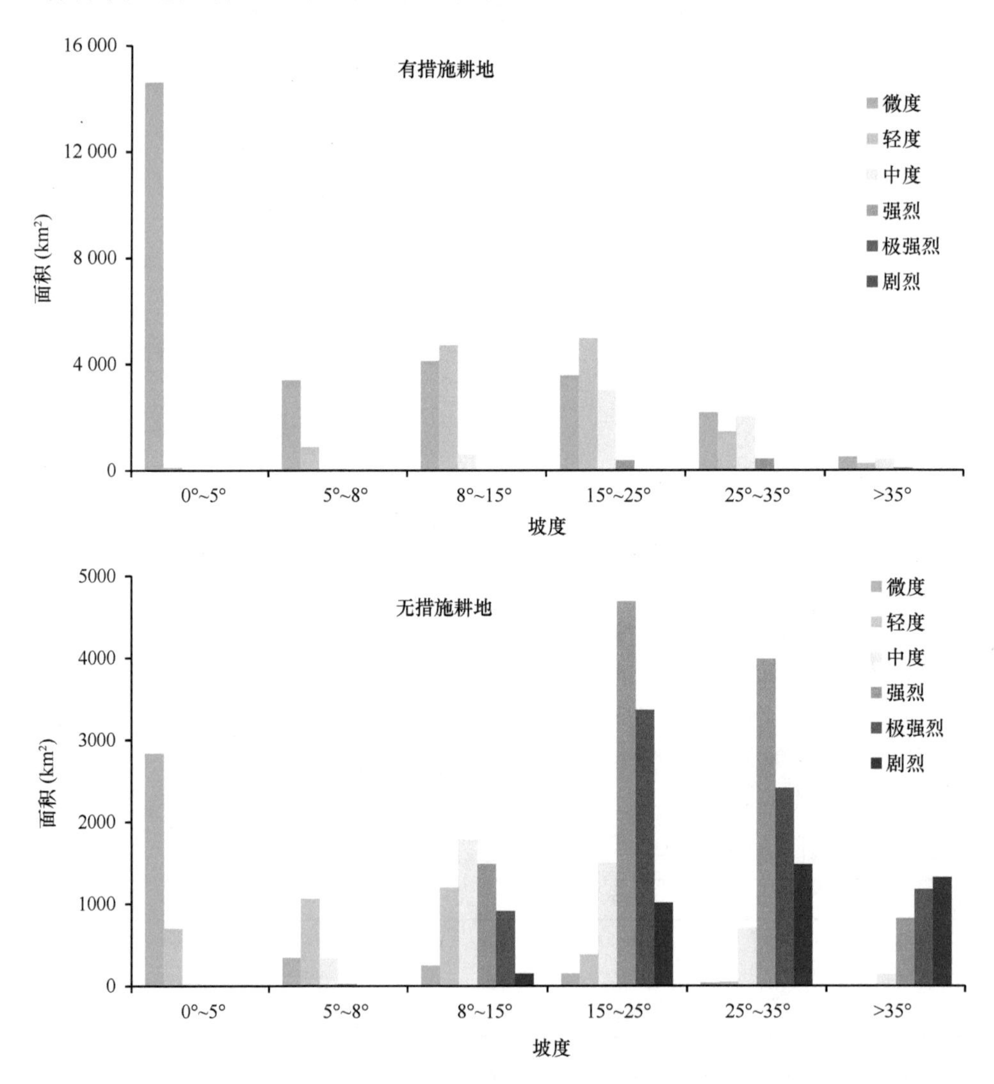

图 8-7　有无工程措施的土壤侵蚀强度对比图

调查工作首次整合了云南省全省层面上的 1∶1 万 DEM 数据，计算出全省的坡长坡度地形数据；调查测定了涵盖全省所有土类的理化参数；首次在全省尺度上利用 0.5m 高分辨率遥感影像解译水土保持的主要工程措施，构建了全省水土保持工程措施数据库，真实地体现了工程措施的水土保持效应；查清了土壤侵蚀严重的区域特别是无措施陡坡耕地的面积和分布状况，调查成果客观地反映了全省的土壤侵蚀现状、空间分布规律和水土流失治理的成效，可以为水土保持生态建设和管理工作提供数据支撑，为开展水土保持规划设计、预防监督、综合治理和监测预报等提供重要依据，有利于水土保持管理信息系统的完善和更新，实现土壤侵蚀动态监测和信息化管理。

参 考 文 献

陈雷. 2002. 中国的水土保持. 中国水土保持, (4): 4-6.

龚子同. 2007. 土壤发生与系统分类. 北京: 科学出版社.

郭索彦, 刘宝元, 李智广, 等. 2014. 土壤侵蚀调查与评价. 北京: 中国水利水电出版社.

冷疏影, 冯仁国, 李锐, 等. 2004. 土壤侵蚀与水土保持科学中的研究领域与问题. 水土保持学报, 18(1): 1-6.

刘巽浩, 韩湘玲, 等. 1987. 中国耕作制度区划. 北京: 北京农业大学出版社.

刘震. 2013. 谈谈全国水土保持情况普查及成果运用. 中国水土保持, 10: 4-7.

全国土壤普查办公室. 1993～1996. 中国土种志(第一卷～第六卷). 北京: 中国农业出版社.

谢云, 赵莹, 张玉平, 等. 2013. 美国土壤侵蚀调查的历史与现状. 中国水土保持, (10): 53-60.

杨勤科, 李锐, 曹明明. 2006. 区域土壤侵蚀定量研究的国内外进展. 地球科学进展, 21(8): 849-856.

云南省土壤普查办公室. 1989. 云南省第二次土壤普查数据资料集. 昆明: 云南省土壤普查办公室.

云南省土壤普查办公室. 1991. 云南省 1∶75 万土壤图. 昆明: 云南省土壤普查办公室.

云南省土壤普查办公室. 1994. 云南土种志. 昆明: 云南科技出版社.

张俊民, 蔡凤歧, 何同康. 1995. 中国土壤. 北京: 商务印书馆.

中华人民共和国水利部. 2007. 土壤侵蚀分类分级标准. 北京: 中国水利水电出版社.

周为峰, 吴炳方. 2006. 区域土壤侵蚀研究分析. 水土保持研究, 13(1): 265-268.

Batjes N H. 1996. Global assessment of land vulnerability to water erosion on a one half degree by one half degree grid. Land Degradation & Development, 7(4): 353-365.

Bosco C, Rigo D, Dewitte O, et al. 2015. Modelling soil erosion at European scale: towards harmonization and reproducibility. Natural Hazards and Earth System Science, 15(2): 225-245.

Liu B Y, Zhang K L, Xie Y. 2002. An empirical soil loss equation. Proceedings 12th International Soil Conservation Organization Conference. Vol. III. Beijing: Tsinghua University Press.

Lu Hua, Gallant J, Prosser I P, et al. 2001. Prediction of Sheet and Rill Erosion over the Australian Continent, Incorporating Monthly Soil Loss Distribution. Canberra: CSIRO Land and Water Technical Report.

Milliman J D, Syvitski J P M. 1992. Geomorphic/tectonic control of sediment discharge to the ocean: the importance of small mountainous rivers. Journal of Geology, 100: 325-344.

Oldeman L R. 1994. The global extent of soil degradation. *In*: Greenland D J, Szabolcs I. Soil Resilience and Sustainable Land Use. Wallingford: CAB International: 99-118.

Owens P N, Collins A J. 2006. Soil Erosion and Sediment Redistribution in River Catchments: Measurement, Modelling and Management. Wallingford: CAB International.

Wischmeier W H, Johnson C B, Cross B V. 1971. A soil erodibility nomograph for farmland and construction sites. J Soil Water Conserv, 26: 189-193.

附录 1　云南省土样调查点分布信息表

样点编号	土类	亚类	州（市）	县（市、区）	采样位置	经度（°）	纬度（°）	海拔（m）	地表植被
53233	赤红壤	赤红壤性土	保山	昌宁县	湾甸乡旱地	99.3426	24.589	1200	玉米、陆稻、小麦、豌豆
53050	水稻土	潴育水稻土	保山	龙陵县	龙新乡勐冒村坪子垭口	98.8062	24.6179	1875	水稻
53293	黄棕壤	暗黄棕壤	保山	龙陵县	龙山镇旱地	98.6911	24.5898	1900	荞麦、马铃薯、杂豆、小麦
53307	黄棕壤	暗黄棕壤	保山	龙陵县	镇安镇旱地	98.8295	24.6915	1910	玉米
60351	火山灰土	火山灰土	保山	腾冲市	马站乡大空山山口	98.48	25	2000	云南松、华山松、白花杜鹃、山柳、草蕨等
53060	水稻土	潜育水稻土	楚雄	大姚县	金碧镇	101.2614	25.1836	1856	水稻
53407	紫色土	中性紫色土	楚雄	大姚县	金碧镇	101.3219	25.7262	1900	玉米、蔬菜
53336	棕壤	棕壤	楚雄	大姚县	三台乡三台村李老五箐自然村右侧坡地	100.9917	25.8985	2780	马铃薯、荞麦、萝卜籽
53309	黄棕壤	暗黄棕壤	楚雄	大姚县	三台乡松树梁子	100.9917	25.8985	2440	常绿阔叶林
30316	红壤		楚雄	禄丰县	勤丰镇高楼村委会岔路口	102.2953	25.1805	1880	
60283	新积土	冲积土	楚雄	南华县	龙川镇岔河村大岔河小组	101.03	25	1198	
30368	紫色土		楚雄	永仁县	宜就镇老怀哨村江底河自然村	101.7061	25.9838	1480	
53399	紫色土	中性紫色土	楚雄	牟定县	安乐乡蒙恩村海资冲瓦窑坡梯地	101.6059	25.419	2025	玉米、薯类、杂豆、小麦、油菜
30348	紫色土		楚雄	元谋县	老城乡坡地	101.8964	25.6202	1700	
30404	燥红土		楚雄	元谋县	物茂乡芝麻村	101.7848	25.9709	1140	

续表

样点编号	土类	亚类	州（市）	县（市、区）	采样位置	经度（°）	纬度（°）	海拔（m）	地表植被
60233	燥红土	燥红砂泥土	楚雄	元谋县	物茂乡物茂村缓坡旱地	101.78	26	1330	旱耕地
60225	燥红土	燥红土	楚雄	元谋县	黄瓜园镇苴林村	101.84	26	1120	玉米、芝麻、花生、甘蔗、菠萝等
30416	燥红土		大理	宾川县	金牛镇白塔村	100.5558	25.826		浅稀荒草
53080	水稻土	潜育水稻土	大理	宾川县	金牛镇太和社区太和华侨农场	100.6042	25.8055	1475	水稻
53126	红壤	红壤	大理	宾川县	宾居镇	100.5169	25.6901		玉米、薯类、高粱、杂豆
53147	红壤	红壤	大理	宾川县	州城镇州城村	100.5837	25.7417		玉米、马铃薯、杂豆
53143	红壤	红壤	大理	宾川县	平川镇古底村	100.8297	25.9891		玉米、马铃薯、豆类、小麦
53453	燥红土	褐红土	大理	宾川县	力角镇力角村旱耕地	100.5856	25.9293	1400	薯类、玉米、高粱、杂豆
53426	新积土	冲积土	大理	大理市	喜洲镇周城村大河南边	100.1305	25.8551		
53328	棕壤	棕壤	大理	洱源县	炼铁乡牛桂丹村	99.8041	25.9857	2820	荞麦、燕麦、马铃薯
60027	红壤	红壤	大理	洱源县	三营镇三营村地势平缓的旱耕地	100.00	26	2440	旱耕地
53062	水稻土	潜育水稻土	大理	鹤庆县	金墩乡建邑村	100.1928	26.4953	2190	水稻
53149	红壤	红壤	大理	鹤庆县	松桂镇南庄村旱耕地	100.215	26.3442	1900	玉米、豆类、小麦
60025	红壤	红壤	大理	鹤庆县	龙开口镇中江村旱耕地	100.41	26	1500	旱耕地
60231	燥红土	燥红砂泥土（褐红土）	大理	鹤庆县	龙开口镇丘陵坡地	100.40	27	1275	旱耕地
53371	黑毡土	黑毡土	大理	剑川县	老君山镇老君山南坡	99.3	27.3667	4100	杜鹃灌丛、禾本科、莎草科、菊科
53078	水稻土	潜育水稻土	大理	祥云县	东山乡妙姑村煤矿附近	100.6844	25.3936	1970	水稻
53138	红壤	红壤	大理	祥云县	刘厂镇大波那村旱耕地	100.7481	25.4862	1960	玉米、菌类、荞麦、小麦
60157	黄棕壤	暗黄棕壤	大理	祥云县	普淜镇力必甸村麻栗树小组旱耕坡地	100.58	26	2700	旱耕地

续表

样点编号	土类	亚类	州（市）	县（市、区）	采样位置	经度（°）	纬度（°）	海拔（m）	地表植被
53395	紫色土	酸性紫色土	大理	永平县	龙街镇青禾早村坡地	99.7767	25.3387	1700	玉米、烤烟、豆类、麦类
53406	紫色土	中性紫色土	大理	云龙县	宝丰乡宝丰村	99.3671	25.8125	2000	玉米、薯类、豆类、辣椒
53141	红壤	红壤	大理	云龙县	民建乡布麻村石龙村组旱耕地	98.9665	25.704	1780	玉米、豆类、小麦、油菜、甘蔗、陆稻
60203	暗棕壤	暗棕壤	大理	云龙县	长新乡新松村奇场小组后小罗坪山	99.54	26	3250	云杉、铁杉、高山松、高山栎等
53232	赤红壤	黄色赤红壤	德宏	梁河县	勐养镇	98.3636	24.8977		旱粮、茶叶
53231	赤红壤	黄色赤红壤	德宏	芒市	遮放镇	98.2795	24.2581		砂仁、草果、甘蔗、花生
53069	水稻土	潜育水稻土	德宏	瑞丽市	姐相乡贺寨村小等喊自然村	97.752	23.9181	750	水稻
60009	赤红壤	赤红壤	德宏	瑞丽市	弄岛镇橡胶园	97.67	24	850	胶园地
53212	赤红壤	赤红壤	德宏	瑞丽市	瑞丽农场	97.8424	24.0174	880	橡胶
53229	赤红壤	黄色赤红壤	德宏	瑞丽市	畹町镇	98.5864	24.4415	913.8	陆稻、玉米
53063	水稻土	潜育水稻土	德宏	盈江县	平原镇勐町村	97.9319	24.709	810	水稻
53216	赤红壤	赤红壤	德宏	盈江县	德宏农垦分局热带作物试验站实验地	98.5864	24.4415		橡胶、咖啡、甘蔗
53219	赤红壤	黄色赤红壤	德宏	盈江县	那邦镇那邦村瓦蕉自然村南西坡	97.6103	24.7082	1150	
60007	砖红壤	黄色砖红壤土	德宏	盈江县	那邦镇那邦坝缘低山山麓缓坡地段	97.70	25	250	玉米、陆稻
53381	寒冻土	寒冻土	迪庆	德钦县	升平镇 4850m 以上高山	98.9098	28.4895	4850	地衣、苔藓
53427	新积土	冲积土	迪庆	香格里拉市	小中甸镇团结村石麦谷自然村	99.7918	27.5426	3200	青稞
60207	暗棕壤	暗棕壤	迪庆	香格里拉市	城区以东 10km 处天生桥林地	99.78	28	3450	云杉、落叶松、桦木等
53217	赤红壤	赤红壤	红河	建水县	临安镇	102.8457	23.6245	1340	
53018	水稻土	淹育水稻土	红河	建水县	临安镇城郊村糖房坝小组	102.843	23.5989	1304	水稻
53074	水稻土	潜育水稻土	红河	石屏县	坝心镇白浪村	102.5536	23.6483	1420	水稻

续表

样点编号	土类	亚类	州（市）	县（市、区）	采样位置	经度（°）	纬度（°）	海拔（m）	地表植被
53038	水稻土	潴育水稻土	昆明	呈贡区	七甸街道马郎社区水塘 1 组的谷地低平处	102.9362	24.9033	1910	水稻
53428	新积土	冲积土	昆明	呈贡区	斗南街道斗南社区大沟地	102.7848	24.922	1890	粮食、蔬菜
53449	燥红土	燥红土	昆明	东川区	乌龙镇乌龙村麻栗坪自然村大梁子	103.181	26.0629	1325	甘蔗、花生、红薯、玉米、小麦
53410	紫色土	石灰性紫色土	昆明	富民县	永定街道清河村保家住处坡耕旱地	102.4965	25.2252	1700	玉米、大豆、杂豆
60353	紫色土	酸性紫色土	昆明	富民县	罗免镇耕地	102.47	25	1700	薯类、杂豆、玉米等
53364	棕色针叶林土	棕色针叶林土	昆明	禄劝县	乌蒙乡轿子雪山	102.1399	25.6812	3800	冷杉、杜鹃
53334	棕壤	棕壤	昆明	禄劝县	乌蒙乡轿子雪山新山丫口停车场附近坡地	102.4334	25.8033		马铃薯、燕麦、荞麦
53412	紫色土	石灰性紫色土	昆明	石林县	鹿阜街道路美邑村坡耕地	103.272	24.8172	1600	玉米、小麦
53103	红壤	山原红壤	昆明	嵩明县	嵩阳街道倚伴社区蛇山梁子旱地	103.0663	25.335	1950	玉米、小麦、马铃薯
53114	红壤	山原红壤	昆明	嵩明县	杨林镇大树营村旱耕地	103.0593	25.1837	2000	马铃薯、荞麦、杂豆
60045	红壤	山原红壤	昆明	宜良县	汤池街道草甸社区五丰村低山丘原旱耕地	103.05	25	1700	旱耕地
60051	红壤	山原红壤	昆明	宜良县	九乡乡缓坡旱耕地	103.39	25	1800	旱耕地
53017	水稻土	淹育水稻土	丽江	古城区	金山乡金山村开文自然村	100.3037	27.0117	2350	水稻
60143	黄棕壤	暗黄棕壤	丽江	华坪县	新庄乡新庄村白沙坡	101.19	27	2300	云南松、水冬瓜针阔叶混交林
60159	黄棕壤	暗黄棕壤	丽江	华坪县	中心镇	101.26	27	2200	玉米、荞麦、马铃薯
60205	暗棕壤	暗棕壤	丽江	宁蒗县	战河乡汉家厂村高山上部	101.02	27	3100	铁杉、高山栎为主的针阔叶混交林
60181	棕壤	棕壤	丽江	宁蒗县	新营盘乡东风村	100.92	27	2580	稀疏云南松林和灌木丛

续表

样点编号	土类	亚类	州（市）	县（市、区）	采样位置	经度（°）	纬度（°）	海拔（m）	地表植被
60183	棕壤	棕壤	丽江	宁蒗县	西川乡竹山村坡耕旱地	100.66	27	2670	马铃薯、荞麦、燕麦、萝卜等耐寒作物
60177	棕壤	棕壤	丽江	宁蒗县	战河乡战河村大火山自然村	100.78	27	2780	马铃薯、荞麦、燕麦等旱粮作物
30420	燥红土		丽江	永胜县	片角镇热河村达旦自然村	100.5841	26.0109	1320	余甘子、小桐子等
53185	红壤	黄红壤	丽江	永胜县	光华乡新生村七店丫口	100.6833	26.7506	1950	玉米、陆稻、小麦、豆类
53128	红壤	红壤	丽江	永胜县	大安乡	100.485	26.7534		玉米、小麦、大麦、蚕豆、豌豆
60179	棕壤	棕壤	丽江	永胜县	羊坪乡羊坪村	100.80	27	2650	旱耕地
60265	新积土	新积土	丽江	玉龙县	白沙镇森林派出所前面	100.22	27	2490	禾本科草类及多刺灌丛
60213	棕色针叶林土	棕色针叶林土	丽江	玉龙县	九河乡老君山北坡林地	99.96	27	3550	冷杉林
53327	棕壤	棕壤	丽江	玉龙县	鲁甸乡鲁甸丫口	99.5138	27.0577	3000	云南松、华山松、铁杉、枫杨、栎树
53368	棕色针叶林土	棕色针叶林土	丽江	玉龙县	玉龙雪山东北坡	100.2611	27.0772	3700	冷杉、云杉、红杉
53358	暗棕壤	暗棕壤	丽江	玉龙县	玉龙雪山东北坡缓坡台地	100.2611	27.0672	3580	云杉、铁杉、落叶松、桦树
53347	棕壤	棕壤	丽江	玉龙县	太安乡太安村平缓坡旱耕地	100.1	26.75	2750	马铃薯、荞麦、燕麦、白芸豆
53377	黑毡土	黑毡土	丽江	玉龙县	玉龙雪山东北坡平缓坡地	100.2611	27.0872	3880	青稞、马铃薯、蔓菁、荞麦
53339	棕壤	棕壤	丽江	玉龙县	白沙镇玉湖村玉龙雪山南麓	100.2134	27.0171	2980	高山松与栎树的混交林
53076	水稻土	潜育水稻土	临沧	沧源县	芒卡镇南腊村下芒卡坝寨	98.9895	23.3717		水稻
53251	砖红壤	黄色砖红壤土	临沧	沧源县	班洪乡班洪村	99.0979	23.2938	600	陆稻、玉米、黄豆、豌豆
53202	赤红壤	赤红壤	临沧	凤庆县	营盘镇	99.6705	24.3795		玉米
53269	黄壤	暗黄壤	临沧	凤庆县	三岔河镇岔河田村	99.8649	24.9337	2140	玉米、小麦
53302	黄棕壤	暗黄棕壤	临沧	耿马县	四排山乡大雪山阳坡	99.3986	23.5378	2600	云南铁杉、南方红豆杉

续表

样点编号	土类	亚类	州（市）	县（市、区）	采样位置	经度（°）	纬度（°）	海拔（m）	地表植被
53145	红壤	红壤	临沧	耿马县	四排山乡东坡村	99.5757	23.4923		玉米、杂豆、豌豆
53008	水稻土	淹育水稻土	临沧	临翔区	博尚镇	100.0524	23.7222	1755	水稻
53119	红壤	红壤	临沧	临翔区	凤翔街道南屏社区	100.0902	23.8816		玉米、小麦、豆类
53117	红壤	红壤	临沧	临翔区	忙畔街道	100.0959	23.903		玉米、小麦
53043	水稻土	潴育水稻土	临沧	双江县	勐勐镇水田	99.8238	23.4779		水稻
53263	砖红壤	褐色砖红壤	临沧	双江县	邦丙乡旱地	99.8573	23.2622		陆稻、玉米
53262	砖红壤	黄色砖红壤土	临沧	双江县	忙糯乡	100.0202	23.4214		稀树灌丛草地
53134	红壤	红壤	临沧	永德县	崇岗乡旱地	99.2158	24.0157		玉米、烤烟、小麦
53031	水稻土	潴育水稻土	临沧	云县	栗树乡栗树村	100.4656	24.2108		水稻
53267	砖红壤	褐色砖红壤	临沧	镇康县	勐捧镇大沙坝中低坡坡麓	98.971	24.0637		玉米、陆稻、黄豆、甘蔗
53285	黄壤	黄壤性土	怒江	福贡县	石月亮乡米俄洛村	98.8975	27.2485	1550	玉米、马铃薯
30308	红壤		怒江	福贡县	匹河乡知子罗村东碧罗雪山	99.023	26.9506	2100	云南松林
53306	黄棕壤	暗黄棕壤	怒江	贡山县	普拉底乡	98.7791	27.6026		玉米
60197	暗棕壤	暗棕壤	怒江	兰坪县	金顶镇雪帮山林	99.43	26	3050	林区
53359	暗棕壤	暗棕壤	怒江	泸水市	片马镇片马丫口	98.7094	25.9561	3200	铁杉、冷杉、高山松
30468	亚高山草甸土		怒江	泸水市	鲁掌镇风雪丫口	98.5094	25.7	3100	高山七里香、地檀香
53209	赤红壤	赤红壤	普洱	江城县	曲水镇拉珠村	102.0856	22.608	950	粮豆、花生、甘蔗、小麦
30244	赤红壤		普洱	景东县	曼等乡瓦窑村	100.5382	24.304	1450	思茅树林混有阔叶树种
30280	赤红壤		普洱	景东县	景福镇棠梨箐村	101.0622	22.6924	1570	针阔混交林破坏后的灌丛
53223	赤红壤	黄色赤红壤	普洱	景东县	景福镇古里村榨房村小组	100.582	24.0406		玉米、陆稻
60011	赤红壤	赤红壤	普洱	澜沧县	惠民镇镇政府后旱地	100.06	22	1000	旱耕地

续表

样点编号	土类	亚类	州（市）	县（市、区）	采样位置	经度（°）	纬度（°）	海拔（m）	地表植被
60021	赤红壤	黄色赤红壤	普洱	澜沧县	勐朗镇旱耕地	99.92	23	1320	旱耕地
60015	赤红壤	赤红壤	普洱	澜沧县	勐朗镇大平掌村	99.83	23	940	次生阔叶灌丛与思茅松幼林
30248	赤红壤		普洱	澜沧县	发展河乡营盘村	100.0488	23.1664	1370	常绿阔叶林破坏后的草地
30252	赤红壤		普洱	澜沧县	上允镇上允村	99.9404	22.4552	940	思茅松、杂木林
30268	赤红壤		普洱	澜沧县	富邦乡赛罕村荒草地	99.9796	22.5286	1130	禾本科草类及飞机草、篙枝等
53211	赤红壤	赤红壤	普洱	澜沧县	东回镇东岗村细允自然村旱耕地	99.8108	22.4237	1230	陆稻、玉米、甘蔗
53234	赤红壤	赤红壤性土	普洱	澜沧县	木戛乡邦利村富勐河边	99.6406	22.9875	1000	玉米
30240	赤红壤		普洱	孟连县	芒信镇芒信村	99.64	22.1325	1040	毁林后三四年的轮歇坡地
30276	赤红壤		普洱	孟连县	娜允镇芒弄村芒弄瓦场公路旁荒草地	99.5917	22.323		禾本科草类及飞机草、篙枝等
60013	赤红壤	赤红壤	普洱	墨江县	双龙乡四子村水塘边	101.36	23	1380	玉米、陆稻、大豆、花生、小麦、油菜、蚕豆、豌豆
30260	赤红壤		普洱	思茅区	思茅镇以北 13 公里的那贺附近	100.9715	22.783	1500	针叶林，以思茅松为主
53164	红壤	黄红壤	曲靖	富源县	富村镇境内	104.4559	25.3759	1884	玉米
53056	水稻土	潜育水稻土	曲靖	富源县	竹园镇海章村下海章小组	104.3124	25.4113	1750	水稻
53419	新积土	冲积土	曲靖	富源县	富村镇普红村石坎子自然村	104.2535	25.6757	1935	玉米、小麦
53301	黄棕壤	暗黄棕壤	曲靖	会泽县	上村乡上村	103.1964	26.5531	2360	马铃薯、荞麦、小麦
53345	棕壤	棕壤	曲靖	会泽县	大海乡绿荫塘村	103.3294	26.5688	3240	
53375	黑毡土	黑毡土	曲靖	会泽县	大海乡境内牧草地	103.3294	26.5688	3550	燕麦、荞麦、蔓菁
53033	水稻土	潴育水稻土	曲靖	陆良县	芳华镇雍家村后所自然村大西山	103.6792	25.1646		水稻
53191	红壤	红壤性土	曲靖	陆良县	小百户镇旱地	103.5701	25.0449		玉米、荞麦、小麦
53108	红壤	山原红壤	曲靖	陆良县	中枢街道致兴真丝厂北 50m	103.6642	25.0314	1855	玉米、马铃薯、烤烟
53054	水稻土	潜育水稻土	曲靖	陆良县	大莫古镇戛古村	103.6276	24.9495		水稻

续表

样点编号	土类	亚类	州（市）	县（市、区）	采样位置	经度（°）	纬度（°）	海拔（m）	地表植被
53040	水稻土	潴育水稻土	曲靖	罗平县	九龙街道	104.2938	25.2297	1700	水稻
53435	石灰土	红色石灰土	曲靖	罗平县	罗雄街道补歹村	104.302	24.8837	1500	油菜、花生、玉米
53051	水稻土	潜育水稻土	曲靖	罗平县	长底乡长底村	104.503	25.0282		水稻
60319	石灰土	黑色石灰土	曲靖	罗平县	大水井乡金歹村岩溶坡地	104.36	25	1580	多为稀树多刺灌丛
60333	石灰土	黄色石灰土	曲靖	罗平县	板桥镇安勒村小树林自然村	104.49	25	1600	灌丛草地
53189	红壤	红壤性土	曲靖	马龙区	月望乡	103.6386	25.3313		玉米
53193	红壤	红壤性土	曲靖	马龙区	马鸣乡马鸣村	103.3775	25.2732	1850	玉米、马铃薯、小麦
60057	红壤	山原红壤	曲靖	马龙区	旧县街道旧县社区团结村	103.39	25	1980	旱耕地
30288	红壤		曲靖	麒麟区	越州镇新田村水库边	103.9026	25.3055	1890	
60055	红壤	山原红壤	曲靖	麒麟区	越州镇	103.87	25.28	1860	旱耕地
30296	红壤		曲靖	麒麟区	城西南寥廓街道廖廊山	103.5802	25.5359	2100	次生云南松林
53298	黄棕壤	暗黄棕壤	曲靖	师宗县	雄壁镇大舍村	103.9829	24.983		玉米、麦类
53085	红壤	山原红壤	曲靖	宣威市	西泽乡瑞井村 11 队高家门前旱耕地	103.7639	26.3545	2150	玉米、烤烟、薯类
53162	红壤	黄红壤	曲靖	宣威市	田坝镇土木村红梁杆耕地	104.3825	26.4858	1910	玉米、陆稻、马铃薯、烤烟、荞麦
53424	新积土	冲积土	曲靖	宣威市	热水镇	103.7647	26.0929	1950	马铃薯、大豆、玉米、小麦
53417	新积土	冲积土	曲靖	宣威市	东山镇旱耕地	104.2345	26.4828	1720	蔬菜、玉米、小麦、油菜
53100	红壤	山原红壤	曲靖	宣威市	热水镇格依村 10 队旱耕地	103.8357	26.0487	2120	玉米、马铃薯、小麦、油菜、烤烟、荞麦
53181	红壤	黄红壤	曲靖	宣威市	田坝镇旱耕地	104.4556	26.1764	1860	
60047	红壤	山原红壤	曲靖	宣威市	龙场镇乐树村旱耕地	104.25	26	2020	玉米、薯类、烤烟、豆类、油菜、小麦

续表

样点编号	土类	亚类	州（市）	县（市、区）	采样位置	经度（°）	纬度（°）	海拔（m）	地表植被
60061	红壤	山原红壤（红壤性土）	曲靖	宣威市	阿都乡梨树村、跑马营中山陡坡	104.45	27	1800	旱耕地
60267	新积土	新积土	曲靖	宣威市	板桥街道耿屯社区	104.07	26	1950	旱耕地
60507	沼泽土	泥炭沼泽土	曲靖	宣威市	西宁街道	104.11	26	1950	旱耕地
53388	紫色土	酸性紫色土	曲靖	宣威市	龙潭镇业肥村	104.0059	26.4108	2140	红薯、玉米、杂豆
53420	新积土	冲积土	曲靖	沾益区	盘江镇龙凤村大右所河岸	103.1298	24.0178	1952	
60039	红壤	黄红壤	文山	丘北县	锦屏镇下寨村旱耕地	104.07	24	1500	旱耕地
30228	砖红壤		西双版纳	景洪市	勐龙镇大勐龙景区	100.7277	21.6757	670	季雨林（轻度破坏）
53236	砖红壤	砖红壤	西双版纳	景洪市	勐龙镇东风农场9队公路旁胶林	100.6787	21.5819	570	橡胶
60003	砖红壤	砖红壤	西双版纳	景洪市	勐龙镇曼别村	100.73	22	670	橡胶、优质木材、热带水果
60005	砖红壤	砖红壤	西双版纳	景洪市	西双版纳原始森林公园附近	100.89	22	625	热带经济林木、南药、香料、果树
30256	赤红壤		西双版纳	勐海县	县城东北部4km	100.4484	21.9592	1220	照叶林，以栲树为主
53259	砖红壤	黄色砖红壤土	西双版纳	勐腊县	勐捧农场六分场九队	101.3177	21.44	650	橡胶
53260	砖红壤	黄色砖红壤土	西双版纳	勐腊县	勐捧镇	101.2946	21.4477		花生、玉米、甘蔗
53035	水稻土	潴育水稻土	西双版纳	勐腊县	易武镇	101.4666	21.9778	981	水稻
53070	水稻土	潜育水稻土	玉溪	澄江县	龙街街道尖山社区尖山四队	102.7587	24.1118	1800	水稻
53001	水稻土	淹育水稻土	玉溪	澄江县	右所镇13社	102.5588	24.3639	1650	水稻
53016	水稻土	淹育水稻土	玉溪	澄江县	右所镇北门三队	102.9162	24.6734	1800	水稻
53096	红壤	山原红壤	玉溪	澄江县	右所镇小湾村旱耕地	102.9371	24.644	1800	玉米、马铃薯、小麦、荞麦、烤烟
53173	红壤	黄红壤	玉溪	华宁县	盘溪镇缓坡耕地	103.0999	24.2278	1400	玉米、小麦、豌豆、马铃薯、荞麦

续表

样点编号	土类	亚类	州（市）	县（市、区）	采样位置	经度（°）	纬度（°）	海拔（m）	地表植被
53183	红壤	黄红壤	玉溪	华宁县	城郊旱地	102.9276	24.1964	1790	玉米、豆类、杂粮、小麦
60053	红壤	山原红壤	玉溪	华宁县	青龙镇革勒村	103.04	25	1800	玉米、马铃薯、荞麦、烤烟
53390	紫色土	酸性紫色土	昭通	鲁甸县	水磨镇	103.4028	27.2381	2200	烤烟、小麦、玉米、黄豆、马铃薯
53372	黑毡土	黑毡土	昭通	巧家县	药山镇大村药山	103.0469	27.1486	3752	中草药
53380	寒冻土	寒冻土	昭通	巧家县	药山镇大村药山顶峰	103.0469	27.1486	4040	少量草植物和野生药材
53330	棕壤	棕壤	昭通	巧家县	药山镇荞麦地村月亮洞	103.0369	27.0882	3140	针阔叶混交林
60149	黄棕壤	暗黄棕壤	昭通	巧家县	药山镇药山村	103.05	27	2200	马铃薯、荞麦、兰花籽和玉米
60155	黄棕壤	暗黄棕壤	昭通	巧家县	马树镇小米地安家村	103.15	27	2500	云南松、水冬瓜的针阔混交林
53286	黄壤	黄壤性土	昭通	盐津县	盐井镇仁和村铜厂小组	104.2417	28.0753	500	玉米
53316	黄棕壤	暗黄棕壤	昭通	盐津县	盐井镇高桥村	103.8588	28.0369		马铃薯、荞麦、黑麦
53279	黄壤	暗黄壤	昭通	盐津县	盐井镇花包村坡耕旱地	104.2417	28.075	680	玉米、马铃薯、花生、烤烟、麦类
53275	黄壤	暗黄壤	昭通	盐津县	牛寨乡黄壤坡耕地	104.3667	28.1333	1000	玉米、马铃薯
53278	黄壤	暗黄壤	昭通	彝良县	荞山镇（距镇政府 5km 左右）坡耕地	104.2059	27.5463	1600	玉米、马铃薯、烤烟
53272	黄壤	暗黄壤	昭通	彝良县	牛街镇	104.479	27.8493	1100	玉米、马铃薯
53331	棕壤	棕壤	昭通	永善县	伍寨乡长海村大坪子	104.0031	28.3934		马铃薯、荞麦、燕麦
53287	黄壤	黄壤性土	昭通	永善县	莲峰镇南林村南	103.5898	27.8141	1960	玉米
60065	黄壤	黄壤	昭通	昭阳区	布嘎乡布嘎村	103.71	27	1980	玉米、麦类及烤烟等
60069	黄壤	黄壤	昭通	昭阳区	城西旱地	103.63	27	1940	玉米、烤烟
53284	黄壤	暗黄壤	昭通	昭阳区	太平街道永乐社区	103.7449	27.3363	1950	玉米、马铃薯

附录 2　土地利用解译标志表

编号	纬度（N）	经度（E）	现状	地形坡度	工程措施	作物盖度（%）	植被盖度（%）	对应影像	对应照片	行政区（县、乡、村）
1	25°45′1.5″	104°21′5.4″	有林地	15°～25°	无		云南松等 60～75	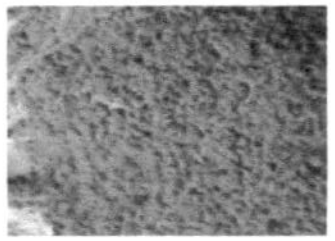		富源县后所镇栗树坪村
2	25°45′16.8″	104°21′28.3″	其他林地	15°～25°	无		云南松等 30～45	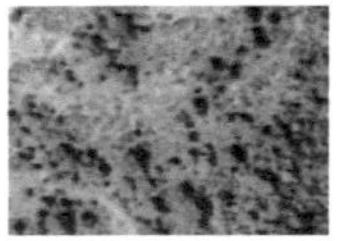		富源县后所镇栗树坪村
3	25°13′19.7″	104°27′3.8″	灌木林地	8°～15°	无		车桑子、马桑等 45～60	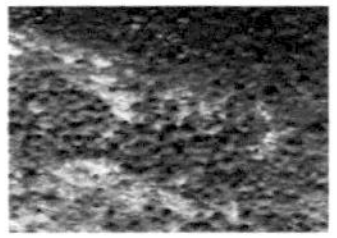		富源县老厂镇新角村
4	25°12′10.8″	104°29′33.3″	灌木林地	15°～25°	无		车桑子、马桑等 30～45			富源县老厂镇大格村
5	25°11′35.9″	104°31′34.7″	草地	15°～25°	无		杂草 30～45	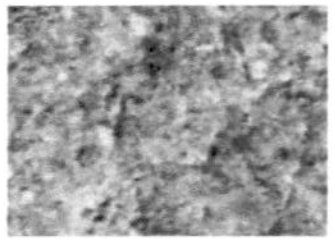		富源县十八连山镇岔河村

续表

编号	纬度（N）	经度（E）	现状	地形坡度	工程措施	作物盖度（%）	植被盖度（%）	对应影像	对应照片	行政区（县、乡、村）
6	25°11′32.0″	104°33′31.4″	其他林地	8°～15°	无		云南松等 45～60	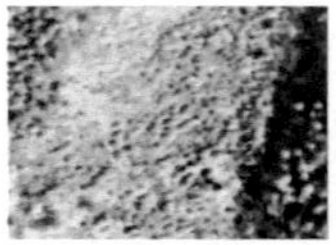		富源县十八连山镇岔河村
7	25°10′48.8″	104°33′39.0″	其他林地	15°～25°	无		柏树、旱冬瓜等 30～45	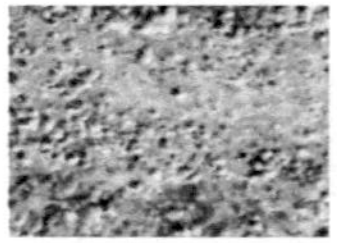		富源县十八连山镇岔河村
8	25°10′47.3″	104°33′36.6″	草地	8°～15°	无		杂草 60～75	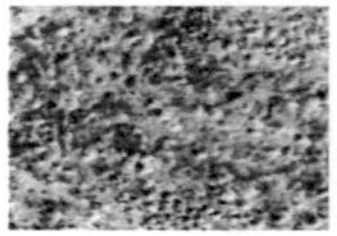		富源县十八连山镇岔河村
9	27°25′17.9″	103°39′28″	草地	5°～8°	无		杂草 45～60	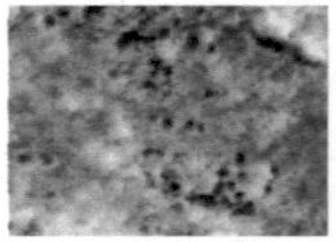		昭阳区旧圃镇后海村
10	27°25′2″	103°39′26.8″	有林地	15°～25°	无		杉木 45～60			昭阳区旧圃镇旧圃村
11	27°24′42.4″	103°39′15″	灌木林	15°～25°	无		马桑等 60～75			昭阳区旧圃镇旧圃村

续表

编号	纬度（N）	经度（E）	现状	地形坡度	工程措施	作物盖度（%）	植被盖度（%）	对应影像	对应照片	行政区（县、乡、村）
12	27°24′36.4″	103°39′20.9″	水域及水利设施	0°	无		无			昭阳区旧圃镇旧圃村
13	27°24′18.5″	103°39′31.2″	交通运输用地	0°	无		无	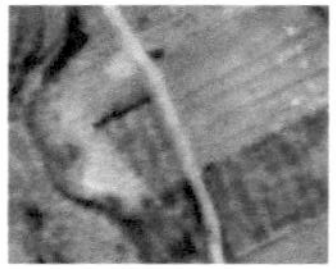		昭阳区旧圃镇旧圃村
14	27°24′35.1″	103°38′34.8″	其他林地	8°～15°	无		杉木 30～45	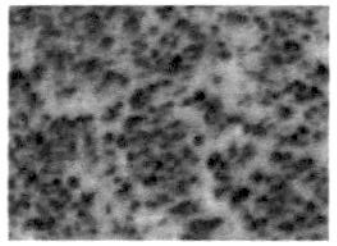		昭阳区旧圃镇旧圃村
15	28°14′31.1″	103°39′51.5″	居民点	5°～8°	无		无	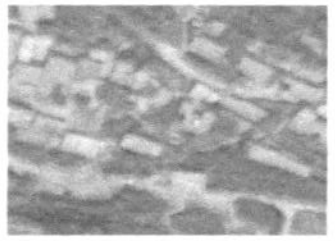		永善县溪洛渡镇农场社区
16	28°14′18.8″	103°39′59.2″	草地	5°～8°	无		杂草 60～75			永善县溪洛渡镇农场社区
17	28°15′15.5″	103°37′15.7″	工矿用地	5°～8°	无		无			永善县溪洛渡镇三坪村

续表

编号	纬度（N）	经度（E）	现状	地形坡度	工程措施	作物盖度（%）	植被盖度（%）	对应影像	对应照片	行政区（县、乡、村）
18	28°14′12.9″	103°40′50.5″	其他土地	25°～35°	无		<30	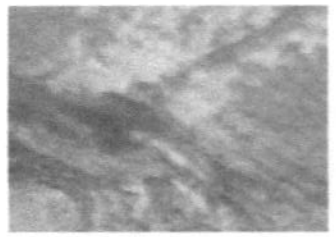		永善县溪洛渡镇明子村
19	24°9′40.9″	98°4′56.7″	有林地	15°～25°	无		桦、喜树等 45～60	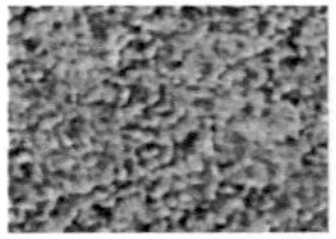		芒市遮放镇弄坎村
20	24°10′26.8″	98°4′28.7″	草地	15°～25°	无		杂草 60～75	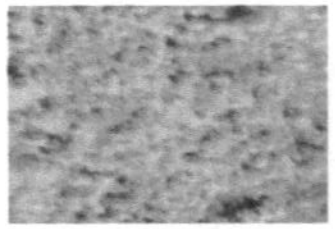		芒市遮放镇弄坎村
21	24°8′32.5″	98°2′16.5″	其他林地	8°～15°	无		旱冬瓜 30～45	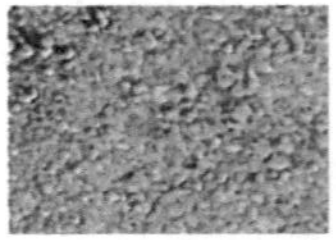		芒市遮放镇弄坎村
22	24°9′11.9″	98°1′50″	有林地	15°～25°	无		西南桦等 60～75			芒市遮放镇弄坎村
23	24°12′49.2″	98°7′5.8″	居民点	5°～8°	无		无			芒市遮放镇弄坎村

续表

编号	纬度（N）	经度（E）	现状	地形坡度	工程措施	作物盖度（%）	植被盖度（%）	对应影像	对应照片	行政区（县、乡、村）
24	24°26′17.1″	101°58′49.5″	有林地	15°～25°	无		云南松 60～75			双柏县大庄镇桃园村
25	24°26′24.7″	101°58′55.4″	灌木林地	15°～25°	无		青刺尖、白刺花等 30～45			双柏县大庄镇桃园村
26	24°27′15.1″	101°57′15.7″	灌木林地	8°～15°	无		青刺尖、白刺花等 <30			双柏县大庄镇桃园村
27	24°29′52.4″	101°17′22.6″	其他林地	8°～15°	无		柏树、杉木等 30～45			姚安县栋川镇清河社区
28	24°29′49.5″	101°17′19.7″	有林地	5°～8°	无		柏树、杉木等 60～75			姚安县栋川镇清河社区
29	25°42′55.5″	101°48′41.8″	草地	5°～8°	无		杂草 60～75			元谋县元马镇摩诃社区

续表

编号	纬度（N）	经度（E）	现状	地形坡度	工程措施	作物盖度（%）	植被盖度（%）	对应影像	对应照片	行政区（县、乡、村）
30	25°42′50.3″	101°48′45.1″	其他林地	15°～25°	无		凤凰木、滇刺枣等 30～45	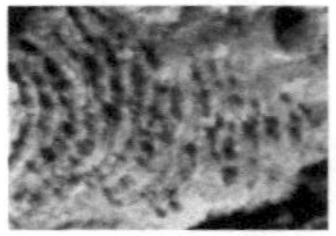		元谋县元马镇摩诃社区
31	21°54′19.2″	100°39′14.5″	有林地	15°～25°	无		思茅松、紫檀、黄檀等 60～75			景洪市嘎洒镇沙药村
32	21°54′19.4″	100°39′3.9″	其他林地	8°～15°	无		滇刺枣、酸角等 30～45			景洪市嘎洒镇沙药村
33	24°46′49.9″	102°46′21.9″	工矿用地	5°～8°	无		无			呈贡区马金铺街道办事处中卫社区
34	24°43′55.4″	102°48′59.1″	有林地	15°～25°	无		云南松等 60～75			呈贡区马金铺街道办事处中卫社区
35	24°42′37.2″	102°51′4.4″	其他林地	5°～8°	无		油桐、八角等 30～45	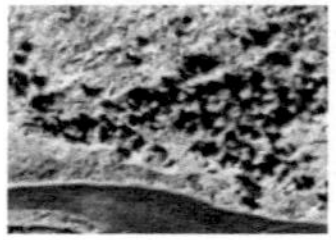		呈贡区马金铺街道办事处小营社区

续表

编号	纬度（N）	经度（E）	现状	地形坡度	工程措施	作物盖度（%）	植被盖度（%）	对应影像	对应照片	行政区（县、乡、村）
36	24°45′59.2″	102°52′1.2″	其他林地	15°～25°	无		云南松等 <30	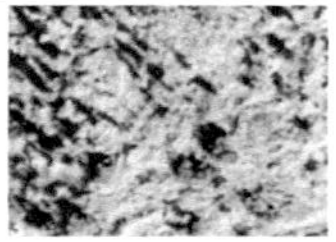		呈贡区马金铺街道办事处小营社区
37	24°52′54.1″	102°52′20.5″	草地	5°～8°	无		杂草 45～60	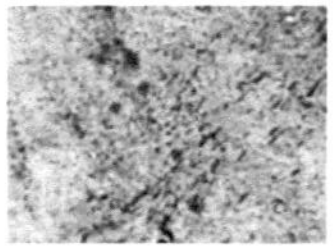		呈贡区洛龙街道办事处白龙潭社区
38	24°52′54.6″	102°52′13″	灌木林地	15°～25°	无		盐肤木、清香木等 45～60	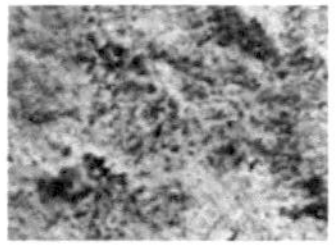		呈贡区洛龙街道办事处白龙潭社区
39	23°24′10.4″	104°17′44.8″	有林地	15°～25°	无		云南松等 60～75	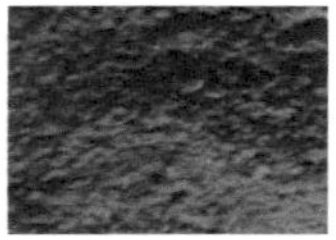		文山市东山乡前进村
40	23°23′57.9″	104°18′54.4″	其他林地	15°～25°	无		杉木、栎、柏木等 45～60	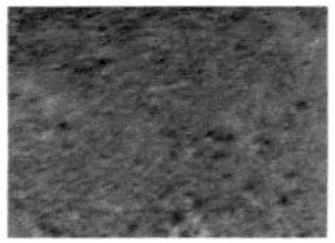		文山市东山乡前进村
41	23°45′58.1″	105°20′46.2″	灌木林地	25°～35°	无		马桑、车桑子、杜鹃等 <30	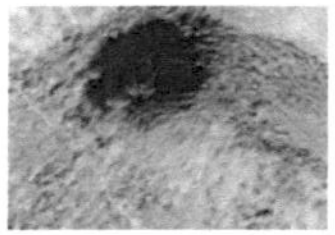		广南县八宝镇交播村

续表

编号	纬度（N）	经度（E）	现状	地形坡度	工程措施	作物盖度（%）	植被盖度（%）	对应影像	对应照片	行政区（县、乡、村）
42	23°45′8.1″	105°22′17.1″	灌木林地	15°～25°	无		马桑、车桑子、杜鹃等 30～45	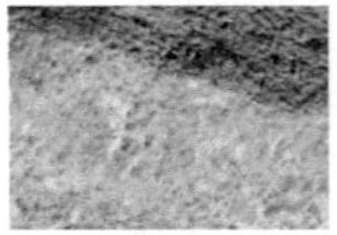		广南县八宝镇交播村
43	23°38′41.7″	102°42′58.8″	其他林地	15°～25°	无		杉木等 45～60	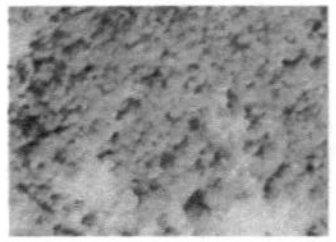		建水县西庄镇团山村
44	23°37′53.4″	102°47′39.2″	其他土地	5°～8°	无		无	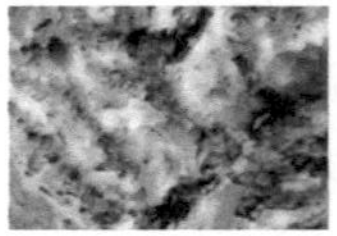		建水县临安镇韩家社区
45	23°22′55.2″	102°18′26.5″	草地	25°～35°	无		杂草 60～75	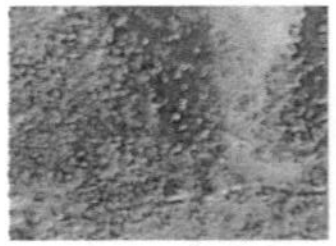		红河县迤萨镇凹腰山社区
46	23°23′30.5″	102°20′28.9″	草地	25°～35°	无		杂草 30～45	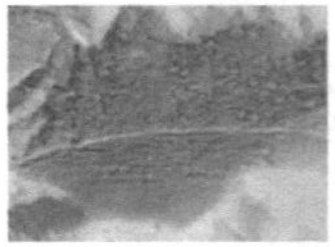		红河县迤萨镇凹腰山社区
47	23°22′28.1″	102°23′45.9″	工矿用地	15°～25°	无		无	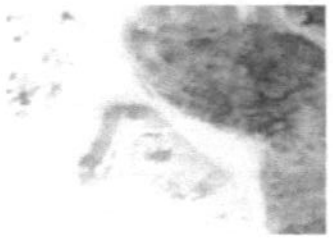		红河县迤萨镇凹腰山社区

续表

编号	纬度（N）	经度（E）	现状	地形坡度	工程措施	作物盖度（%）	植被盖度（%）	对应影像	对应照片	行政区（县、乡、村）
48	23°21′57.4″	102°26′57.5″	有林地	15°～25°	无		思茅松、铁刀木等 60～75			红河县迤萨镇西山社区
49	27°39′29.7″	99°44′37.5″	草地	5°～8°	无		杂草 60～75			香格里拉市小中甸镇联合村
50	27°39′41.3″	99°45′22.4″	有林地	8°～15°	无		高山松等 60～75			香格里拉市小中甸镇联合村
51	27°37′4.2″	99°43′23.1″	其他林地	15°～25°	无		滇石栎、云杉等 45～60			香格里拉市小中甸镇联合村
52	27°36′54.4″	99°43′45″	灌木林地	15°～25°	无		火棘、滇榛等 30～45			香格里拉市小中甸镇联合村

附录3　工程措施解译标志表

编号	纬度（N）	经度（E）	现状	地形坡度	工程措施	作物盖度（%）	植被盖度（%）	对应影像	对应照片
1	25°15′6.4″	102°28′43.8″	果园	<5°	水平梯田		杨梅、葡萄 55～65		
2	25°14′59.2″	102°28′35.8″	旱地	<5°	水平梯田	蚕豆、葱 60～70		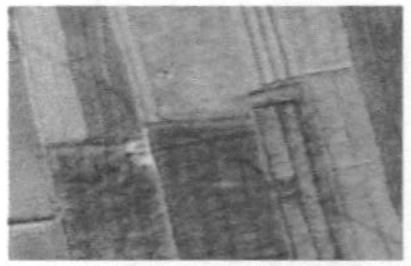	
3	25°14′56.9″	102°28′34.2″	旱地	5°～8°	坡式梯田	蚕豆、油菜 60～70			
4	25°14′49.7″	102°29′3.7″	果园	5°～8°	坡式梯田		杨梅 60～70	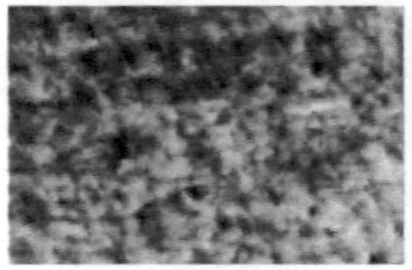	
5	25°13′12.5″	102°31′51.9″	水田	<5°	水平梯田	水稻 40～50			

续表

编号	纬度（N）	经度（E）	现状	地形坡度	工程措施	作物盖度（%）	植被盖度（%）	对应影像	对应照片
6	24°54′12.7″	101°35′20.3″	旱地	5°～8°	坡式梯田	蚕豆 30～40		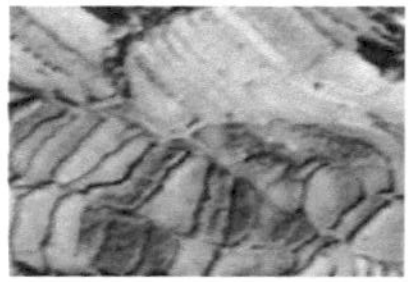	
7	25°08′50.5″	101°39′34″	水田	<5°	水平梯田	水稻、蚕豆 20～40		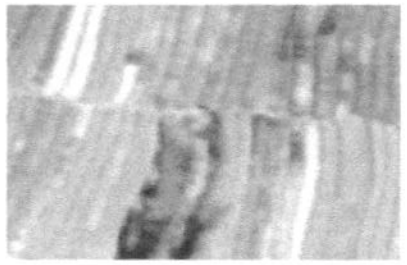	
8	24°42′17.6″	100°15′43.1″	茶园	15°～25°	水平阶		茶树 40～50	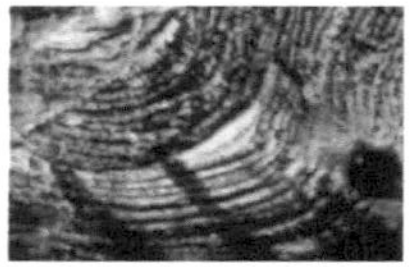	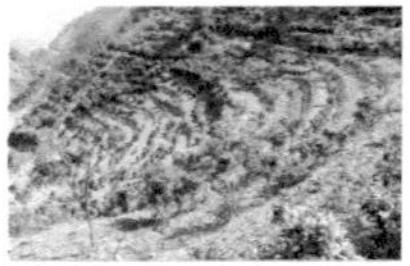
9	24°38′56.9″	100°13′25.9″	果园	8°～15°	坡式梯田	玉米 20～30	核桃树 50～60	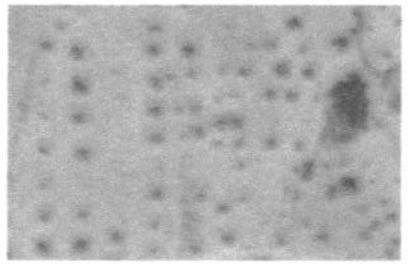	
10	24°38′18.6″	100°13′57″	旱地	15°～25°	无	无		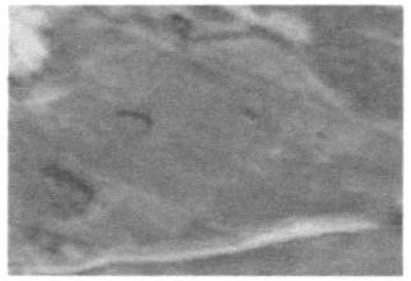	
11	24°35′4.7″	100°13′8.3″	茶园	15°～25°	水平阶		茶树 15～25	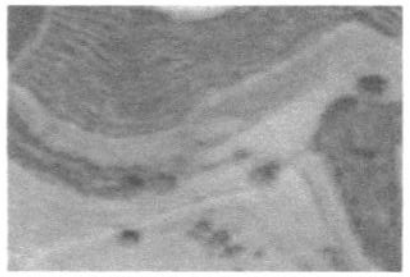	

续表

编号	纬度（N）	经度（E）	现状	地形坡度	工程措施	作物盖度（%）	植被盖度（%）	对应影像	对应照片
12	24°16′51.9″	100°04′14.5″	茶园	15°～25°	水平阶		茶树 50～60	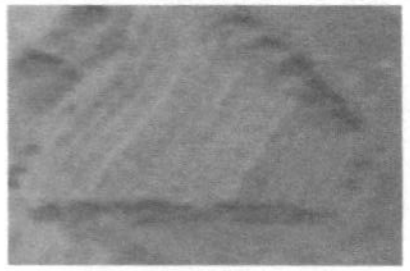	
13	23°28′24.1″	99°48′36.3″	水田	<5°	水平梯田	水稻、玉米 40～50		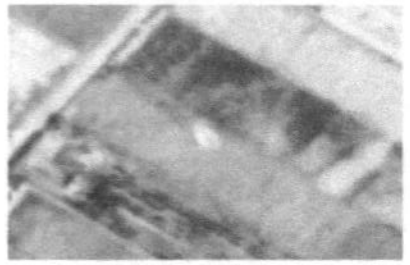	
14	23°18′42.7″	99°42′29.8″	旱地	15°～20°	无	甘蔗、玉米 40～50		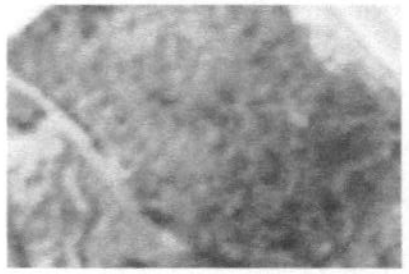	
15	23°5′36.4″	99°50′13.4″	水田	<5°	水平梯田	水稻 40～50			
16	22°54′48.4″	99°46′12.3″	茶园	8°～15°	水平阶		茶树 75～85	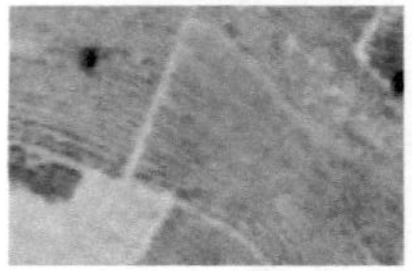	
17	22°46′28.8″	99°48′4.4″	旱地	10°～15°	水平梯田	小麦 15～25			

续表

编号	纬度（N）	经度（E）	现状	地形坡度	工程措施	作物盖度（%）	植被盖度（%）	对应影像	对应照片
18	22°36′37.2″	100°06′28″	果园	8°～15°	隔坡梯田		芒果 55～65	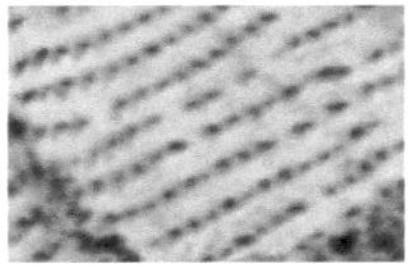	
19	22°37′19.3″	100°06′59.4″	果园	15°～25°	隔坡梯田		芒果 60～70	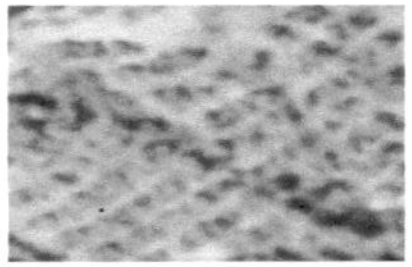	
20	22°32′20.3″	100°23′30.3″	其他园地	15°～25°	隔坡梯田		橡胶 60～60	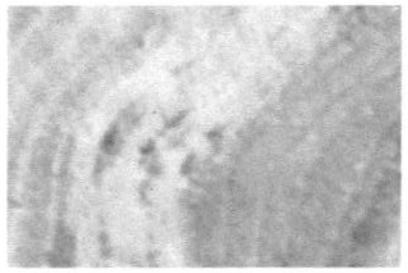	
21	27°41′49.6″	103°53′13.6″	旱地	<5°	水平梯田	蔬菜 70～80		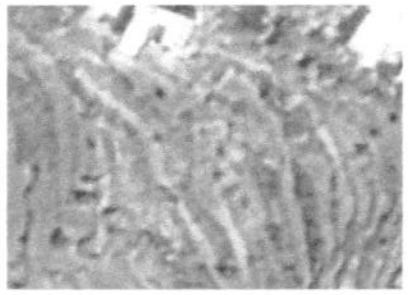	
22	27°50′6.1″	103°52′0.4″	果园	5°～8°	坡式梯田（石坎）		樱桃、李子 60～70	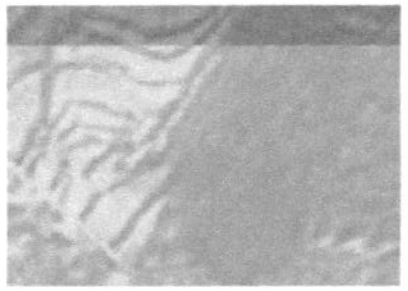	
23	27°51′32.8″	103°56′47.3″	旱地	5°～15°	坡式梯田	玉米 60～70		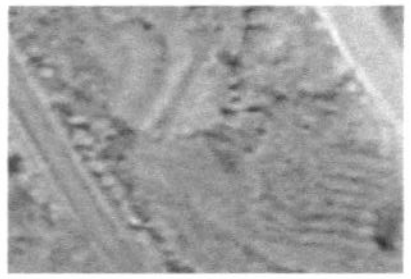	

续表

编号	纬度（N）	经度（E）	现状	地形坡度	工程措施	作物盖度（%）	植被盖度（%）	对应影像	对应照片
24	27°50′50.6″	103°57′7.5″	水田	<5°	水平梯田	水稻、蔬菜 70～80		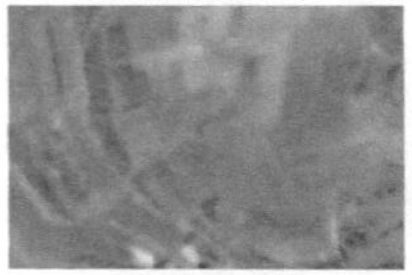	
25	26°57′30″	102°54′11.6″	其他园地	<5°	水平梯田		桑树 65～75	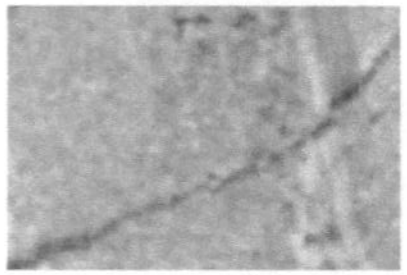	
26	26°58′19.9″	102°54′36.2″	旱地	5°～8°	（植物篱）	玉米 40～50	桑树 15～20		
27	26°47′16.7″	102°59′25.1″	水浇地	<5°	水平梯田	四季豆等 75～85			
28	26°50′50.6″	103°08′54.6″	旱地	<5°	水平梯田	玉米等 60～70			
29	26°53′22.8″	103°16′42.3″	旱地	5°～8°	坡式梯田	玉米 55～65		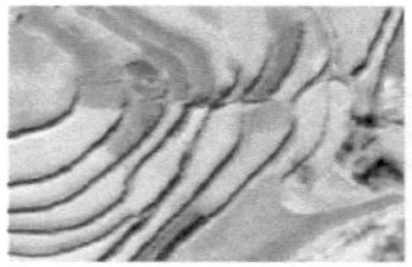	

续表

编号	纬度（N）	经度（E）	现状	地形坡度	工程措施	作物盖度（%）	植被盖度（%）	对应影像	对应照片
30	26°54′20.2″	103°15′30.7″	旱地	8°～15°	无	无		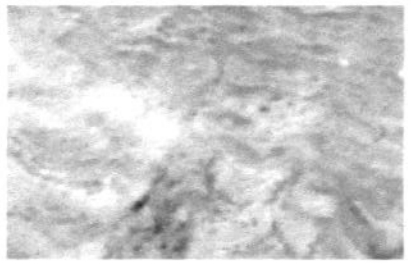	
31	26°46′51.5″	103°14′50″	旱地	5°～8°	水平梯田	玉米等 50～60		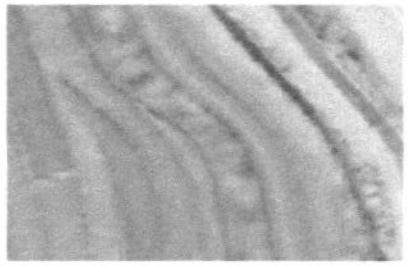	
32	26°06′29.8″	103°58′8.2″	旱地	5°～8°	坡式梯田	玉米 20～30	核桃树 <15	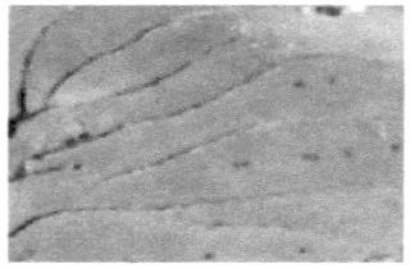	
33	25°59′0.7″	103°46′43.9″	旱地	8°～15°	坡式梯田（石坎）	玉米 40～50			
34	25°58′26.9″	103°46′9.9″	水浇地	<5°	水平梯田	玉米等 20～35			
35	25°57′12.3″	103°45′5.7″	旱地	8°～15°	坡式梯田	玉米等 25～35		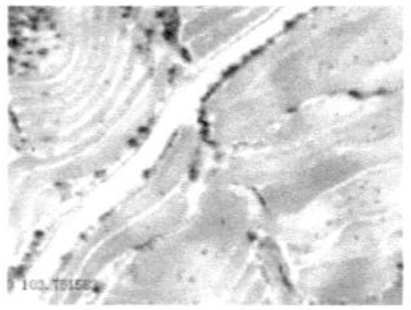	

续表

编号	纬度（N）	经度（E）	现状	地形坡度	工程措施	作物盖度（%）	植被盖度（%）	对应影像	对应照片
36	25°38′20.5″	103°48′14.6″	旱地	5°～8°	坡式梯田	玉米等 20～35		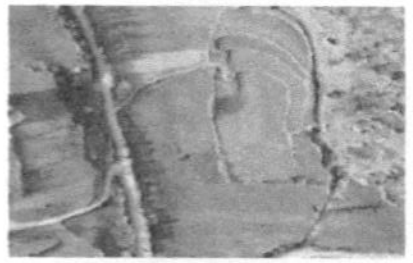	
37	25°38′23.9″	103°50′15.8″	果园	8°～15°	坡式梯田		李子、桃树 30～35	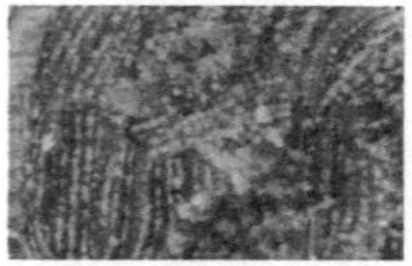	
38	25°36′21.6″	103°44′43.3″	水田	<5°	水平梯田	水稻 70～80		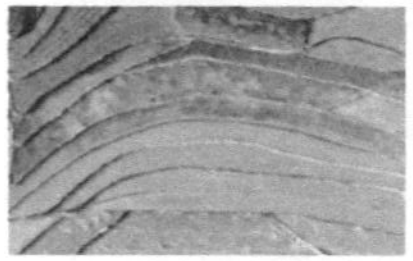	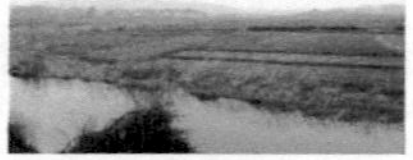
39	25°33′13.8″	103°42′54″	果园	15°～25°	无		李子、桃树 10～15	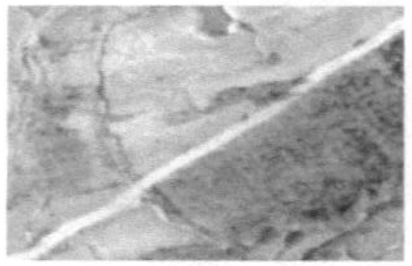	
40	24°06′56.0″	101°32′41.9″	果园	5°～8°	水平阶		橙子 25～30	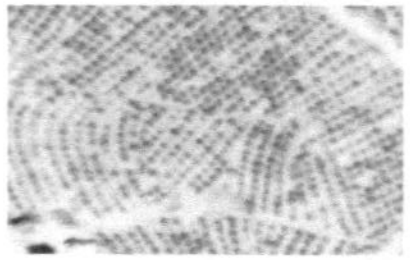	
41	24°07′4.5″	101°32′44.8″	果园	5°～10°	隔坡梯田		橙子 30～35		

续表

编号	纬度（N）	经度（E）	现状	地形坡度	工程措施	作物盖度（%）	植被盖度（%）	对应影像	对应照片
42	24°05′31.9″	101°31′19.0″	旱地	5°～8°	坡式梯田	甘蔗 85～95			
43	24°00′43.7″	101°32′47.3″	旱地	8°～15°	坡式梯田	玉米 15～25			
44	24°29′19.5″	101°41′54.9″	茶园	15°～25°	水平阶		茶树 50～60		
45	24°20′10.0″	101°30′15.4″	其他园地	5°～8°	隔坡梯田		橡胶 40～50		
46	23°18′59.1″	101°30′37.5″	其他园地	15°～25°	水平阶		橡胶、咖啡 80～90		

续表

编号	纬度（N）	经度（E）	现状	地形坡度	工程措施	作物盖度（%）	植被盖度（%）	对应影像	对应照片
47	22°18′57.9″	101°30′39.5″	旱地	15°～25°	坡式梯田	小麦 60～75			
48	22°21′54.6″	100°58′2.3″	茶园	8°～15°	水平阶		茶树 70～80		
49	22°05′51.0″	100°53′29.0″	果园	5°～8°	水平梯田		青枣 5～10		
50	22°04′11.7″	100°53′46.6″	其他园地	15°～25°	隔坡梯田		橡胶 75～85		
51	21°49′58.0″	100°16′49.3″	其他园地	>10°	无		香蕉 80～90		
52	21°44′50.7″	100°11′42.8″	果园	<5°	水平梯田		火龙果 30～40		

续表

编号	纬度（N）	经度（E）	现状	地形坡度	工程措施	作物盖度（%）	植被盖度（%）	对应影像	对应照片
53	21°44′49.6″	100°11′43.2″	旱地	<5°	水平梯田	西瓜 40～50		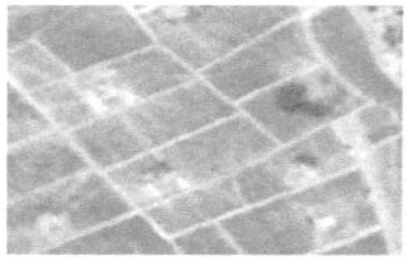	
54	21°43′11.2″	100°08′32.0″	其他园地	8°～15°	隔坡梯田		橡胶 80～90	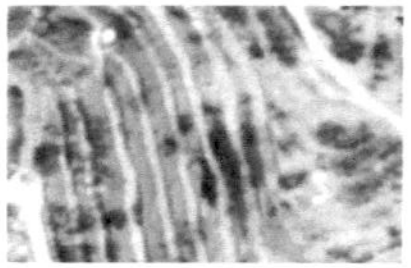	
55	21°46′14.3″	100°18′10.9″	旱地	>25°	无	无			
56	21°46′43.3″	100°18′23.1″	茶园	>25°	水平阶		茶树 60～70	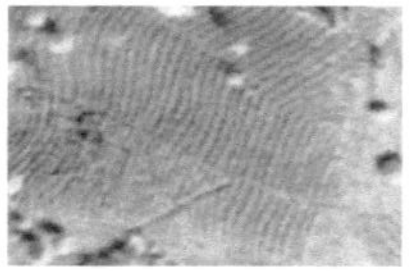	
57	21°50′8.6″	100°23′24.7″	水田	<5°	水平梯田	水稻 40～50			
58	21°54′15.7″	100°26′5.0″	果园	15°～20°	无		橘子 70～80	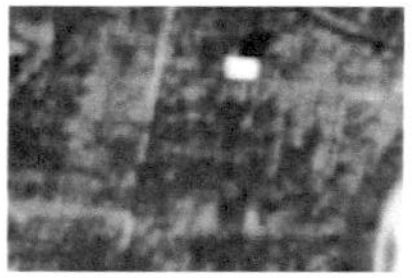	

续表

编号	纬度（N）	经度（E）	现状	地形坡度	工程措施	作物盖度（%）	植被盖度（%）	对应影像	对应照片
59	21°54'47.0"	100°26'17.1"	旱地	8°～15°	坡式梯田	无		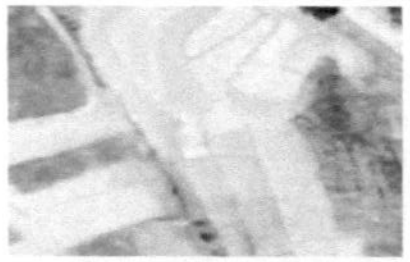	
60	21°56'1.3"	100°41'24.7"	其他园地	15°～25°	隔坡梯田		橡胶 80～90	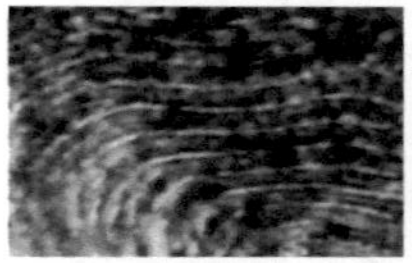	
61	26°33'4.78"	101°16'12.26"	果园	>25°	水平阶		芒果 70～80	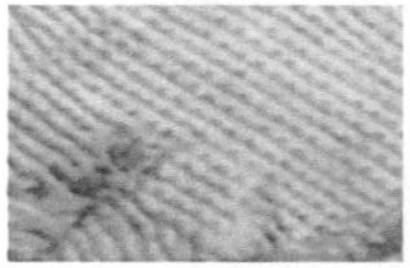	
62	26°40'22.24"	101°15'32.22"	水浇地	<5°	水平梯田	蔬菜等 60～70			
63	26°29'48.7"	101°13'44.1"	果园	>25°	水平阶		芒果 50～60		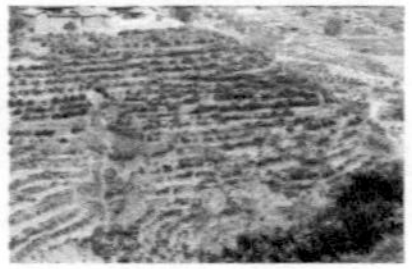
64	26°07'42.3"	100°33'52.7"	旱地	15°～25°	坡式梯田	无		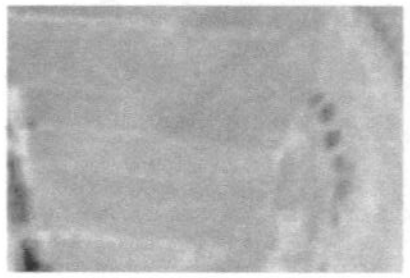	

续表

编号	纬度（N）	经度（E）	现状	地形坡度	工程措施	作物盖度（%）	植被盖度（%）	对应影像	对应照片
65	26°04′45.8″	100°34′22.0″	旱地	15°～25°	坡式梯田	无		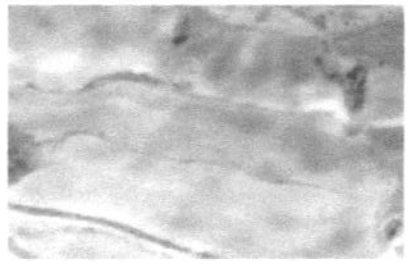	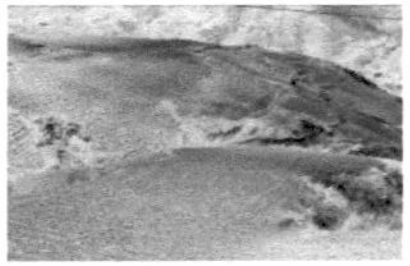
66	25°28′49.0″	100°31′54.4″	水浇地	<5°	水平梯田	蔬菜等 80～90			
67	25°26′57.5″	99°32′46.5″	其他 园地	15°～25°	坡式梯田		桉树 40～45	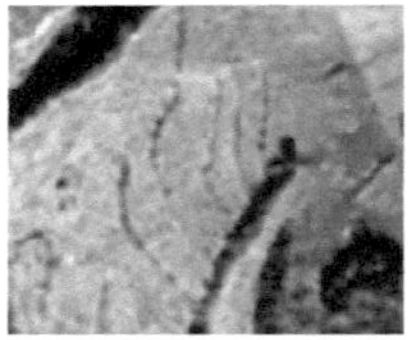	
68	25°31′12.5″	99°30′26.3″	旱地	8°～15°	坡式梯田	无		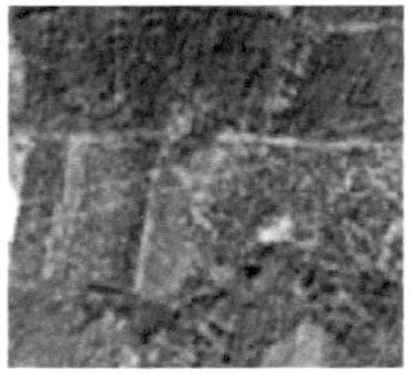	
69	25°30′26.0″	99°31′17.6″	茶园	15°～20°	水平阶		茶树 70～80	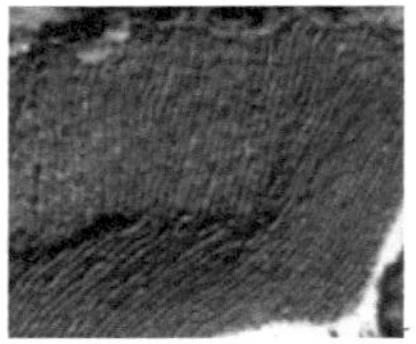	

续表

编号	纬度（N）	经度（E）	现状	地形坡度	工程措施	作物盖度（%）	植被盖度（%）	对应影像	对应照片
70	25°30′16.2″	99°31′44.6″	旱地	15°～20°	坡式梯田	无		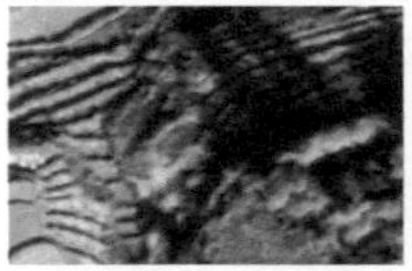	
71	25°30′15.8″	99°31′42.4″	其他园地	5°～8°	水平梯田		苗圃 50～70		
72	25°30′16.9″	99°31′24.1″	果园	5°～8°	坡式梯田		桃树 40～50		

附录 4　云南省土地利用类型实景图及遥感影像典型解译样例

水田　水田一般情况下在影像上呈现的颜色较深，地块规则呈封闭状态、可蓄水，主要分布于地势较为平坦的坝区、河谷，周边一般会有水库、河流等水源。水生与旱生农作物 2 年内轮种的可视为水田。注意区分坑塘等。

旱地　旱地纹理平滑细腻、耕作痕迹明显，几何形状不规则但边界曲线较光滑明显，色调随土壤、湿度、作物种类的不同而多样化。与居民地之间或有道路、渠通达，灌溉条件一般较差。

果园 人工种植痕迹较为明显，物种分布有规律，呈行列式，影像上有较为明显的规则纹理，果园中多分布有用于浇灌果树的蓄水池。

茶园　种植茶的园地，影像上条纹清晰。

其他园地　地块特征与果园相同或类似，无法判别种植物种类型时，可判为其他园地，如桑园、三七（在种植初期会在地中架盖黑色地膜，判定时应了解区域内是否有此类物种，并辅以外业核实）、咖啡等。

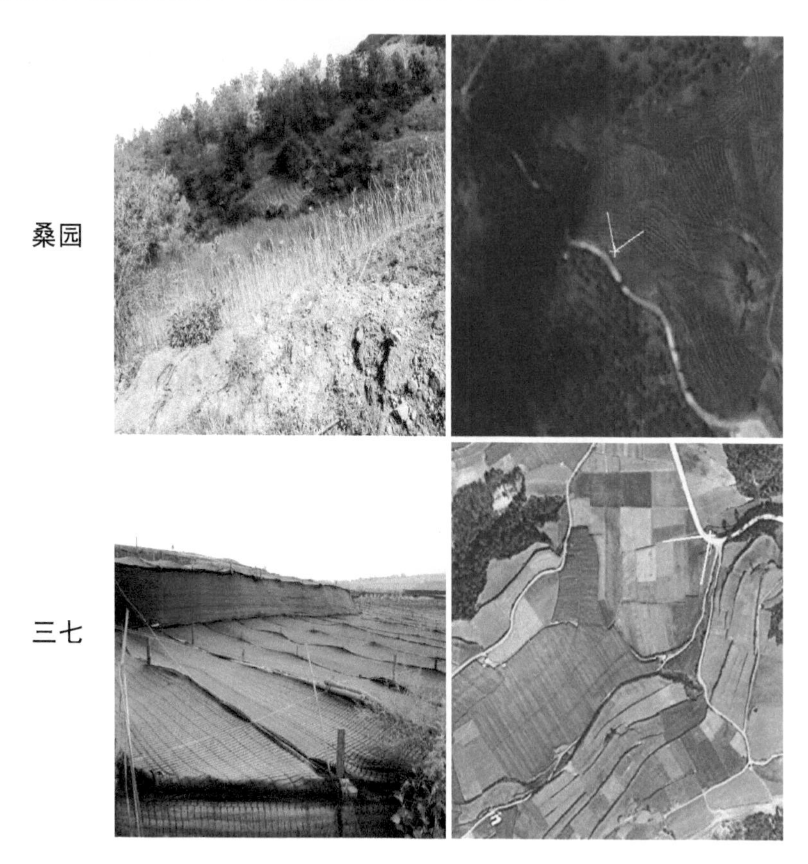

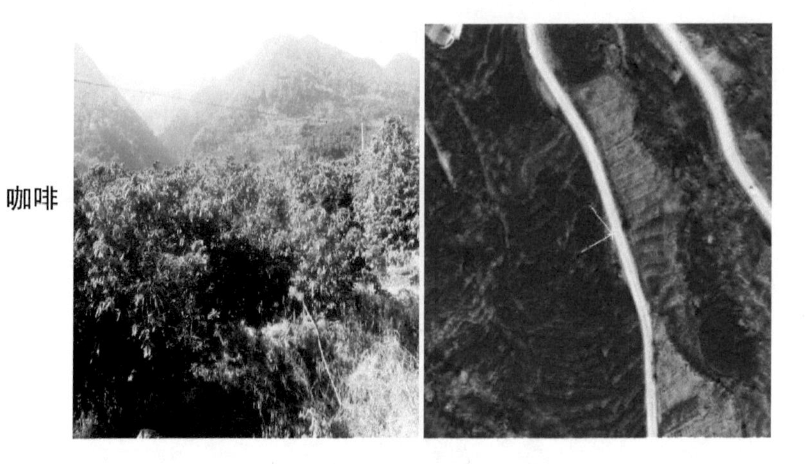

咖啡

有林地 有林地在影像上颜色一般较深，由于树木较高大，一般有较长的树影。

灌木林地　灌木林地在影像上颜色一般较浅，无明显的颗粒状，且由于树木较低矮，一般无较长的树影。

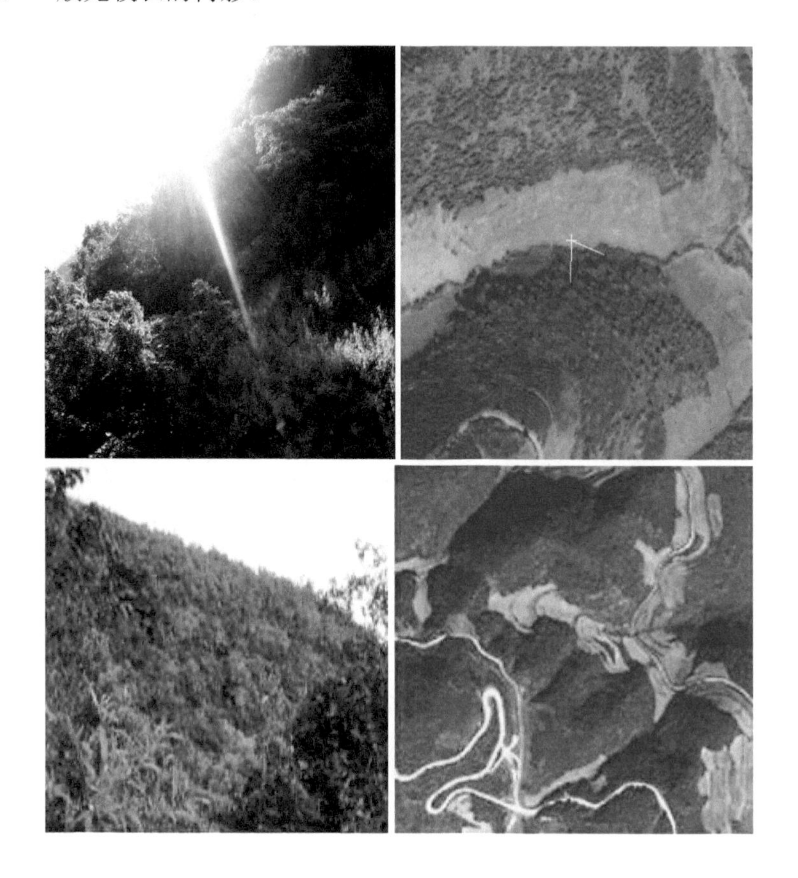

其他林地 影像上有林地覆盖，区别于有林地、灌木林地。

草地　分为天然牧草地、人工牧草地、其他草地。

城镇居民点

农村居民点

独立工矿用地

商服及公共用地

交通运输用地

水域及水利设施用地

其他土地　包括盐碱地、沙地、沼泽地、裸地、冰川与永久积雪。下图为裸地。